현대 토목수학

한상현·김학삼·노 섭
윤영호·이상도·이재철

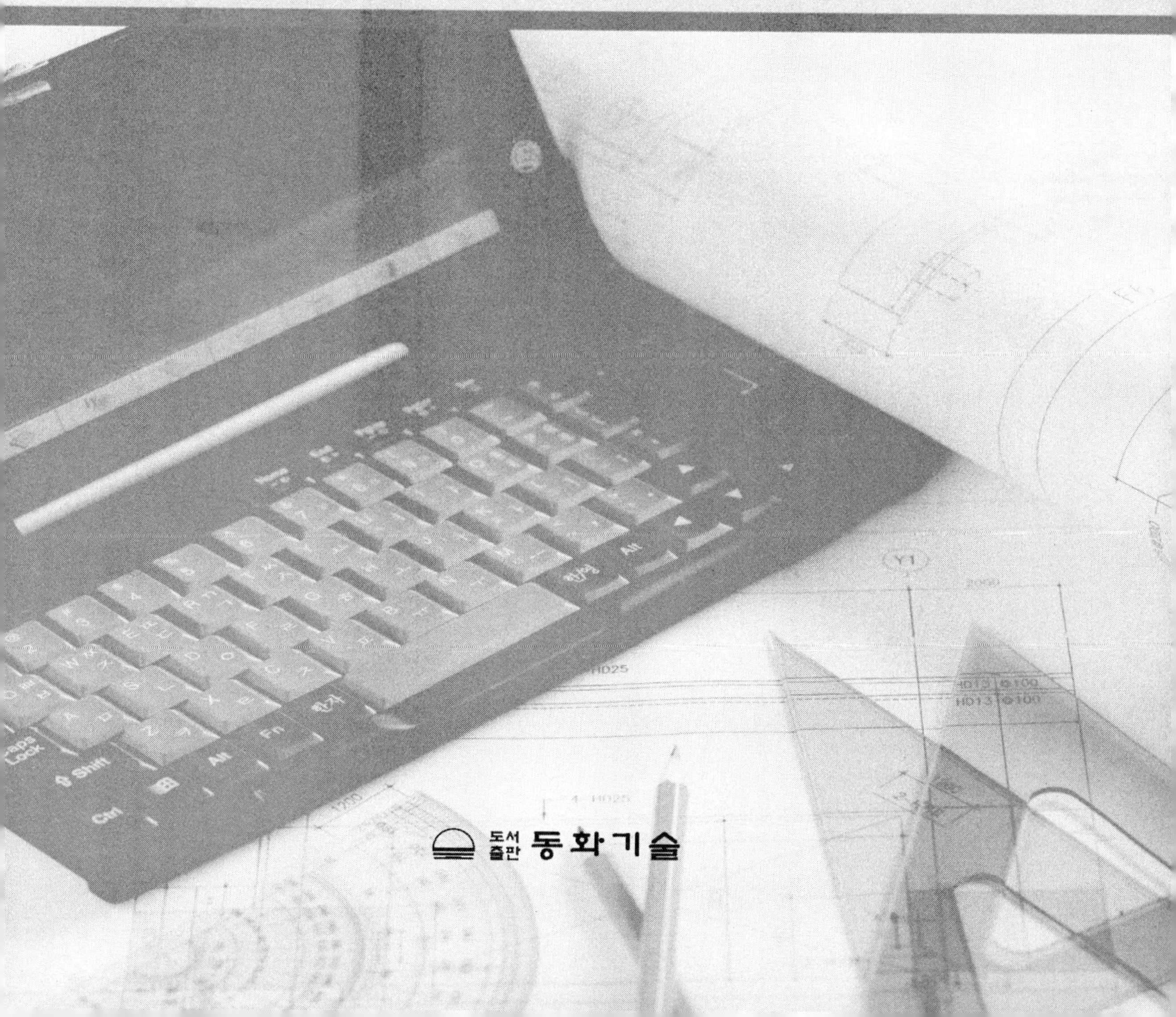

도서출판 동화기술

머리말

수학은 예로부터 자연과학, 공학, 사회과학을 비롯한 모든 학문의 기초가 되어왔으며, 특히 토목분야를 배우는 학생들은 전공을 이해하는데 기초와 기본이 되는 수학의 필요성을 절실히 느꼈을 것이다.

대학과 학원에서 전공과 수학과목을 강의하면서 학생들이 전공을 공부하고 이해하는데 쉽게 접근하지 못하는 이유는 전공내용이 어려운 측면도 있지만, 수학분야의 기초적이고 쉬운 부분을 간과하고 학습하고 있기 때문이라는 것을 절실히 경험하였다.

따라서, 이 책은 토목을 전공하는 학생들이 꼭 알고 있어야 할 쉽고 기본적인 수학 내용을 익힌 후에 특히 토목기사와 토목산업기사 시험과 관련시켜 전공문제를 객관식과 주관식을 함께 수록하여 토목분야의 전공별 내용을 다양한 문제를 통하여 학습함으로써, 수학이 어렵다는 사고를 버리고 전공분야에 자신감을 가지도록 구성하였다.

아울러 전공에 불필요한 수학분야의 어려운 내용은 배제하였고, 대학강의 시간에 맞도록 양을 조절하여서 내용면에서 부족한 부분이 많을 것이다. 개정·증보를 다짐함과 동시에 독자 여러분들의 지도편달을 바란다.

이 책의 완성도를 높이기 위해 교정을 도와준 벗 이 정우와 도서출판 동화기술 관계자 분들께 감사의 마음을 전하며, 항상 삶의 의미를 부여해주는 사랑하는 아내 성희와 아들 승수에게도 고마움을 전한다.

저자 씀

토목수학

차 례

Chapter

1 차원과 단위

Chapter

2 수와 식

Chapter

3 방정식과 부등식

Chapter 4 함 수

Chapter 5 지수함수와 로그함수

Chapter 6 삼각함수

Chapter 7 행렬과 행렬식

Chapter

8 벡 터

Chapter

9 미분법

Chapter

10 적분법

Chapter 11 통 계

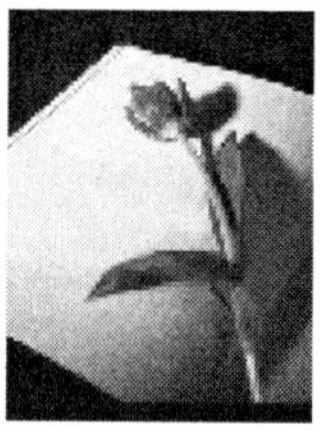

1 차원과 단위

1.1 차원에 대한 이해

토목을 전공하는 학생들은 수학에 관한 내용을 학습하기 이전에 차원과 단위에 대해서 먼저 숙지할 필요가 있다. 수학에 관한 내용을 학습하기 전에 차원에 대해서 먼저 생각해 보자.

차원에 대해서 일반적으로 분류하면 1차원은 선 또는 직선, 2차원은 면 또는 평면, 3차원은 입체 또는 공간이라고 할 수 있다. 그러나, 차원을 실제 차원에 대한 수학적 정의로 생각하면 훨씬 이해를 쉽게 할 수 있다. "X차원은, 어떤 지점의 위치를 결정하기 위해서는 X개의 좌표값이 필요하다." 라는 정의에 의해서 각각의 차원을 정의해 보자.

먼저, 1차원은 어떤 물체의 위치를 결정하기 위해서 하나의 좌표값만이 필요하다. 수학에서 1차원적인 것을 나타내려면 초등학교 때부터 주로 다루었던 수직선이 있다. 즉, 거리를 나타내는 값 밖에 없다. 이 수직선 위의 어떤 한 점을 나타내려면 하나의 좌표값만으로 충분히 값을 표시할 수 있었다.

2차원의 경우는 한 지점을 결정하기 위해서 두 개의 좌표가 필요하다. 이것은 우리가 중학교 때부터 가장 많이 접해왔던 수학의 좌표평면에 적용시킬 수 있다. 좌표평면상의 모든 점은 x 좌표와 y 좌표의 두 가지의 좌표값만으로 나타낼 수 있다. 즉, 평면적인 것으로 면적(넓이)을 나타내는 값이다.

3차원의 경우는 3개의 좌표로 한 지점의 위치를 결정할 수 있다. 이 역시 수학에서 예를 찾아보면 x축, y축에 또 하나의 축인 z축을 더한 공간좌표가 있다. 즉, 높이를 나타내는 값을 추가한 것이고 그 안에 있는 물체는 체적(부피)값을 가질 수 있다. 우리는 고등학교 때 3차원의 예로 공간좌표 상에서 평면과 직선의 방정식, 구의 방정식을 공부한 바가 있다.

실생활에 근접해서 3개의 좌표가 필요한 쉬운 예를 들어보면, 약속장소를 정할 때 'S대학에서 남쪽으로 30 m, 서쪽으로 20 m에 위치한 10 m짜리 빌딩의 옥상에서 만나자.' 라고 하는 식이 될 수 있다. 여기서는 남쪽으로 30 m, 서쪽으로 20 m, 높이 10 m 라는 3개의 좌표를 사용했다.

그 다음 차원이 4차원인데, 4차원이라면 어떤 지점을 결정하는데 4개의 좌표가 필요하다. 3차원에서 예를 들어 설명한 약속 장소를 생각해 보자. 친구와 남쪽으로 30 m, 서쪽으로 20 m, 높이 10 m 인 지점에서 만나기로 했다. 그러나 여기에는 확실한 약속 장소로 아직 부족한 요소가 하나 있다. 바로, '시간'이라고 하는 요소가 빠져있다. 만일, 오후 2시에 만나기로 약속을 한다면, 친구와 만나는 것은 남쪽으로 30 m, 서쪽으로 20 m, 높이 10 m인 건물에서 오후 2시가 된다. 약속 장소는 이와 같이 4개의 좌표(남북좌표, 동서좌표, 수직좌표(높이), 시간좌표)를 통해서 나타내어질 수 있다.

그런데, 여기서 4차원의 예로 든 곳은, 바로 현재 우리가 살고 있는 공간이다. 그러나, 좀 더 정확히 얘기하면 우리가 살고 있는 '공간'은 3차원이고, 거기에 '시간'을 더한, 4차원의 '시공간'에 살고 있는 것이다. 만약 우리가 과거, 현재, 미래가 한 공간 안에 존재할 수 있다면 4차원의 세계에 살고 있는 것이다.

과거에 고등학교 다니는 조카에게 정삼각형의 면적과 구의 체적이 얼마냐고 질문한 적이 있다. 조카는 정삼각형의 넓이가 $\frac{\sqrt{3}}{4}a$인지 $\frac{\sqrt{3}}{4}a^2$인지, 또한 구의 부피도 $\frac{4}{3}\pi r^2$인지 $\frac{4}{3}\pi r^3$인지 잊어버렸다고 말하였다. 차원을 이해하고 있지 않은 학생이다. 전공책에 자주 나오는 공식인 삼각형의 면적 $\left(\frac{1}{2}a^1h^1\right)$, 원주$(\pi D^1)$, 원의 면적$\left(\frac{\pi D^2}{4}\right)$, 구(球)의 표면적$(\pi D^2)$, 타원의 면적$(\pi a^1 b^1)$, 구의 체적$\left(\frac{\pi D^3}{6}\right)$, 원기둥의 체적$(\pi r^2 h^1)$ 등 차원을 알면 쉽게 공식을 기억할 수 있다.

본격적으로 전공수학을 공부하기 이전에 문제 하나를 풀어보자.

문제는 간단하다. "같은 크기의 펜 여섯 개로 정삼각형 네 개를 만들어 보는 것" 이다. 이런 문제는 과거에 들어본 적이 있는 사람도 있을 것이다. 그런데 실제로 강의실에서 학생들에게 질문해 보면 의외로 알고 있는 학생이 별로 없다는 것을 경험하였다. 학생들은 펜 여섯 개를 가지고 책상 위에서 다양한 모양을 만들어 보지만 쉽게 정삼각형 네 개를 만들지 못한다. 이 문제는 2차원(평면) 위에 한정되어 있는 사고의 범위를 한 차원 더 확장하여 3차원(공간)에서 생각하면 쉽게 답을 찾아낼 수 있다. 이 힌트로 충분히 문제의 정답을 알아내었을 것이다. 사고를 한 차원만 높이고 수학이라는 어려운 학문을 무조건 외우려고만 하지 말고 원리를 이해하고 그것을 마음대로 활용될 때까지 충분히 훈련하여 몸에 배도록 한다면 공학을 공부하는데 기초가 되는 수학뿐만 아니라 전공과목도 쉽게 이해할 수 있을 것이다.

전공문제

직경 D인 원형 하수관 내를 D/2의 깊이로 물이 흐를 때 경심은? [92, 93, 02 ㉳]

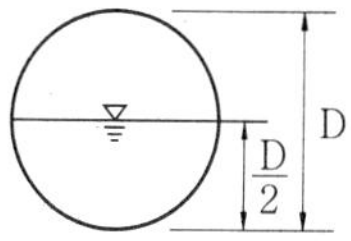

㉮ D ㉯ D/2
㉰ D/4 ㉱ 2D

해설

경심 $R = \dfrac{A}{P}$ 에서 $\therefore\ R = \dfrac{\dfrac{1}{2} \times \dfrac{\pi \times D^2}{4}}{\dfrac{1}{2} \times \pi \times D} = \dfrac{D}{4}$

(※ 원의 넓이는 $\dfrac{\pi D^2}{4}$ 이고, 원둘레의 길이는 πD 이다.)

전공문제

지름이 각각 10 cm와 20 cm인 관이 서로 연결되어 있나.
20 cm인 관 유속이 2.4 m/s일 때 10 cm 관에서의 유속은?

㉮ 0.96 m/s ㉯ 9.6 m/s ㉰ 0.6 m/s ㉱ 6.0 m/s

해설

연속방정식 $Q = A_1 V_1 = A_2 V_2$ 에서 $\dfrac{\pi \times 0.1^2}{4} \times V_1 = \dfrac{\pi \times 0.2^2}{4} \times 2.4$

$\therefore\ V_1 = 9.6$ m/s (※ 원의 넓이는 $\dfrac{\pi D^2}{4}$ 이다.)

전공문제

단면적 2.5 cm², 길이 2 m인 원형 강철봉이 대기 중에서 중량이 2.75 kg였다면 단위중량이 1 t/m³ 인 수중에서의 무게는 얼마인가?

㉮ 0.96 m/s ㉯ 9.6 m/s ㉰ 0.6 m/s ㉱ 6.0 m/s

해설

$W = B + W$ 에서

$W = W - B = 2,750\ g - 1\times(2.5\times200) = 2,250\ g = 2.25\ kg$

(※ 원기둥의 부피는 〔단면적 × 길이〕이다.)

1.2 단 위

차원에서 살펴보았듯이 1차원은 직선, 즉 거리(길이)만 존재하며, 2차원은 평면으로 면적(넓이)값을 가질 수 있고, 3차원은 높이값이 있어서 체적(부피)값을 가질 수 있다. 길이, 면적, 체적 단위뿐만 아니라 시간과 중량, 부피 단위는 전공을 공부하는데 있어서 기초적인 내용이므로 반드시 숙지해야 한다.

(1) 1차원 길이 단위

$1\,km = 10^3 m = 10^5 cm = 10^6 mm = 10^9 \mu m$

$1\,m = 10^2 cm = 10^3 mm = 10^6 \mu m = 10^{-3} km$

$1\,cm = 10 mm = 10^4 \mu m = 10^{-2} m = 10^{-5} km$

$1\,mm = 10^3 \mu m = 10^{-1} cm = 10^{-3} m = 10^{-6} km$

$1\,\mu m = 10^{-3} mm = 10^{-4} cm = 10^{-6} m = 10^{-9} km$

전공문제

펌프의 유출구 유량이 0.2 m³/sec이고, 유속이 3 m/sec인 경우 흡입구경은 얼마가 적당한가?

㉮ 150 mm ㉯ 228 mm ㉰ 292 mm ㉱ 367 mm

해설

$A = \dfrac{Q}{V}$ 에서 $\dfrac{\pi \times D^2}{4} = \dfrac{0.2}{3}$

$\therefore\ D = 0.2913\ \text{m} = 291.3\,\text{mm}$

(※ 1 m = 1000 mm이다.)

전공문제

정지하고 있는 물 속에 지름 2.5 mm의 유리관을 똑바로 세웠을 때 물이 관내로 올라가는 높이를 구한 값은? (단, 물의 온도 15℃일 때 물과 유리의 접촉각이 8°이고, 15℃일 때 T = 0.075 g/cm 이다.)

㉮ 0.18 cm ㉯ 1.18 cm

㉰ 1.80 cm ㉱ 1.0 cm

해설

물이 관내로 올라가는 높이(모세관 상승고)

$$h = \frac{4\,T\cos\theta}{\omega d} = \frac{4\times 0.075\ \text{g/cm}\times\cos 8^\circ}{1\,\text{g/cm}^3\times 0.25\,\text{cm}} = 1.18\ \text{cm}$$

(※ 2.5 mm = 0.25 cm 이다.)

전공문제

면적이 100 m^2인 여과지에서 투수계수 K = 0.15 cm/sec로 여과될 때, 여과 수량을 계산한 값은?

㉮ 0.225 m^3/sec

㉯ 22.5 m^3/sec

㉰ 0.075 m^3/sec

㉱ 7.5 m^3/sec

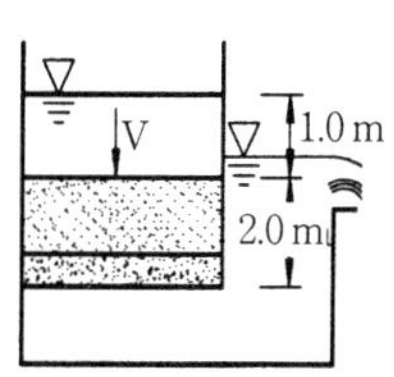

해설

여과수량 $Q = AV = AKI = AK\dfrac{dh}{dl} = 100\times 0.15\times 10^{-2}\times\dfrac{1.0}{2.0} = 0.075\ \text{m}^3/\text{sec}$

(※ $1\text{cm} = 10^{-2}\text{m}$ 이다.)

(2) 2차원 면적 단위

$1^2 km^2 = 1 km \times 1 km = 10^3 m \times 10^3 m = 10^6 m^2$

$1^2 m^2 = 1 m \times 1 m = 10^2 cm \times 10^2 cm = 10^4 cm^2$, $1^2 m^2 = 10^{-3} km \times 10^{-3} km = 10^{-6} km^2$

$1^2 cm^2 = 1 cm \times 1 cm = 10 mm \times 10 mm = 10^2 mm^2$, $1^2 cm^2 = 10^{-2} m \times 10^{-2} m = 10^{-4} m^2$

$1^2 mm^2 = 10^{-1} cm \times 10^{-1} cm = 10^{-2} cm^2$, $1^2 mm^2 = 10^{-3} m \times 10^{-3} m = 10^{-6} m^2$

$1 ha = 10^2 m \times 10^2 m = 10^4 m^2 = 10^{-1} km \times 10^{-1} km = 10^{-2} km^2$

전공문제

수표면적이 10 km^2되는 어떤 저수지면으로부터 측정된 대기의 평균온도가 25℃이고, 상대습도가 65%, 저수지면 6 m 위에서 측정한 풍속이 4 m/sec이고, 저수지면 경계층의 수온이 20℃로 추정되었을 때 증발률(E_o)이 1.44 mm/day였다면 이 저수지면으로부터의 일증발량은?

㉮ 42,366 m^3　　㉯ 42,918 m^3
㉰ 57,339 m^3　　㉱ 14,400 m^3

해설

일 증발량 = 증발률 × 수표면적 = $1.44 \times 10^{-3} m/day \times 10 \times 10^6 m^2 = 14,400 m^3/day$

(※ $1 km^2 = 10^6 m^2$이다.)

전공문제

어떤 소유역의 면적과 유수의 도달시간은 20 ha 및 5분이다. 강수자료의 해석으로 부터 얻어진 이 지역의 강우강도식이 $I = 6000/(t+35)$[mm/hr] (I : 강우강도, t : 강우계속시간)으로 표시된다고 가정하고 합리식에 의해 홍수량을 계산한 값은? (단, 유역의 평균 유출계수는 0.6 이다.)

㉮ 18.0 m^3/sec　　㉯ 5.0 m^3/sec
㉰ 1.8 m^3/sec　　㉱ 0.5 m^3/sec

해설

홍수량 $Q = 0.2778\,CIA = 0.2778 \times 0.6 \times \left(\frac{6,000}{5+35}\right) \times 20 \times 10^{-2} = 5.0\ m^3/sec$

(※ $1 ha = 100 m \times 100 m = 10^{-2} km^2$ 이다.)

전공문제

배수면적이 15,000 m^3인 지역에 강우강도 $I = \dfrac{280}{\sqrt{t+0.28}}$ mm/hr로 표시되고 있으며 유출계수는 0.7이라고 한다. t가 5분일 때 유출량은 몇 m^3/sec인가?

㉮ 0.325 m^3/sec ㉯ 0.65 m^3/sec
㉰ 3.25 m^3/sec ㉱ 6.5 m^3/sec

해설

$$Q = \frac{1}{360} \times 0.7 \times \frac{280}{\sqrt{5}+0.28} \times 1.5 = 0.325\,m^3/s$$

(※ 1 ha = 100 m×100 m 이다.)

(3) 3차원 체적 단위

$1^3km^3 = 10^3m \times 10^3m \times 10^3m = 10^9m^3$

$1^3m^3 = 10^2cm \times 10^2cm \times 10^2cm = 10^6cm^3$, $1m^3 = 10^3\,l$

$1\,l = 10^3cm^3 = 10^3m\,l = 10^3cc$, $1\,l = 10^{-3}m^3$

$1^3cm^3 = 10^{-3}\,l = 10^{-6}m^3$

전공문제

계획급수 인구가 4,500명, 1인 1일 최대급수량이 120 ℓ, 여과속도 120 m/day 인 급속여과지의 면적은 얼마인가?

㉮ 4500 m^2 ㉯ 450 m^2 ㉰ 45 m^2 ㉱ 4.5 m^2

해설

여과지 면적 $A = \dfrac{Q}{V}$ 에서

$$\therefore A = \frac{4500 \times 120 \times 10^{-3}}{120} = 4.5\,m^2$$

(※ $1\,l = 10^{-3}m^3$ 이다.)

전공문제

수심 5 m인 곳에 직경 4 cm의 원형 오리피스가 있다. 이 오리피스의 유량은? (단, C = 0.60)

㉮ 5.5 l/ sec ㉯ 6.5 l/ sec ㉰ 7.5 l/ sec ㉱ 8.5 l/ sec

해설

$H > 5d$ 이므로 작은 오리피스이다.

$\therefore\ Q = CA\sqrt{2gH} = 0.6 \times \frac{\pi \times 4^2}{4} \times \sqrt{1,960 \times 500} = 7,464\,\text{cm}^3/\text{s} = 7.464\ l/\text{s}$

(※ $1\,\text{cm}^3 = 10^{-3}\ l$ 이다.)

전공문제

다음 원관으로 된 분기관로에서 $D_1 = 300$ mm, $Q_1 = 200$ ℓ /sec 이고, $D_2 = 200$ mm, $V_2 = 2.5$ m/sec인 경우 $D_3 = 150$ mm에서의 유량 Q_3 는?

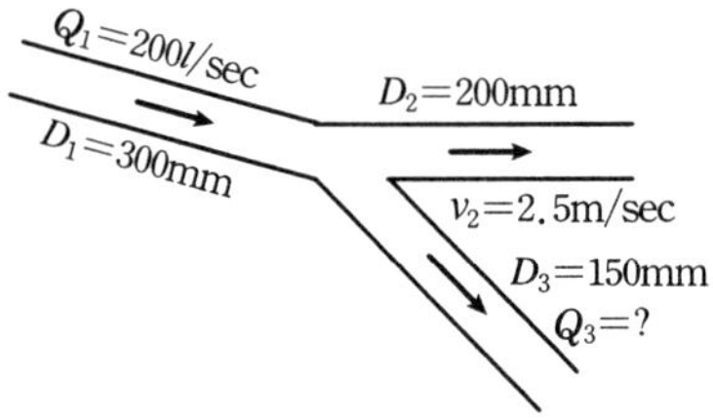

해설

분기 관수로에서는 $Q_1 = Q_2 + Q_3$ 이므로

$\therefore\ Q_3 = Q_1 - Q_2 = 200 \times 10^3 - \frac{\pi \times 20^2}{4} \times 250 = 121,460\,\text{cm}^3/\text{s} = 121.46\ l/\text{s}$

or, $Q_3 = 200 \times 10^{-3} - \frac{\pi \times 0.2^2}{4} \times 2.5 = 0.12146\,\text{m}^3/\text{s} = 121.46\ l/\text{s}$

(※ $1\,\text{cm}^3 = 10^{-3}\ l$ 이고, $1\,\text{m}^3 = 10^3\ l$ 이다.)

전공문제

어떤 상수원수의 Jar-test 실험결과 원수시료 200 mL에 대해 0.1% PAC 용액 12 mg을 첨가하는 것이 가장 응집효율이 좋았다. 이 경우 상수원수에 대해 PAC 용액 사용량은 몇 mg/L인가?

㉮ 40 mg/L ㉯ 50 mg/L

㉰ 60 mg/L ㉱ 70 mg/L

해설

200 mL : 12 mg = 1L : x

$\therefore x = 60$ mg / L

(※ $1\,l = 10^3$ ml 이다.)

(4) 시간 단위

$$1\,\text{day} = 24\,\text{hr} = (24 \times 60)\,\text{min} = (24 \times 60 \times 60)\,\text{sec} = 86,400\,\text{sec}$$

$$1\,\text{hr} = 60\,\text{min} = (60 \times 60)\,\text{sec} = \frac{1}{24}\,\text{day}$$

$$1\,\text{min} = 60\,\text{sec} = \frac{1}{60}\,\text{hr} = \frac{1}{24 \times 60}\,\text{day}$$

$$1\,\text{sec} = \frac{1}{60}\,\text{min} = \frac{1}{60 \times 60}\,\text{hr} = \frac{1}{24 \times 60 \times 60}\,\text{day}$$

전공문제

모래의 두께 2 m, 투수계수 K = 0.08 cm/s의 여과지에 있어서 연못과 출구의 수위차 50 cm로 하고 하루에 500 m^3 의 물을 여과하려 한다. 연못의 면적을 얼마로 하면 되는가?

㉮ A = 289.45 m^2 ㉯ A = 2894.5 m^2 ㉰ A = 28.94 m^2 ㉱ A = 2.89 m^2

해설

여과량 $Q = AKI = AK\frac{h}{l}$ 에서 $\frac{500}{86,400} = A \times 0.08 \times 10^{-2} \times \frac{0.5}{2}$

$\therefore A = 28.94\,m^2$

(※ 1day = 24 × 60 × 60 sec 이고, 1 cm = 10^{-2}m 이다.)

전공문제

어느 하수처리장에서 400 m^3/day의 하수를 처리할 때 펌프장의 습정의 부피를 얼마정도로 하면 적당한가? (단, 습정 체류시간은 20분이다.)

㉮ 5.55 m^3 ㉯ 10.55 m^3

㉰ 15.55 m^3 ㉱ 20.55 m^3

해설

습정의 부피 $V = Q \times t = \frac{400}{(24 \times 60)} \times 20 = 5.55\ m^3$

(※ $1\,day = 24 \times 60\ min$ 이다.)

전공문제

침전지의 유효수심이 2 m 이고, 1일 최대 사용수량이 240 m^3 이며, 침전시간이 6시간일 경우 침전지의 수면적은?

㉮ 30 m^2 ㉯ 50 m^2 ㉰ 80 m^2 ㉱ 110 m^2

해설

$V = \frac{Q}{A} = \frac{h}{t}$ 에서 $\frac{240/24}{A} = \frac{2}{6}$ $\therefore A = 30\,m^2$

(※ $1day = 24hr$ 이다.)

전공문제

침전지의 수심이 4 m이고 체류시간이 2시간이다. 이 침전지의 표면 부하율(surface loading rate)은?

㉮ 12 m^3/m^2 day ㉯ 24 m^3/m^2 day ㉰ 36 m^3/m^2 day ㉱ 48 m^3/m^2 day

해설

표면 부하율 $V = \frac{Q}{A} = \frac{h}{t}$ 에서

$$\therefore V = \frac{4}{2 \times \frac{1}{24}} = 48\ m/day$$

(※ $1\,hr = \frac{1}{24}$ day 이다.)

전공문제

최고 효율점의 양수량 800 m^3/hr, 전양정 7 m, 회전속도 1500 rpm인 취수펌프의 비회전도(Specific speed)는 얼마인가?

㉮ 1173 ㉯ 1273 ㉰ 1373 ㉱ 1473

해설

$$N_s = 1,500 \times \frac{\sqrt{800/60}}{7^{3/4}} = 1,272.7$$

(※ 1hr = 60 min 이다.)

전공문제

유량 300 m^3/hr의 물을 높이 10 m까지 양수하고자 한다. 펌프 효율 75%일 때 펌프가 요구하는 동력은 얼마인가? (단, 물의 비중은 1이다.)

㉮ 0.01481HP ㉯ 0.1481HP ㉰ 1.481HP ㉱ 14.81HP

해설

$$E = \frac{1,000}{75} \times 300/3,600 \times 10/0.75 = 14.81\text{Hp}$$

(※ 1hr = 60 × 60 sec 이다.)

전공문제

유입수량 100 m^3/min, 침전지 용량 8,000 m^3, 침전지의 유효수심 4 m일 때, 침전지의 표면 부하율은? (단, 단위는 m/day 임)

㉮ 25 ㉯ 72 ㉰ 144 ㉱ 200

해설

표면 부하율 $V = \frac{Q}{A}$ 에서

$$\therefore\ V = \frac{\dfrac{100}{1/60 \times 1/24}}{8000/4} = 72\ \text{m/day}$$

(※ $1\text{min} = \frac{1}{60}\text{hr} = \frac{1}{60} \times \frac{1}{24}\text{day}$ 이다.)

전공문제

침강속도 0.3 mm/sec를 갖는 모든 입자를 100% 제거하기 위한 침전조를 설계하고자 한다. 유량이 10 m^3/min인 조건에서 체류시간이 2시간인 침전조의 최소 제원은? (단, 침전조는 길이가 폭의 4배인 직사각형으로 한다.)

㉮ 5.89×23.56m ㉯ 11.79×47.16m

㉰ 17.67×70.71m ㉱ 23.56×94.28m

해설

$V=\frac{Q}{A}$ 에서 $0.0003 = \frac{10/60}{A}$ 이므로 $A = 555.6\ m^2$

$\therefore A = 11.79 \times 47.16\ m\ (= 556\ m^2)$

(※ 1 min = 60 sec 이다.)

전공문제

중계 펌프장에서 오수를 양수하기 위하여 토출 구경이 50 mm, 토출관 내의 유속이 2 m/sec인 펌프를 사용할 때의 양수량은 약 얼마인가?

㉮ $34.0\ m^3/day$ ㉯ $340\ m^3/day$
㉰ $986\ m^3/day$ ㉱ $98.6\ m^3/day$

해설

$$Q = AV = \frac{\pi \times 0.05^2}{4} \times 2 \Big/ \frac{1}{86,400} = 339.3 m^3/d$$

(※ $1\ sec = \frac{1}{60}\ min = \frac{1}{60} \times \frac{1}{60}\ hr = \frac{1}{60} \times \frac{1}{60} \times \frac{1}{24}\ day$ 이다.)

전공문제

다음 그림에서 간선하수거 DA의 길이는 600 m이고, 유역내 최원점 E에서 간선하수거의 입구 D까지 우수가 유하하는데 요하는 시간은 5분이다. 간선 하수거내 유속이 1 m/sec라면 유달시간은 얼마인가?

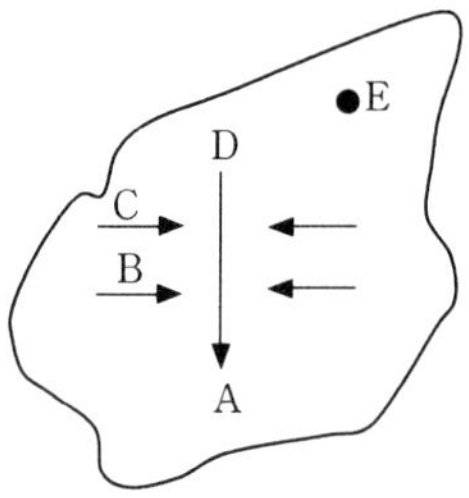

㉮ 5분 ㉯ 11분
㉰ 15분 ㉱ 20분

해설

유달시간 = 유입시간 + 유하시간 이므로

$$T = t_1 + \frac{L}{V} \text{ 에서 } T = 5 + \frac{600}{1/\frac{1}{60}} = 15\ min$$

(※ $1\ sec = \frac{1}{60}\ min$ 이다.)

전공문제

2m × 2m × 2m인 고가수조에 관로를 통해 유입되는 물의 유입량이 0.15 ℓ /sec 일 때 만수가 되기까지 걸리는 시간은 얼마인가? (단, 현재 고가수조의 수심은 0.5m 이다.)

㉮ 5 hr 20min ㉯ 8 hr 22 min
㉰ 10 hr 5 min ㉱ 11 hr 7 min

해설

시간 $t = \frac{V}{Q} = \frac{2\times2\times(2-0.5)}{0.15\times10^{-3}} = 40,000 \text{ sec} = 11\text{hr } 6.6\text{min}$

(※ $1 \text{ sec} = \frac{1}{60} \text{ min} = \frac{1}{60} \times \frac{1}{60} \text{ hr}$ 이고, $1l = 10^{-3}\text{m}^3$이다.)

(5) 중량(=무게) 단위

$1\text{t} = 10^3\text{kg} = 10^3\times10^3\text{g} = 10^6\text{g} = 10^6\times10^3\text{mg} = 10^9\text{mg}$

$1\text{kg} = 10^3\text{g} = 10^{-3}\text{t}$

$1\text{g} = 10^{-3}\text{kg} = 10^{-6}\text{t}$

$1\text{mg} = 10^{-3}\text{g} = 10^{-6}\text{kg} = 10^{-9}\text{t}$

전공문제

유량이 3000 m^3/day인 처리수에다 7.0 mg/L의 비율로 염소를 주입시켰더니 잔류염소량이 0.2 mg/L이었다. 이 처리수의 염소 요구량은 얼마인가?

㉮ 19.4 kg/day ㉯ 20.44 kg/day
㉰ 21.44 kg/day ㉱ 22.44 kg/day

해설

염소 요구량 = 주입 염소량 − 잔류 염소량이므로

염소 요구량 $= \{(7-0.2)\times10^{-3}\}\times3,000 = 20.40 \text{ kg/day}$

(※ $\text{mg}/l = 10^{-3}\text{g}/10^{-3}\text{m}^3 = \text{g/m}^3$이고 $1g = 10^{-3}\text{kg}$ 이다.)

전공문제

하수량 1500 m^3/day, BOD 150 mg/L인 하수를 250 m^3 의 유효용량을 가지는 포기조로 처리할 경우 BOD 용적부하는 얼마인가?

㉮ 0.6 kg/m^3 · day ㉯ 0.7 kg/m^3 · day
㉰ 0.8 kg/m^3 · day ㉱ 0.9 kg/m^3 · day

해설

BOD 용적부하는 포기조 단위용적당 제거되는 BOD량이다.

$$\therefore \text{BOD 용적부하} = \frac{\text{BOD} \cdot Q}{V} = \frac{150 \times 10^{-3} \times 1500}{250} = 0.9\,\text{kg/m}^3\text{day}$$

(※ $\text{mg}/l = 10^{-3}\text{g}/10^{-3}\text{m}^3 = \text{g/m}^3$이고 $1\text{g} = 10^{-3}\text{kg}$ 이다.)

전공문제

원수의 알카리도 50 ppm, 탁도가 500 ppm일 때 황산알루미늄의 소비량은 60 ppm이다. 수량이 48,000 m^3/day일 때 5% 용액의 황산알루미늄은 1일에 얼마나 필요한가? (단, 액체의 비중을 1로 본다.)

㉮ 40.6m^3/day ㉯ 47.6m^3/day ㉰ 50.6m^3/day ㉱ 57.6m^3/day

해설

황산 알루미늄 1일 사용량

$$= \underset{\text{kg/m}^3}{60 \times 10^{-3}} \times \underset{\text{m}^3\text{/d}}{48,000} \times \frac{1}{0.05} = 57,600\text{kg/d} = 57.6\text{t/d} = 57.6\text{m}^3\text{/d} \;(\because 1\text{t} \fallingdotseq 1\text{m}^3)$$

(※ $1\text{kg} = 10^{-3}\text{ton}$이다.)

전공문제

인구 1인당 생활오수의 BOD 오염부하 원단위를 50 g/인·일이라 할 때 인구 10만 도시의 하수처리장에 유입되는 BOD 부하는 얼마인가?

㉮ 5000kg/day ㉯ 500kg/day ㉰ 50kg/day ㉱ 50ton/day

해설

BOD 부하 = 원단위×인구수 $= 50 \times 10^{-3} \times 100,000 = 5,000\text{kg/d}$

(※ $1\text{g} = 10^{-3}\text{kg}$ 이다.)

위에 열거한 전공에 관한 문제들은 아주 기본이 되고 쉽게 느꼈을 것이다. 앞으로 나올 전공에 관한 문제들은 쉽진 않겠지만 수학에 관한 기본 내용을 차분히 익히면 전공문제들도 이해하기가 그다지 어렵진 않을 것이다.

1.3 수의 체계

(1) 수의 구성

수학에서 말하는 '수'는 '복소수'와 같은 말로 정의하며, 복소수(=수)는 다음과 같이 분류한다.

- 복소수(C)
  - 실수(R)
    - 유리수(Q)
      - 정수(Z)
        - 양의 정수(=자연수 : N)(1, 2, 3, ⋯)
        - 0
        - 음의 정수 (−1, −2, −3, ⋯)
      - 정수가 아닌 유리수
        - 분수($\pm\frac{1}{2}$, $\pm\frac{2}{3}$, ⋯)
        - 유한소수 (±0.5, ±0.75, ⋯)
        - 순환소수 ($\pm 0.\dot{3}$, $\pm 0.\dot{6}$, ⋯)
    - 무리수(P)
      - 비순환 무한소수(±1.4142135⋯)
      - 제곱근($\pm\sqrt{2}$, $\pm\sqrt{3}$, ⋯)
      - 원주율($\pm\pi$)
      - 삼각함수값($\pm\sin 10°$, $\pm\cos 20°$ ⋯)
  - 허수(I)
    - 순허수 : 제곱하여 음이 되는 수 ($a+bi$ 에서 $a=0$, $b\neq 0$인 실수)
    - 기타허수 : $a+bi$ ($a\neq 0$, $b\neq 0$인 실수)

유리수는 다음과 같이 분수, 즉 $\frac{b}{a}$의 형태로 표시 가능하고 무리수는 분수로 표시 불가능하다.

유리수 $=\left\{\frac{b}{a} \mid a,\ b \text{는 정수},\ a\neq 0\right\}$

1.4 Pascal의 삼각형

수학은 규칙적인 부분과 부호가 교대하는 부분이 많이 존재한다. 예를 들면 그림과 같은 Pascal의 삼각형 분포이다.

$$
\begin{array}{ccccccccccc}
 & & & & 1 & & 1 & & & & \\
 & & & 1 & & 2 & & 1 & & & \\
 & & 1 & & 3 & & 3 & & 1 & & \\
 & 1 & & 4 & & 6 & & 4 & & 1 & \\
1 & & 5 & & 10 & & 10 & & 5 & & 1
\end{array}
$$

수와 식에 수록된 내용이지만 학생들이 중학교 때와 고등학교 때 배웠던 곱셈 전개공식인 $(a+b)^2=1a^2+2ab+1b^2$ 와 $(a+b)^3=1a^3+3a^2b+3ab^2+1b^3$ 은 Pascal의 삼각형 분포에서 암기할 수 있는 공식이다. 뿐만 아니라 $(a-b)^4=1a^4-4a^3b+6a^2b^2-4ab^3+1b^4$ 와 같이 문자의 배열도 규칙적이고 부호도 교대로 반복되고 있음을 알 수 있다.

또한, 각 줄에 있는 숫자의 합은 우리가 지금까지도 암기하고 있는 2의 거듭제곱을 나타낸다. 즉, $2^1(=1+1)$, $2^2(=1+2+1)$, $2^3(=1+3+3+1)$, $2^4(=1+4+6+4+1)$ ……이다.

Pascal의 삼각형 분포는 확률에서도 적용된다. 동전을 2개 던졌을 때 앞면이 두 번 모두 나올 확률은 $\frac{1}{1+2+1}=\frac{1}{4}$ 이고 앞면이 한번, 뒷면이 한 번 나올 확률은 $\frac{2}{1+2+1}=\frac{2}{4}$ 이고 뒷면이 두 번 모두 나올 확률은 $\frac{1}{1+2+1}=\frac{1}{4}$ 이다. 마찬가지로 동전을 3개 던졌을 때 앞면이 세 번 나올 확률은 $\frac{1}{1+3+3+1}=\frac{1}{8}$ 이고 앞면이 두 번 뒷면이 한번 나올 확률은 $\frac{3}{1+3+3+1}=\frac{3}{8}$ 이다. 그러면 동전을 4개 던졌을 때 앞면이 네 번 나올 확률은 얼마인가? 이 문제의 정답 또한 위의 삼각형 분포에서 힌트를 얻을 수 있다.

하지만 다음의 문제가 Pascal의 삼각형의 기원이 되었다.

『같은 실력을 가진 두 도박사 갑과 을이 3판 2선승제의 도박을 하다가 갑이 한 번 이긴 후 도박이 중단되었다. 이 때 판돈은 어떻게 분배해야 하는가?』 이다.

Pascal은 이 문제 때문에 Pascal의 삼각형을 만들었고 다음과 같은 방법을 이용하여 풀었다.

3판 2선승제에서 갑이 1승을 한 후 상금분배는 3 : 1 (1+2 : 1),

5판 3선승제에서 갑이 1승 1패를 한 후 상금분배는 4 : 4 (1+3 : 3+1),

5판 3선승제에서 갑이 2승을 한 후 상금분배는 7 : 1 (1+3+3 : 1),

7판 5선승제에서 갑이 1승 2패를 한 후 상금분배는 5 : 11 (1+4 : 6+4+1),

7판 5선승제에서 갑이 2승 1패를 한 후 상금분배는 11 : 5 (1+4+6 : 4+1)로 분배하였다.

그러면 7판 5선승제에서 갑이 3승을 한 후 상금분배는 얼마이어야 하는가?

15 : 1로 상금을 분배하여야 한다는 것을 쉽게 알 수가 있다.

Pascal의 삼각형 이외에도 수학에는 많은 부분이 부호가 교대하고 규칙을 가지고 있다는 것을 본문에 있는 내용을 통해서 확인할 수 있을 것이다.

우리가 규칙(rule)을 모르고 있을 때에는 한없이 어려운 문제이지만 규칙을 알고 난 후에는 너무나 쉽게 문제를 해결할 수 있었다. 이처럼 수학에는 많은 부분이 규칙이 존재하고 부호교대가 있다는 것을 알고 수학을 공부해보면 모든 학문의 기초와 기본이 되는 수학공부를 통해서 전공도 그다지 어렵지 않게 접근해 갈 수 있을 것이다.

2 수와 식

2.1 다항식(정식)의 연산

수학은 정의로부터 시작하는 학문이라 할 수 있기 때문에 중·고등학교 때부터 배운 기초용어에 대해서 먼저 학습해 보기로 하자.

$2x^2y$과 같이 숫자와 문자, 문자와 문자 사이에 곱셈기호(×)로만 맺어진 식을 단항식이라 하고, $\frac{1}{2}xy^2+4z-5\sqrt{x}$와 같이 두 개 이상의 단항식이 덧셈기호(+)나 뺄셈기호(−)로 맺어진 식을 다항식이라 하며 단항식과 다항식을 합해서 정식이라 한다. 또한 다항식에서 $\frac{1}{2}xy^2$, $4z$, $-5\sqrt{x}$와 같이 각 단항식을 항이라 한다.

단항식을 만들고 있는 변수가 n개 곱해져 있을 때 그 단항식을 n차라고 한다. 예를 들면 $3x^3y^2a$에서 x에 관한 3차, y에 관한 2차, a에 관한 1차라고 하며 x, y, a에 관한 6차의 단항식이다. 위 식에서 3과 같이 문자 이외의 부분을 단항식의 계수라 하고 $2x^2y$와 $\sqrt{3}x^2y$와 같이 계수는 다르지만 문자부분이 같은 항을 동류항이라 한다. 그리고 다항식에서 각 항의 차수 중 가장 높은 항의 차수를 그 다항식의 차수라 하며 다항식에서 각 항의 차수가 같을 때는 동차식이라 한다. $x^4+3y^2-4x^3+y^4$은 x, y에 관한 동차식이다.

다항식을 정리하는 데는 ax^3+bx^2+cx+d와 같이 한 문자에 관하여 차수가 높은 항부터 나열하는 내림차순과 $d+cx+bx^2+ax^3$과 같이 한 문자에 관하여 차수가 낮은 항부터 나열하는 오름차순이 있는데 보통은 내림차순으로 정리한다.

(1) 연산의 기본법칙

A, B, C를 다항식이라 할 때 다음의 연산의 기본 법칙이 성립한다.

연산의 기본법칙

(i) 교환법칙 : A+B = B+A, A×B = B×A
(ii) 결합법칙 : (A+B)+C = A+(B+C), (A×B)×C = A×(B×C)
(iii) 분배법칙 : A×(B+C) = A×B+A×C, (B+C)×A = B×A+C×A

예를 들어 $2x+3y+4(x+y)$를 간단히 하면

$$2x+3y+4(x+y)=2x+3y+4x+4y=2x+4x+3y+4y$$
$$=(2x+4x)+(3y+4y)=6x+7y$$

와 같이 정리할 수 있는데 위에서 익힌 분배, 교환, 결합법칙이 순서대로 사용되었다.

(2) 다항식의 덧셈·뺄셈

다항식의 덧셈, 뺄셈을 할 때에는
(i) 다항식을 한 문자에 관하여 정리한 후에
(ii) 동류항을 간단히 정리한다.

위의 두 가지 경우를 항상 숙지하여야 하고 특히, 뺄셈의 경우는 중학교 때부터 익힌 다음과 같은 괄호의 규칙에 주의해야 한다.

괄호의 규칙

A+(B−C) = A+B−C,
A−(B−C) = A−B+C
( )앞의 부호가 +이면 ( )안의 부호는 그대로 두고,
( )앞의 부호가 −이면 ( )안의 부호는 바꾼다.

예제 다항식 A, B가 다음과 같을 때 A+B, A−3B를 계산하여라.

$$\mathrm{A} = 5x^2y+4y^2+3x^3,\quad \mathrm{B} = x^3-2y^2+3xy^2$$

풀이▶ x에 관해 내림차순으로 정리한다.

$$\begin{aligned}\mathrm{A+B} &= (5x^2y+4y^2+3x^3)+(x^3-2y^2+3xy^2)\\ &= 5x^2y+4y^2+3x^3+x^3-2y^2+3xy^2\\ &= (3x^3+x^3)+5x^2y+3xy^2+(4y^2-2y^2)\\ &= 4x^3+5x^2y+3xy^2-2y^2\end{aligned}$$

$$\begin{aligned}\mathrm{A-3B} &= (5x^2y+4y^2+3x^3)-3(x^3-2y^2+3xy^2)\\ &= 5x^2y+4y^2+3x^3-3x^3+6y^2-9xy^2\\ &= 5x^2y-9xy^2+10y^2\end{aligned}$$

(3) 다항식의 곱셈·나눗셈

다항식이 곱셈, 나눗셈에서는 다음의 지수법칙과 연산의 기본법칙이 기본이 된다.

간단한 지수법칙

m, n을 양의 정수라 할 때 다음의 지수법칙이 성립한다.

(i) $a^n \times a^m = a^{m+n}$

(ii) $a^m \div a^n = \dfrac{a^m}{a^n} = a^{m-n}$ ($m > n$ 일 때)

1 ($m = n$ 일 때)

$\dfrac{1}{a^{n-m}}$ ($m < n$ 일 때)

(iii) $(a^m)^n = a^{mn}$

(iv) $(ab)^n = a^n b^n$

(v) $\left(\dfrac{b}{a}\right)^n = \dfrac{b^n}{a^n}$

단, (ii)와 (v)에서는 $a \neq 0$일 때 이어야 한다.

(ii) $a^m \div a^n = a^{m-n} (a \neq 0)$에 대해서는 $a^0 = 1$, $a^{-n} = \dfrac{1}{a^n}$로 정의를 하며, 이때에는 m, n의 크기에 관계없이 사용해도 된다.

1) 다항식의 곱셈

전개할 때 단항식을 m, $a+b$를 다항식이라 하면 $m(a+b)=ma+mb$(분배법칙)이며, (단항식)×(단항식)은 지수법칙을 사용하여 계산하고, (단항식)×(다항식)은 분배법칙을 써서 하나의 다항식으로 나타낸다.

(다항식)×(다항식)의 계산은 a, b, c, d를 단항식이라 하면 $(a+b)(c+d)=a(c+d)+b(c+d)=ac+ad+bc+bd$와 같이 계산한다.

예제 다음 식을 전개하여라.

(1) $3x(2x^2-4x+5)$ (2) $-4y(3x^2-y)+5y(-x+2y)$

풀이▶ (1) 준식 $= 3x\cdot 2x^2-3x\cdot 4x+3x\cdot 5$

$= 6x^3-7x^2+15x$

(2) 준식 $= -4y\cdot 3x^2-4y(-y)+5y(-x)+5y\cdot 2y$

$= -12x^2y+4y^2-5xy+10y^2 = -12x^2y-5xy+14y^2$

2) 다항식의 나눗셈

(다항식)÷(단항식)의 형태는 a, b, $m(m\neq 0)$을 단항식이라 할 때

$(a+b)\div m = (a+b)\times\frac{1}{m} = \frac{a}{m}+\frac{b}{m}$가 성립한다는 것을 이용하여 계산한다.

(다항식)÷(다항식)의 형태는

(i) 내림차순으로 정리하고,

(ii) 실수의 나눗셈과 같은 방법으로 계산한다.

예제 다음 다항식의 나눗셈을 계산하여라.

(1) $(4x^3-6x^2+2x)\div 2x$ (2) $(3x^3-2x^2-3x-5)\div(x-2)$

풀이▶ (1) 준식 $=\frac{4x^3}{2x}-\frac{6x^2}{2x}+\frac{2x}{2x}=2x^2-3x+1$

(2)

$$
\begin{array}{r|l}
 & 3x^2+4x+5 \\
\hline
x-2 & 3x^3-2x^2-3x-5 \\
 & 3x^3-6x^2 \\
\hline
 & 4x^2-3x-5 \\
 & 4x^2-8x \\
\hline
 & 5x-5 \\
 & 5x-10 \\
\hline
 & 5
\end{array}
$$

∴ 몫 : $3x^2+4x+5$, 나머지 : 5이다.

2.2 곱셈공식과 인수분해

(1) 곱셈공식

곱셈공식은 연산의 기본법칙인 교환법칙, 결합법칙, 분배법칙을 이용하여 얻어진 것이다. 수학 문제를 푸는 과정에서 자주 사용하게 되는 곱셈공식을 정리해 보면 다음과 같다.

곱셈의 기본공식

① $m(a+b-c)=ma+mb-mc$

② $(a+b)^2=a^2+2ab+b^2$, $(a-b)^2=a^2-2ab+b^2$

③ $(a+b)(a-b)=a^2-b^2$

④ $(x+a)(x+b)=x^2+(a+b)x+ab$

⑤ $(ax+b)(cx+d)=acx^2+(ad+bc)x+bd$

⑥ $(a+b)^3=a^3+3a^2b+3ab^2+b^3$, $(a-b)^3=a^3-3a^2b+3ab^2-b^3$

⑦ $(a+b)(a^2-ab+b^2)=a^3+b^3$, $(a-b)(a^2+ab+b^2)=a^3-b^3$

⑧ $(x+a)(x+b)(x+c)=x^3+(a+b+c)x2+(ab+bc+ca)x+abc$

⑨ $(a+b+c)^2=a^2+b^2+c^2+2ab+2bc+2ca$

⑩ $(a+b+c)(a^2+b^2+c^2-ab-bc-ca)=a^3+b^3+c^3-3abc$

⑪ $(a^2+ab+b^2)(a^2-ab+b^2)=a^4+a^2b^2+b^4$

1 1

1 2 1

1 3 3 1

1 4 6 4 1

1 5 10 10 5 1

②와 ⑥번 공식은 1장에서 다루었던 Pascal의 삼각형으로 이해하면 쉽게 암기할 수 있을 것이다. 이외에도 $(a-b)^4 = a^4 - 4a^3b + 6a^2b^2 - 4ab^3 + b^4$, $(a-b)^5 = a^5 - 5a^4b + 10a^3b^2 - 10a^2b^3 + 5ab^4 - b^5$와 같이 부호가 교대로 규칙적으로 반복되고 있음을 알 수 있다. Pascal의 삼각형은 구조역학에서 유한요소법(Finite Element Method, FEM)에서 형상함수(Shape function)를 다항식(Polynomial)으로 가정할 때 각 항의 계수를 구할 때 주로 사용된다.

(2) 인수분해

한 다항식을 두 개 이상의 다항식의 곱으로 나타내는 것을 그 다항식을 인수분해 한다고 하며 인수분해 공식은 위의 곱셈공식을 역으로 나타내면 된다.

인수분해의 기본공식

① $ma + mb - mc = m(a+b-c)$

② $a^2 + 2ab + b^2 = (a+b)^2$, $a^2 - 2ab + b^2 = (a-b)^2$

③ $a^2 - b^2 = (a+b)(a-b)$

④ $x^2 + (a+b) + ab = (x+a)(x+b)$

⑤ $acx^2 + (ad+bc)x + bd = (ax+b)(cx+d)$

⑥ $a^3 + 3a^2b + 3ab^2 + b^3 = (a+b)^3$, $a^3 - 3a^2b + 3ab^2 - b^3 = (a-b)^3$

⑦ $a^3 + b^3 = (a+b)(a^2 - ab + b^2)$, $a^3 - b^3 = (a-b)(a^2 + ab + b^2)$

⑧ $x^3 + (a+b+c)x^2 + (ab+bc+ca)x + abc = (x+a)(x+b)(x+c)$

⑨ $a^2 + b^2 + c^2 + 2ab + 2bc + 2ca = (a+b+c)^2$

⑩ $a^3 + b^3 + c^3 - 3abc = (a+b+c)(a^2 + b^2 + c^2 - ab - bc - ca)$

$$= \frac{1}{2}(a+b+c)\{(a-b)^2 + (b-c)^2 + (c-a)^2\}$$

⑪ $a^4 + a^2b^2 + b^4 = (a^2 + ab + b^2)(a^2 - ab + b^2)$

2.3 유리식과 연산

A(또는 수), B를 다항식이라 할 때 $\frac{A}{B}$ (B≠0)의 꼴로 나타내진 식을 유리식이라 하고 A를 분자, B를 분모라 한다. 분모가 상수인 유리식은 다항식이 되며 분모가 일차이상의 다항식인 유리식을 분수식이라 한다.

유리식의 기본계산

(i) $\frac{A}{D}+\frac{B}{D}-\frac{C}{D}=\frac{A+B-C}{D}$　　(ii) $\frac{A}{B}\times\frac{C}{D}=\frac{AC}{BD}$

(iii) $\frac{A}{B}\div\frac{C}{D}=\frac{A}{B}\times\frac{D}{C}=\frac{AD}{BC}$　　(iv) $\dfrac{\frac{A}{B}}{\frac{C}{D}}=\frac{A}{B}\div\frac{C}{D}=\frac{AD}{BC}$

예제 다음 유리식을 간단히 하여라.

(1) $\frac{a+b}{a^2+ab+b^2}+\frac{3b^2}{a^3-b^3}-\frac{a}{a^2-ab}$

(2) $\frac{2x^2-5x+3}{x^2-4x+4}\times\frac{x^3-8}{x^2-1}\div\frac{2x^2+x-6}{x^2-x-2}$

풀이▶ (1) 준식 $=\frac{a+b}{a^2+ab+b^2}+\frac{3b^2}{(a-b)(a^2+ab+b^2)}-\frac{1}{a-b}$

$=\frac{(a+b)(a-b)+3b^2-(a^2+ab+b^2)}{(a-b)(a^2+ab+b^2)}$

$=\frac{-b(a-b)}{(a-b)(a^2+ab+b^2)}=-\frac{b}{a^2+ab+b^2}$

(2) 준식 $=\frac{(x-1)(2x-3)}{(x-2)^2}\times\frac{(x-2)(x^2+2x+4)}{(x+1)(x-1)}\times\frac{(x+1)(x-2)}{(x+2)(2x-3)}$

$=\frac{x^2+2x+4}{x+2}$

2.4 무리수와 무리식의 연산

$\frac{a}{b}$(a, b는 정수, $b \neq 0$)의 꼴로 나타낼 수 없는 실수, 곧 유리수가 아닌 실수를 무리수라 하며($\sqrt{2}$, $\sqrt{5}$ 등) 근호 안에 문자를 포함한 식을 그 문자에 관한 무리식($\sqrt{x-4}$, $\sqrt{x^2+3x+1}$ 등)이라 한다. 무리식에 어떤 실수를 대입했을 때 얻은 값이 실수가 되려면 근호 안의 식의 값이 음이 아니어야 한다.

따라서, 무리식의 계산에서는 (근호 안의 식의 값)≥ 0, 분모$\neq 0$ 이 되도록 문자의 값의 범위를 제한할 필요가 있다. 또한 유리식과 무리식을 총칭해서 대수식 또는 식이라 한다.

(1) 근호의 규약

제곱해서 a가 되는 수를 a의 제곱근이라 한다. 즉, $x^2=a$(a는 양의 실수)일 때, x를 a의 제곱근이라 하고 a의 제곱근 중 양인 것을 $\sqrt{a}$, 음인 것을 $-\sqrt{a}$로 나타낸다. 따라서 $(\sqrt{a})^2=a$, $(-\sqrt{a})^2=a$이고 또 세제곱해서 a가 되는 수를 a의 세제곱근이라 한다. a의 세제곱근 중에서 실수인 것은 한 개가 있으며 이것을 $\sqrt[3]{a}$로 나타낸다. 따라서 $(\sqrt[3]{a})^3=a$이다.

(2) 제곱근과 세제곱근의 성질

제곱근과 세제곱근의 성질

모든 실수 a에 대하여

(i) $\sqrt{a^2} = |a| = a$ ($a \geq 0$일 때)
$\qquad\qquad\qquad -a$($a < 0$일 때)

(ii) a의 양, 0, 음에 관계없이 $\sqrt[3]{a^3} = a$

a는 수가 아닌 식일 때에도 똑같이 적용한다.

즉, $\sqrt[3]{2^3} = 2$, $\sqrt[3]{(-2)^3} = -2$, $\sqrt[3]{-4^3} = -4$이다.

예제 다음 식을 간단히 하여라. (단, a는 실수이다.)

(1) $\sqrt{(-a)^2}$ $(a<0)$ (2) $a<1$일 때 $\sqrt{(a-1)^2}$

(3) $\sqrt{(2-\sqrt{5})^2}$ (4) $\sqrt{a^2-4a+4}$

풀이▶ (1) $a<0$ 이므로 $(-a)>0$이다. $\therefore \sqrt{(-a)^2}=-a$

(2) $a<1$이므로 $a-1<0$ $\therefore \sqrt{(a-1)^2}=-(a-1)=1-a$

(3) $\sqrt{(2-\sqrt{5})^2}=|2-\sqrt{5}|=\sqrt{5}-2$ ($\because 2-\sqrt{5}<0$ 이므로)

(4) $\sqrt{a^2-4a+4}=\sqrt{(a-2)^2}$에서 $(a-2)$의 부호를 알 수 없으므로 다음과 같이 두 경우로 나누어 푼다.

(i) $a-2\geq 0$일 때 $\sqrt{a^2-4a+4}=\sqrt{(a-2)^2}=a-2$

(ii) $a-2<0$일 때 $\sqrt{a^2-4a+4}=\sqrt{(a-2)^2}=-(a-2)=2-a$

(3) 제곱근의 계산 법칙

제곱근의 계산법칙은 무리수뿐만이 아니라 무리식일 때도 성립하는 계산 법칙이다.

제곱근의 계산

$a>0$, $b>0$ 일 때

(i) $\sqrt{a}\sqrt{b}=\sqrt{ab}$ (ii) $\sqrt{a^2b}=a\sqrt{b}$

(iii) $\dfrac{\sqrt{a}}{\sqrt{b}}=\sqrt{\dfrac{a}{b}}$ (iv) $\sqrt{\dfrac{a}{b^2}}=\dfrac{\sqrt{a}}{b}$

이 성립한다.

예제 다음 식을 간단히 하여라.

(1) $2\sqrt{27}-5\sqrt{3}+\sqrt{12}$

(2) $(4\sqrt{3}-2\sqrt{2})(2\sqrt{3}+5\sqrt{2})$

풀이▶ (1) 준식 $=2\sqrt{3^2\cdot 3}-5\sqrt{3}+\sqrt{2^2\cdot 3}=2\cdot 3\sqrt{3}-5\sqrt{3}+2\sqrt{3}$

$=6\sqrt{3}-5\sqrt{3}+2\sqrt{3}=3\sqrt{3}$

(2) 준식 $=4\sqrt{3}\cdot 2\sqrt{3}+4\sqrt{3}\cdot 5\sqrt{2}-2\sqrt{2}\cdot 2\sqrt{3}-2\sqrt{2}\cdot 5\sqrt{2}$

$=24+20\sqrt{6}-4\sqrt{6}-20=4+16\sqrt{6}$

(4) 분모의 유리화

일반적으로 분모가 근호를 포함하고 있을 때, 그 식의 값을 변하지 않게 하고 분모에 근호가 포함되지 않도록 고치는 것을 분모의 유리화라고 한다.

분모의 유리화 방법

(i) $\dfrac{b}{\sqrt{a}}=\dfrac{b\sqrt{a}}{\sqrt{a}\sqrt{a}}=\dfrac{b\sqrt{a}}{(\sqrt{a})^2}=\dfrac{b\sqrt{a}}{a}$

(ii) $\dfrac{c}{\sqrt{a}+\sqrt{b}}=\dfrac{c(\sqrt{a}-\sqrt{b})}{(\sqrt{a}+\sqrt{b})(\sqrt{a}-\sqrt{b})}=\dfrac{c(\sqrt{a}-\sqrt{b})}{a-b}$ ($a\neq b$일 때)

(iii) $\dfrac{c}{\sqrt{a}-\sqrt{b}}=\dfrac{c(\sqrt{a}+\sqrt{b})}{(\sqrt{a}-\sqrt{b})(\sqrt{a}+\sqrt{b})}=\dfrac{c(\sqrt{a}+\sqrt{b})}{a-b}$ ($a\neq b$일 때)

(iv) $\dfrac{1}{\sqrt[3]{a}+\sqrt[3]{b}}=\dfrac{\sqrt[3]{a^2}-\sqrt[3]{ab}+\sqrt[3]{b^2}}{(\sqrt[3]{a}+\sqrt[3]{b})(\sqrt[3]{a^2}-\sqrt[3]{ab}+\sqrt[3]{b^2})}=\dfrac{\sqrt[3]{a^2}-\sqrt[3]{ab}+\sqrt[3]{b^2}}{a+b}$

(v) $\dfrac{1}{\sqrt[3]{a}-\sqrt[3]{b}}=\dfrac{\sqrt[3]{a^2}+\sqrt[3]{ab}+\sqrt[3]{b^2}}{(\sqrt[3]{a}-\sqrt[3]{b})(\sqrt[3]{a^2}+\sqrt[3]{ab}+\sqrt[3]{b^2})}=\dfrac{\sqrt[3]{a^2}+\sqrt[3]{ab}+\sqrt[3]{b^2}}{a-b}$

예제 디음 각 식의 분모를 유리화 하여라.

(1) $\dfrac{3}{\sqrt{2}}$ (2) $\dfrac{2}{\sqrt{5}+\sqrt{3}}$ (3) $\dfrac{2+\sqrt{3}}{2-\sqrt{3}}$ (4) $\dfrac{1}{\sqrt[3]{5}-\sqrt[3]{2}}$

풀이▶

(1) $\dfrac{3}{\sqrt{2}}=\dfrac{3\sqrt{2}}{\sqrt{2}\sqrt{2}}=\dfrac{3\sqrt{2}}{(\sqrt{2})^2}=\dfrac{3\sqrt{2}}{2}$

(2) $\dfrac{2}{\sqrt{5}+\sqrt{3}}=\dfrac{2(\sqrt{5}-\sqrt{3})}{(\sqrt{5}+\sqrt{3})(\sqrt{5}-\sqrt{3})}=\dfrac{2(\sqrt{5}-\sqrt{3})}{5-3}=\sqrt{5}-\sqrt{3}$

(3) $\dfrac{2+\sqrt{3}}{2-\sqrt{3}}=\dfrac{(2+\sqrt{3})^2}{(2-\sqrt{3})(2+\sqrt{3})}=\dfrac{4+4\sqrt{3}+3}{4-3}=7+4\sqrt{3}$

(4) $a^3-b^3=(a-b)(a^2+ab+b^2)$ 이므로

$a-b=(\sqrt[3]{a}-\sqrt[3]{b})(\sqrt[3]{a^2}+\sqrt[3]{a}\sqrt[3]{b}+\sqrt[3]{b^2})$의 인수분해 공식을 활용한다.

$$준식 = \frac{1}{\sqrt[3]{5}-\sqrt[3]{2}} = \frac{(\sqrt[3]{5^2}+\sqrt[3]{5}\,\sqrt[2]{2}+\sqrt[3]{2^2})}{(\sqrt[3]{5}-\sqrt[3]{2})(\sqrt[3]{5^2}+\sqrt[3]{5}\,\sqrt[2]{2}+\sqrt[3]{2^2})}$$

$$= \frac{(\sqrt[3]{25})+\sqrt[3]{10}+(\sqrt[3]{4})}{(\sqrt[3]{5})^3-(\sqrt[3]{2})^3} = \frac{\sqrt[3]{25}+\sqrt[3]{10}+\sqrt[3]{4}}{3}$$

(5) 이중근호

$\sqrt{5+2\sqrt{6}}$ 과 같이 근호 안에 또 근호를 포함한 식을 이중근호의 식이라 한다. 이중근호의 식은 다음과 같은 방법에 의하여 계산한다.

이중근호 푸는 방법

(i) $a>0$, $b>0$일 때 $\sqrt{a+b+2\sqrt{ab}} = \sqrt{a}+\sqrt{b}$

(ii) $a>b>0$일 때 $\sqrt{a+b-2\sqrt{ab}} = \sqrt{a}-\sqrt{b}$

예제 다음 식의 이중근호를 풀어라.

(1) $\sqrt{10+2\sqrt{21}}$ (2) $\sqrt{7+4\sqrt{3}}$ (3) $\sqrt{5-\sqrt{24}}$

풀이▶ (1) $\sqrt{10+2\sqrt{21}} = \sqrt{7+3+2\sqrt{7\cdot 3}} = \sqrt{7}+\sqrt{3}$

(2) $\sqrt{7+4\sqrt{3}} = \sqrt{7+2\sqrt{12}} = \sqrt{4}+\sqrt{3} = 2+\sqrt{3}$

(3) $\sqrt{5-\sqrt{24}} = \sqrt{5-2\sqrt{6}} = \sqrt{3}-\sqrt{2}$

(6) 무리수의 상등

무리수의 상등에 관한 정리

(i) a, b, c, d가 유리수이고, $\sqrt{m}$이 무리수일 때,

① $a+b\sqrt{m}=0 \Leftrightarrow a=0,\ b=0$

② $a+b\sqrt{m}=c+d\sqrt{m} \Leftrightarrow a=c,\ b=d$

(ii) a, b, m, n이 유리수이고, $\sqrt{m}$, $\sqrt{n}$이 무리수 일 때

$a+\sqrt{m}=b+\sqrt{n} \Leftrightarrow a=b,\ m=n$

예제 다음 식을 만족시키는 유리수 x, y를 구하여라.

(1) $x-1+(y-x+2)\sqrt{2}=0$

(2) $x+2+(y-1)\sqrt{3}=3+4\sqrt{3}$

풀이▶ (1) $x-1=0$, $y-x+2=0$ $\quad \therefore x=1$, $y=-1$

(2) $x+2=3$, $y-1=4$ $\quad \therefore x=1$, $y=5$

2.5 허수와 복소수

양수의 제곱은 양수이고, 음수의 제곱도 양수이다. 또, 0의 제곱은 0이다. 곧, 어떠한 실수도 그 제곱은 음수가 되지 않는다.

$$(\text{실수})^2 \geq 0$$

따라서, 방정식 $x^2=-1$의 해는 실수 범위에서는 구할 수 없다.

이러한 방정식이 해를 가질 수 있도록 하자면 수의 범위를 실수 범위 이상의 수인 허수범위로 확장할 수밖에 없게 된다.

(1) 허수단위 · 허수복소수

1) 허수단위 i

제곱하면 -1이 되는 새로운 수 하나를 생각하여 이것을 문자 i로 나타내기로 한다. 곧, $i^2=-1$로 정의한다. 이 때 i를 허수단위라 한다.

2) 허수와 복소수

a, b를 실수라 할 때 $a+bi$ 꼴의 수를 복소수라 하고, a를 실수부, b를 허수부라 한다. 또, $b\neq0$인 복소수 $a+bi$를 허수라 하며, $a=0$, $b\neq0$인 복소수 bi를 순허수라 한다.

예를 들면, $2+3i$, $2+0\cdot i$, $0+0\cdot i$, $0+2i$ 꼴의 수는 모두 복소수이고 실수부는 각각 2, 2, 0, 0이며, 허수부는 각각 3, 0, 0, 2이다. 여기에서 복소수 $2+0\cdot i$, $0+0\cdot i$, $0+2\cdot i$를 각각 2, 0, $2i$로 정의한다. 이 때 $2i$와 같은 복소수 $a+bi(a=0,\ b\neq 0)$를 순허수라 하고, $2+3i$, $2i$와 같은 실수 아닌 복소수 $a+bi(b\neq 0)$를 허수라 한다. 여기서, 특히 주의할 것은 복소수라 하면 실수와 허수를 총칭해서 하는 말이라는 것이다.

(2) 복소수의 연산

1) 복소수의 상등

복소수의 상등에 관한 정리

(i) a, b, c, d가 실수일 때 $a+bi$와 $c+di$는 $a=c$, $b=d$일 때 서로 같다고 하며, 이것을 $a+bi=c+di$로 나타낸다. 곧,

a, b, c, d가 실수 일 때

$a+bi=c+di \Leftrightarrow a=c,\ b=d$

(ii) 이 정의에 따르면

a, b가 실수 일 때

$a+bi=0 \Leftrightarrow a=0,\ b=0$

예제 x, y가 실수일 때, 다음 식을 만족시키는 x, y를 구하여라.

(1) $(x+y)-(x-y)i=2+4i$

(2) $(x-2)+(y+1)i=0$

풀이▶ (1) $x+y$, $x-y$가 실수이므로

$x+y=2$, $-(x-y)=4$

연립하여 풀면 $x=-1$, $y=3$

(2) $x-2$, $y+1$이 실수이므로

$x-2=0$, $y+1=0$

연립하여 풀면 $x=2$, $y=-1$

2) 복소수의 사칙연산에 관한 성질

복소수의 사칙연산

(i) 복소수의 사칙연산

$a,\ b,\ c,\ d$를 실수라 할 때

덧 셈 : $(a+bi)-(c+di)=(a-c)+(b-d)i$

뺄 셈 : $(a+bi)-(c+di)=(a-c)+(b-d)i$

곱 셈 : $(a+bi)\times(c+di)=(ac-bd)+(ad+bc)i$

나눗셈 : $\dfrac{a+bi}{c+di}=\dfrac{(a+bi)(c-di)}{(c+di)(c-di)}=\dfrac{ac+bd}{c^2+d^2}+\dfrac{bc-ad}{c^2+d^2}i$ (단, $c+di\neq0$)

(ii) 복소수의 연산에 관한 성질

① 사칙연산 : 복소수 전체의 집합 C는 덧셈, 뺄셈, 곱셈, 나눗셈에 관하여 닫혀있다.
(단, 나눗셈에서는 0으로 나누는 것은 제외한다.)

② 연산의 기본법칙 : $\alpha,\ \beta,\ \gamma$가 복소수이면

교환법칙	$\alpha+\beta=\beta+\alpha$	$\alpha\beta=\beta\alpha$
결합법칙	$(\alpha+\beta)+\gamma=\alpha+(\beta+\gamma)$	$(\alpha\beta)\gamma=\alpha(\beta\gamma)$
분배법칙	$\alpha(\beta+\gamma)=\alpha\beta+\alpha\gamma$	$(\beta+\gamma)\alpha=\beta\alpha+\gamma\alpha$

③ 항등원, 역원

임의의 복소수 α에 대하여

덧셈에 대한 항등원은 0, 곱셈에 대한 항등원은 1

덧셈에 대한 α의 역원은 $-\alpha$, 곱셈에 대한 $\alpha(\neq0)$의 역원은 $\dfrac{1}{\alpha}$

예제 다음을 계산하여라.

(1) $(3+2i)+(4-3i)$　　(2) $(3+2i)-(4-3i)$

(3) $(3+2i)\times(4-3i)$　　(4) $(3+2i)\div(4-3i)$

풀이▶ (1) $(3+2i)+(4-3i)=(3+4)+(2-3)i=7-i$

(2) $(3+2i)-(4-3i)=(3-4)+(2+3)i=-1+5i$

(3) $(3+2i)\times(4-3i)=12-9i+8i-6i^2=12-i-6\cdot(-1)=18-i$

(4) $\dfrac{3+2i}{4-3i}=\dfrac{(3+2i)(4+3i)}{(4-3i)(4+3i)}=\dfrac{12+9i+8i+6i^2}{4^2-(3i)^2}$

$=\dfrac{12+17i+6\cdot(-1)}{16-9\cdot(-1)}=\dfrac{6+17i}{25}=\dfrac{6}{25}+\dfrac{17}{25}i$

3 방정식과 부등식

3.1 방정식과 항등식

방정식(equation)이란 $2x+5x=7$과 같이 특정한 값 $(x=1)$을 대입해야만 성립하는 등식을 말하며, 항등식(identity)이란 $2x+5x=7x$와 같이 어떤 값을 대입하여도 성립하는 등식을 뜻한다. 방정식을 만족하는 미지수의 값을 방정식의 해(解) 또는 근(根)이라고 말하고, 해 전체의 집합을 그 방정식의 해집합이라 한다. 또, 방정식의 해집합을 구하는 것을 방정식을 푼다고 말한다.

예제 $x+1=3x+3$은 $x=-1$일 때에만 성립한다. 따라서, 방정식이다.
$x^2-x-6=(x-3)(x+2)$는 모든 x값에 대해서 성립하므로 항등식이다.

모든 등식은 방정식과 항등식으로 나누어지며 방정식은 다음 등식의 성질을 기본으로 해서 푼다.

등식의 성질

$A=B$ 이면

(i) $A+m=B+m$ (ii) $A-m=B-m$

(iii) $A\times m=B\times m$ (iv) $\frac{A}{m}=\frac{B}{m}$ (단, $m\neq0$)

항등식의 성질

x에 관하여

(i) $ac+b=0$이 항등식일 조건: $a=0$, $b=0$

(ii) $ax+b=a'x+b'$가 항등식일 조건: $a=a'$, $b=b'$

(iii) $ax^2+bx+c=0$이 항등식일 조건: $a=0$, $b=0$, $c=0$

(iv) $ax^2+bx+c=a'x^2+b'x+c'$이 항등식일 조건: $a=a'$, $b=b'$, $c=c'$

예제 다음 등식이 x에 관한 항등식이 되도록 a, b, c의 값을 정하여라.

$$x^2-x-6=a(x-1)^2+b(x-1)+c$$

풀이▶ 우변을 전개한 다음 x에 관하여 정리하면

$x^2-x-6=ax^2+(-2a+b)x+(a-b+c)$

이 등식이 항등식이려면 양변의 같은 차수가 같아야 하므로

$1=a$, $\quad -1=-2a+b$, $\quad -6=a-b+c$ 연립하여 풀면

$\therefore\ a=1$, $\quad b=1$, $\quad c=-6$

3.2 방정식의 해법

(1) 일차방정식과 그 해법

$ax=b$(a, b 상수)같이 미지수가 하나이고, 미지수 x의 차수가 1차일 때 x에 관한 일원 일차방정식이라 한다.

미지수의 종류가 하나일 때 보통 차수만을 붙여서 부른다. 즉 일원 일차방정식 → 일차방정식, 일원 이차방정식 → 이차방정식 등

일차방정식 ax+b의 해

(i) $a\neq0$ 일 때 양변을 a로 나누어서 $x=\dfrac{b}{a}$

(ii) $a=0$, $b\neq0$일 때: x는 불능(근이 없다.)

$a=0$, $b=0$일 때: x는 부정(근이 무수히 많다.)

$2x=0$일 때 $x=\frac{0}{2}$ → x는 0이다.

$0x=4$일 때 $x=\frac{4}{0}$ → x를 만족하는 값이 없다(불능).

$0x=0$일 때 $x=\frac{0}{0}$ → x를 만족하는 값은 무수히 많다(부정).

예제 $\{x \mid a^2x+1=a(x+1)\}=\varnothing$일 때, 상수 a 값을 구하여라.

풀이▶ $(a^2-a)x=a-1$, $a(a-1)x=a-1$

$a^2x+1=a(x+1)$에서 $(a^2-a)x=a-1$

$\therefore\ a(a-1)x=a-1$

(i) $a(a-1)\neq 0$ 일 때 $x=\frac{1}{a}$

(ii) $a=0$일 때 $0\cdot x=-1$이 되어 x는 불능

(iii) $a=1$일 때 $0\cdot x=0$이 되어 x는 부정

해집합이 $\varnothing$이면 x는 불능일 때이므로 근이 존재하지 않는 a의 값은 $a=0$이다.

$\int \frac{1}{x}dx=\int x^{-1}dx=\frac{1}{-1+1}x^0+C$ 는 불능이므로 $\int \frac{1}{x}dx=\ln x+C$ 로 푼다.

(2) 이차방정식과 그 해법

1) 인수분해에 의한 방법

$ax^2+bx+c=0$ ($a\neq 0$, a, b, c는 상수)과 같이 미지수 x의 차수가 이차일 때 x에 관한 이차방정식이라 한다. 이차방정식의 해법에는 인수분해에 의한 방법, 근의 공식에 의한 방법 등 2가지의 해법이 있다.

인수분해에 의한 방법

x에 관한 이차방정식이 $(ax-b)(cx-d)=0$ (단, $a\neq 0$, $c\neq 0$)과 같이 인수분해될 때 이 방정식의 두 근은 $x=\frac{b}{a}$ 또는 $x=\frac{d}{c}$가 된다.

$A=0$ 또는 $B=0$ 의 의미는

(i) $A\neq 0$ 이고 $B=0$

(ii) $A=0$ 이고 $B\neq 0$

(iii) $A=0$ 이고 $B=0$ 의 세 가지 경우를 의미한다.

따라서, '$A \cdot B = 0$ 이면 A, B 중 적어도 하나는 0이다.' 와 같은 의미가 된다.

예제 다음 방정식을 인수분해를 이용하여 풀어라.

(1) $x^2-4x+3=0$

(2) $3x^2-7x+2=0$

풀이▶ (1) $(x-1)(x-3)=0 \quad \therefore \ x=1$ 또는 3

(2) $(3x-1)(x-2)=0 \quad \therefore \ x=\frac{1}{3}$ 또는 2

2) 근의 공식에 의한 해법

(i) $ax^2+bx+c=0(a\neq 0)$에서 양변을 a로 나누면

$$x^2+\frac{b}{a}x+\frac{c}{a}=0, \qquad x^2+\frac{b}{a}x+\left(\frac{b}{2a}\right)^2-\left(\frac{b}{2a}\right)^2+\frac{c}{a}=0$$

$$\left(x+\frac{b}{2a}\right)^2=\frac{b^2-4ac}{4a^2}, \qquad x+\frac{b}{2a}=\pm\frac{\sqrt{b^2-4ac}}{2a}$$

$$\therefore \ x=\frac{-b\pm\sqrt{b^2-4ac}}{2a} \quad \cdots\cdots ①$$

근의 공식에 의한 방법

$ax^2+bx+c=0(a\neq 0)$ 의 근은 일반적으로

$$x=\frac{-b\pm\sqrt{b^2-4ac}}{2a}$$

일차항의 계수 b가 짝수일 때, 즉, $b=2b'$ 일 때

$ax^2+2b'x+c=0(a\neq 0)$ 의 근은 ① 에서 $x=\frac{-2b'\pm\sqrt{4b'^2-4ac}}{2a}$

$$\therefore \ x=\frac{-b'\pm\sqrt{b'^2-ac}}{a}$$

예제 다음 방정식을 근의 공식을 이용하여 풀어라.

(1) $x^2-5x+6=0$ (2) $3x^2+8x-3=0$

(3) $x^2-2x-1=0$ (4) $2x^2-3x+2=0$

풀이▶

(1) $x=\dfrac{-b\pm\sqrt{b^2-4ac}}{2a}=\dfrac{5\pm\sqrt{5^2-4\cdot1\cdot6}}{2}=\dfrac{5\pm\sqrt{1}}{2}$

$\therefore x=\dfrac{5-\sqrt{1}}{2}=2,\quad x=\dfrac{5+\sqrt{1}}{2}=3$

(2) $x=\dfrac{-4\pm\sqrt{4^2-3\cdot(-3)}}{3}=\dfrac{-4\pm5}{3}=\dfrac{1}{3}$ 또는 -3

(3) $x=1\pm\sqrt{1-1\times(-1)}=1\pm\sqrt{2}$

(4) $x=\dfrac{-(-3)\pm\sqrt{(-3)^2-4\cdot2\cdot2}}{2\cdot2}=\dfrac{3\pm\sqrt{-7}}{4}=\dfrac{3\pm\sqrt{7}i}{4}$

전공이론

※ 도수공식유도

도수 후 수심(h_2) 공식은 일반적으로 운동량 방정식을 적용하여 구한다.

따라서 운동량 방정식 $P_1-P_2=\dfrac{\omega}{g}Q(V_2-V_1)$ 에서

$$\omega h_{G_1}A_1-\omega h_{G_2}A_2=\frac{\omega}{g}Q(V_2-V_1)$$

$$h_{G_1}A_1-h_{G_2}A_2=\frac{Q}{g}(V_2-V_1)$$

$$h_{G_1}A_1-h_{G_2}A_2=\frac{Q^2}{gA_2}-\frac{Q^2}{gA_1}\ (\because Q=A_1V_1=A_2V_2)$$

$$\frac{h_1^{\ 2}}{2}-\frac{h_2^{\ 2}}{2}=\frac{q^2}{gh_2}-\frac{q^2}{gh_1}\ (\because q=h_1V_1\ )$$

$$\frac{h_1^{\ 2}}{2}-\frac{h_2^{\ 2}}{2}=\frac{h_1^{\ 2}V_1^{\ 2}}{gh_2}-\frac{h_1^{\ 2}V_1^{\ 2}}{gh_1}\ (A_1=h_1,\ A_2=h_2,\ A_2=h_2,\ q=h_1V_1)$$

$$\frac{(h_1+h_2)(h_1-h_2)}{2}=\frac{V_1^{\ 2}h_1}{gh_2}(h_1-h_2)$$

$$\frac{h_1+h_2}{2}-\frac{V_1^{\ 2}h_1}{gh_2}=0$$

$$h_2^{\ 2}+h_1h_2-\frac{2V_1^{\ 2}}{g}h_1=0$$

위 식은 h_2에 대한 2차방정식이므로 근의 공식을 이용하면,

$$h_2 = \frac{-h_1 + \sqrt{h_1{}^2 + \frac{8V_1{}^2 h_1}{g}}}{2}$$

$$\therefore h_2 = -\frac{h_1}{2} + \frac{h_1}{2}\sqrt{1+8Fr_1^2} \quad (\because Fr_1 = \frac{V_1}{\sqrt{gh_1}})$$

전공문제

$M_u = 170$ kN · m 의 계수 모멘트 하중에 대한 단철근 직사각형 보의 필요한 철근량 As를 구하면? (단, 보의 폭 $b = 300$ mm, 보의 유효깊이 $d = 450$ mm, $f_{ck} = 28$ MPa, $f_y = 350$ MPa, $\phi = 0.85$ 이다.)

㉮ 1070 mm^2 ㉯ 1175 mm^2 ㉰ 1280 mm^2 ㉱ 1375 mm^2

해설

$M_u = \phi 0.85 f_{ck} a b\left(d - \frac{a}{2}\right) = \phi f_y As\left(d - \frac{a}{2}\right)$ 에서

$170,000,000 = 0.85 \times 0.85 \times 28 \times a \times 300 \times \left(450 - \frac{a}{2}\right)$ 이고

$170,000,000 = -3,034.5\,a^2 + 2,731,050\,a$ 이므로

$3,034.5\,a^2 - 2,731,050\,a + 170,000,000 = 0$ 이다.

따라서, 근의 공식을 이용하면

$$a = \frac{2,731,050 - \sqrt{2,731,050^2 - 4 \times 3,034.5 \times 170,000,000}}{2 \times 3,034.5} = 67.3\,\text{mm}$$

$M_u = \phi f_y As\left(d - \frac{a}{2}\right)$ 이므로

$170,000,000 = 0.85 \times 350 \times As \times \left(450 - \frac{67.3}{2}\right)$

$\therefore As = 1,372.4\,\text{mm}$

3) 삼차 및 사차방정식과 그 해법

$ax^3 + bx^2 + cx + d = 0$의 형태로 삼차방정식(또는 사차방정식)의 근의 공식은 존재하나 암기하기 어려우므로 수학에서는 간단한 3차식(4차식)만 계산에 사용한다. 공학에서는 계산기 또는 컴퓨터에 의존하여 문제를 해결한다.

예제 다음 방정식을 풀어라.

(1) $x^3=1$

(2) $x^4=16$

(3) $x^3-2x^2-5x+6=0$

(4) $x^4-5x^3+5x^2+5x-6=0$

풀이▶ (1) $x^3-1=0$ 에서 $(x-1)(x^2+x+1)=0$

$\therefore\ x-1=0\ \ or\ \ x^2+x+1=0$

$\therefore\ x=1$ 또는 $x=\dfrac{-1\pm\sqrt{1-4}}{2}=\dfrac{-1\pm\sqrt{3}i}{2}$

(2) $x^4-16=0$ 에서 $(x^2-4)(x^2+4)=0$

$\therefore\ x^2-4=0$ or $x^2+4=0$

$x^2=4$에서 $x=\pm2$

$x^2=-4$에서 $x=\pm2i$

$\therefore\ x=\pm2$ 또는 $\pm2i$

(3) $(x-1)(x^2-x+6)=0$

$(x-1)(x+2)(x-3)=0$

$\therefore\ x=1$ 또는 $x=-2$ 또는 $x=3$

(4) $(x-1)(x^3-4x^2+x+6)=0$

$(x-1)(x+1)(x^2-5x+6)=0$

$(x-1)(x+1)(x-2)(x-3)=0$

$\therefore\ x=1$ 또는 $x=-1$ 또는 $x=2$ 또는 $x=3$

3.3 이차방정식의 판별식

근의 공식에 의하면 근호 안의 b^2-4ac 의 부호에 따라서 근이 서로 다른 두 실근, 서로 같은 두 실근(중근), 서로 다른 두 허근 등의 세 가지 형태로 나타난다.

이차방정식의 근의 판별

a, b, c가 실수일 때, 이차방정식 $ax^2+bx+c=0$ 에서 $D=b^2-4ac$ 로 놓으면

$D>0 \Leftrightarrow$ 서로 다른 두 실근 ……①

$D=0 \Leftrightarrow$ 서로 같은 두 실근(중근) ……②

$D<0 \Leftrightarrow$ 서로 다른 두 허근

①과 ②식의 경우는 두 실근을 가질 경우이다.

이 때 b^2-4ac를 이차방정식 $ax^2+bx+c=0$ 의 판별식이라 한다.

일차항의 계수 b가 짝수일 때, 즉 $b=2b'$일 때 $D=(2b')^2-4ac=4(b'^2-ac)$

$\therefore \frac{D}{4}=b'^2-ac$으로 나타낸다.

예제 다음 이차방정식의 근을 판별하여라.

(1) $13x^2-8x+2=0$

(2) $x^2+2(2+\sqrt{2})x+4\sqrt{2}+1$

(3) x^2-2x+1

풀이▶ (1) $D/4=(-4)^2-13\times2=-10<0$

$\therefore$ 서로 다른 두 허근

(2) $D/4=(2+\sqrt{2})^2-(4\sqrt{2}+1)=5>0$

$\therefore$ 서로 다른 두 실근

(3) $D/4=1^2-1\times1=0=0$

$\therefore$ 서로 같은 두 실근(중근)

3.4 근의 계수와의 관계

이차방정식과 삼차방정식의 두 근과 세 근을 직접 구하지 않고서도 근의 합, 근의 곱, 근의 차를 구하는 방법이 있다. 일반적으로 α, β는 실수일 때 이차방정식 $ax^2+bx+c=0$의 두 근 α, β를 $\alpha=\frac{-b+\sqrt{b^2-4ac}}{2a}$, $\beta=\frac{-b-\sqrt{b^2-4ac}}{2a}$로 놓으면 ($\alpha$, β를 바꾸

어 놓아도 결과는 같게 된다.) 따라서,

$$\alpha+\beta=\frac{-b+\sqrt{b^2-4ac}}{2a}+\frac{-b-\sqrt{b^2-4ac}}{2a}=-\frac{2b}{2a}=-\frac{b}{a}$$

$$\alpha\beta=\frac{-b+\sqrt{b^2-4ac}}{2a}\times\frac{-b-\sqrt{b^2-4ac}}{2a}=\frac{b^2-(b^2-4ac)}{4a^2}=\frac{c}{a}$$

$$|\alpha-\beta|=\left|\frac{-b+\sqrt{b^2-4ac}}{2a}-\frac{-b-\sqrt{b^2-4ac}}{2a}\right|=\left|\frac{2\sqrt{b^2-4ac}}{2a}\right|=\frac{\sqrt{b^2-4ac}}{|a|}$$

근과 계수와의 관계

(i) 이차방정식 $ax^2+b+c=0(a\neq0)$의 두 근을 α, β 라 하면

$$\alpha+\beta=-\frac{b}{a},\quad \alpha\beta=\frac{c}{a}$$

(ii) 삼차방정식 $ax^3+bx^2+cx+d=0(a\neq0)$의 세 근을 α, β, γ 라 하면

$$\alpha+\beta+\gamma=-\frac{b}{a},\quad \alpha\beta+\beta\gamma+\gamma\alpha=\frac{c}{a},\quad \alpha\beta\gamma=-\frac{d}{a}$$

인 관계가 성립한다.

예제 다음 이차방정식의 두 근을 α, β 라 할 때 두 근의 합, 두 근의 곱, 두 근의 차를 구하라.

(1) $2x^2-3x-2=0$ (2) $5x^2+4x-3=0$

풀이▶ (1) $a=2,\ b=-3,\ c=-2$인 경우이므로

$$\alpha+\beta=-\frac{b}{a}=-\frac{-3}{2}=\frac{3}{2},\quad \alpha\beta=\frac{c}{a}=\frac{-2}{2}=-1$$

$$|\alpha-\beta|=\frac{\sqrt{b^2-4ac}}{|a|}=\frac{\sqrt{(-3)^2-4\cdot2\cdot(-2)}}{|2|}=\frac{5}{2}$$

(2) $a=5,\ b=4,\ c=-3$인 경우이므로

$$\alpha+\beta=-\frac{b}{a}=-\frac{4}{5},\quad \alpha\beta=\frac{c}{a}=\frac{-3}{5}=-\frac{3}{5}$$

$$|\alpha-\beta|=\frac{\sqrt{b^2-4ac}}{|a|}=\frac{\sqrt{4^2-4\cdot5\cdot(-3)}}{|5|}=\frac{\sqrt{76}}{5}=\frac{2\sqrt{19}}{5}$$

예제 다음 삼차방정식의 세 근을 α, β, γ 라 할 때 세 근의 합, 세 근의 곱을 구하라.

$$x^3+4x^2-3x-2=0$$

풀이▶ 세근의 합 $\alpha+\beta+\gamma=-\dfrac{b}{a}=-\dfrac{4}{1}=-4$

세근의 곱 $\alpha\beta\gamma=-\dfrac{d}{a}=-\dfrac{-2}{1}=2$

위와 같은 규칙에 의하여 사차방정식 $ax^4+bx^3+cx^2+dx+e=0$ 에서

네 근의 합 $\alpha+\beta+\gamma+\delta=-\dfrac{b}{a}$ 이고, 네 근의 곱 $\alpha\beta\gamma\delta=\dfrac{e}{a}$ 이다.

3.5 연립방정식

두 개 이상의 미지수를 포함하고 있는 방정식의 조를 연립방정식이라 한다. 이 방정식들을 동시에 만족하는 미지수의 값을 연립방정식의 해(또는 근)라 하고, 이것을 구하는 것을 연립방정식을 푼다고 한다.

(1) 이원 일차 연립방정식의 해법

미지수를 소거하여 일원 일차방정식으로 만든다. 그 미지수를 소거하는 방법에는 가감법, 대입법, 등치법이 있다.

예제 다음 연립방정식을 풀어라.

$3x+2y-3=0$ ……① $x-y-1=0$ ……②

풀이▶ (가감법) ①+②×2 하면 $5x-5=0$ $\therefore x=1$ $x=1$을 ②에 대입하면 $y=0$

$\therefore x=1,\ y=0$

(대입법) ②에서 $y=x-1$이고, 이것을 ①에 대입하면 $3x+2(x-1)-3=0$

$\therefore x=1,\ y=0$

(등치법) ①에서 $y=\dfrac{-3x+3}{2}$, ②에서 $y=x-1$

이 두 식을 같다고 놓으면

$\therefore \dfrac{-3x+3}{2}=x-1 \quad \therefore x=1,\ y=0$

이원 일차 연립방정식은 위와 같은 풀이 이외에도 역행렬을 이용하는 방법, Cramer 공식, 가우스-조단 방법, graph를 이용하는 방법 등이 있고, 삼원 일차 연립방정식은 역행렬을 이용하는 방법, Cramer 공식, 가우스-조단 방법, 평면의 방정식을 이용하는 방법 등 다른 여러 가지 풀이가 있으며, 그 내용은 7장 행렬단원에서 설명하기로 한다.

전공문제

어떤 흙에 대해서 직접 전단시험을 한 결과 수직응력이 10 kg/cm^2 일 때 전단저항이 5 kg/cm^2이었고, 또 수직응력이 20 kg/cm^2 일 때에는 전단저항이 8 kg/cm^2 이었다. 이 흙의 점착력(c)과 내부마찰각(ø)은?

㉮ 2 kg/cm^2, 16.7° ㉯ 3 kg/cm^2, 22.7°

㉰ 8 kg/cm^2, 35.6° ㉱ 10 kg/cm^2, 43.5°

해설

$5 = c + 10\tan ø \cdots ①$

$8 = c + 20\tan ø \cdots ②$

식 ②에서 식 ①을 빼서 연립방정식을 풀면

$10\tan ø = 3 \rightarrow \tan ø = \dfrac{3}{10}$

$\therefore$ 내부마찰각 $ø = \tan^{-1}\left(\dfrac{3}{10}\right) = 16.7°$

점착력 c= 2 kg/cm^2

전공문제

다음과 같은 3-span 연속보의 B점이 5 cm 아래로, C점이 2 cm 위로 지점 변위를 일으켰다. B점의 휨모멘트는? (단, 지간에 재하된 하중은 없으며, 휨강성 EI는 일정하다.)

㉮ $M_B=\dfrac{72EI}{l^2}$ ㉯ $M_B=-\dfrac{54EI}{l^2}$

㉰ $M_B=\dfrac{22.8EI}{l^2}$ ㉱ $M_B=-\dfrac{9EI}{l^2}$

㉲ $M_B=\dfrac{342EI}{l^2}$

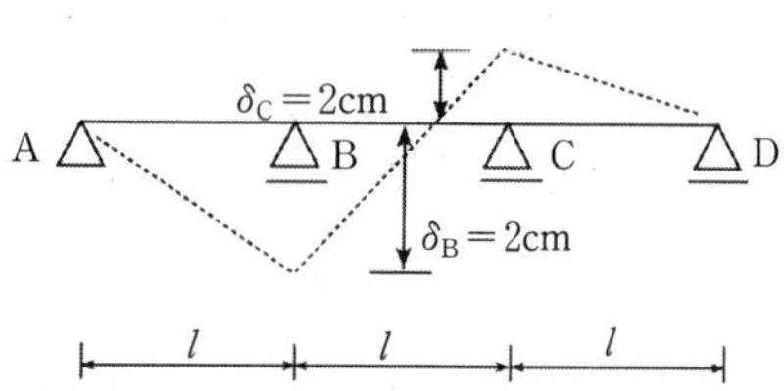

해설

부재 abc 에서 $2M_B \times 2l + M_c \times l = 6EI\left(\frac{5}{l} + \frac{7}{l}\right)$

$\therefore\ 4M_B + M_C = \frac{72EI}{l^2}$ ………①

부재 bcd 에서 $M_B \times l + 2M_c \times 2l = 6EI\left(-\frac{7}{l} - \frac{2}{l}\right)$

$\therefore\ M_B + 4M_C = -\frac{54EI}{l^2}$ ………②

식 ①과 ②를 연립하여 풀면, 즉 ① × 4 − ②이므로

$15M_B = \frac{EI}{l^2}(72 \times 4 + 54) \qquad \therefore\ M_B = \frac{22.8EI}{l^2}$

전공문제

시방배합으로 단위수량(W) 160 kg, 단위 시멘트량(C) 310 kg, 단위 잔골재량(S) 725 kg, 단위 굵은 골재량(G) 1,255 kg이 산출된 콘크리트 배합을 현장골재의 입도를 고려하여 현장배합으로 수정하면 잔골재와 굵은 골재의 단위중량(kg)은 얼마인가? (단, 잔골재가 No. 4체에 남는 중량 : 2%, 굵은 골재가 No. 4체를 통과하는 중량 : 5%이고 소수첫자리에서 반올림하시오.)

해설

수정된 잔골재량과 굵은 골재량을 x 와 y 라 하면

$x + y = 725 + 1,255 = 1,980$ (kg) …… ①

$0.02x + (1 - 0.05)y = 1,255$ (kg) …… ②

식 ①에서 $x = 1,980 - y$ ………………… ③

식 ③을 식 ②에 대입하여 연립방정식을 풀면

$0.02(1,980 - y) + (1 - 0.05)y = 1,255$에서 $0.93y = 1215.4$

$\therefore\ y = 1,307$ (kg), $x = 673$ (kg)

전공문제

그림과 같은 기둥에서 R_a 는 R_b 의 몇 배인가?

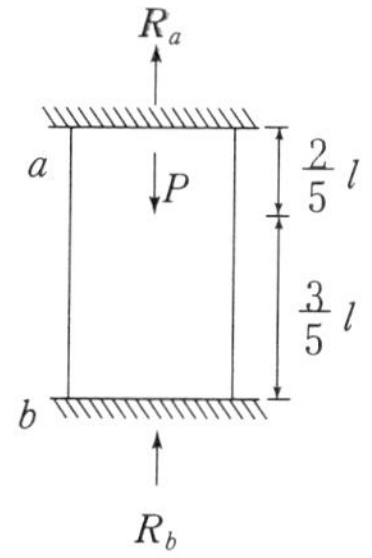

㉮ $\frac{3}{2}$ 배　　㉯ $\frac{2}{3}$ 배

㉰ $\frac{2}{5}$ 배　　㉱ $\frac{5}{2}$ 배

㉲ $\frac{5}{3}$ 배

해설

· 힘의 평형조건 $\sum V=0$에서 $R_a+R_b=P$……①

· 변형 적합조건에서 $\dfrac{2R_a l}{5EA}=\dfrac{3R_b l}{5EA}$

$\therefore\ R_a=\dfrac{3}{2}R_b$……②

식 ②를 식 ①에 대입하여 연립방정식을 풀면 $\dfrac{3}{2}R_b+R_b=P$

$\therefore\ R_a=\dfrac{3}{5}P,\ R_b=\dfrac{2}{5}P$

따라서, R_a는 R_b의 $\dfrac{3}{2}$배이다.

전공문제

함수율 98%인 슬러지를 농축하여 함수율 95%로 낮추었다. 이때 슬러지의 부피 감소율은?

㉮ 40% ㉯ 50% ㉰ 60% ㉱ 70%

해설

$\dfrac{V_2}{V_1}=\dfrac{100-W_1}{100-W_2}=\dfrac{100-98}{100-95}$ 에서 $V_2=0.4V_1$

$\therefore$ 부피감소율 $=\dfrac{V_1-V_2}{V_1}\times 100=\dfrac{V_1-0.4V_1}{V_1}\times 100=60\ \%$

전공문제

단순 지지된 2방향 슬래브의 중앙점에 집중하중 P가 작용한다. 슬래브의 단경간과 장경간의 비가 1 : 2 일 때 하중 분배율을 구하여라.

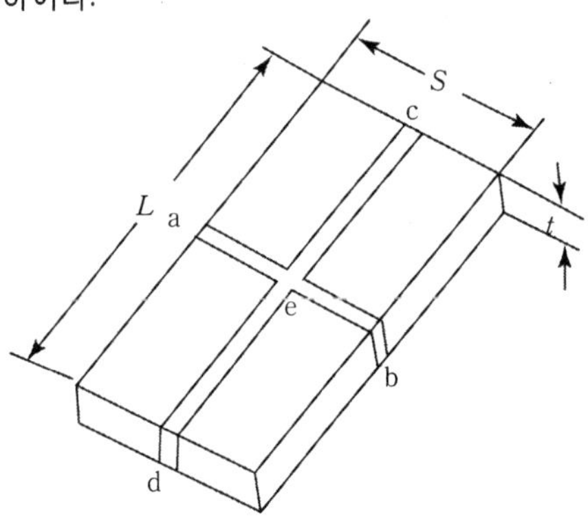

해설

$$\delta_e = \frac{P_S S^3}{48EI} = \frac{P_L L^3}{48EI} \text{ 에서}$$

$$\frac{P_S}{P_L} = \frac{L^3}{S^3} \quad \cdots\cdots①$$

$$P_S + P_L = P \quad \cdots\cdots②$$

식 ② 에서 $P_S = P - P_L$을 식 ① 에 대입하여 연립방정식을 풀면

$$\frac{P - P_L}{P_L} = \frac{L^3}{S^3} \text{ 에서} \quad \frac{P}{P_L} = \frac{L^3}{S^3} + 1 = \frac{L^3 + S^3}{S^3}$$

$$\therefore\ P_L = \frac{S^3}{L^3 + S^3} P$$

마찬가지로 식 ② 에서 $P_L = P - P_S$를 식 ① 에 대입하여 연립방정식을 풀면

$$\frac{P_S}{P - P_S} = \frac{L^3}{S^3} \text{ 에서} \quad \frac{P - P_S}{P_S} = \frac{S^3}{L^3} \rightarrow \frac{P}{P_S} = 1 + \frac{S^3}{L^3} = \frac{L^3 + S^3}{L^3}$$

$$\therefore\ P_S = \frac{L^3}{L^3 + S^3} P$$

경간의 길이의 비가 1 : 2 이므로

$$P_L = \frac{S^3}{L^3 + S^3} P = \frac{1^3}{2^3 + 1^3} P = \frac{1}{9} P$$

$$P_S = \frac{L^3}{L^3 + S^3} P = \frac{2^3}{2^3 + 1^3} P = \frac{8}{9} P$$

따라서, 하중분배율은

$$\therefore\ P_S : P_L = \frac{8}{9} P : \frac{1}{9} P = 8 : 1 \text{ 이다.}$$

(2) 연립방정식의 부정과 불능

연립방정식을 풀다보면

$$0 \cdot x + 0 \cdot y - 1 = 0 \quad \cdots\cdots①$$

$$0 \cdot x + 0 \cdot y + 0 = 0 \quad \cdots\cdots②$$

과 같은 형으로 나타나는 경우가 있다. ① 식을 만족하는 x, y 값은 존재하지 않는다. 이 때 이 연립방정식의 해는 불능이라고 말한다. ② 식의 경우는 모든 x, y에 대하여 만족하게 되며 연립방정식의 해는 부정이라 한다.

연립방정식의 부정과 불능

연립방정식 $ax+by+c=0$, $a'x+b'y+c'=0$ 의 근은

$\frac{a}{a'}=\frac{b}{b'}\neq\frac{c}{c'}$ 일 때 불능 (근이 없다) ⇔ 두 직선이 평행

$\frac{a}{a'}=\frac{b}{b'}=\frac{c}{c'}$ 일 때 부정 (근이 무수히 많다) ⇔ 두 직선이 일치

(3) 연립 이차방정식의 해법

연립방정식에 있어서 차수가 가장 높은 것이 이차방정식일 경우, 이것을 연립 이차방정식이라 한다. 연립 이차방정식의 형은 크게 일차식과 이차식, 이차식과 이차식을 연립하는 경우로 나눌 수 있다.

일차식과 이차식을 연립하는 경우는 일차식에서 x 또는 y를 구하여 이차식에 대입하여 푼다.

예제 연립방정식 $x-y=2$……① $x^2-2xy-y=2$……②를 계산하여라.

풀이▶ 식 ①에서 $y=x-2$……③

식 ③을 식 ②에 대입하여 연립방정식을 풀면 $x^2-2x(x-2)-(x-2)=2$

정리하면 $x^2-3x=0$ $\therefore x(x-3)=0$ $\therefore x=0,3$

$\therefore$ $x=0$, $y=-2$; $x=3$, $y=1$

전공문제

다음 단면 2에서 V_2를 구한 값은? (단, 마찰 손실은 무시한다.)

㉮ 3.74 m/sec ㉯ 4.05 m/sec

㉰ 3.56 m/sec ㉱ 3.47 m/sec

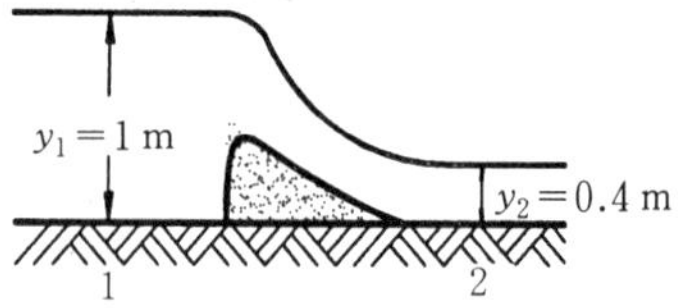

해설

Bernoulli 정리로부터 $1+\frac{V_1{}^2}{19.6}=0.4+\frac{V_2{}^2}{19.6}$ ……① (∵ 대기압=0 이므로)

연속방정식으로부터 $1\times V_1=0.4\times V_2$ ……②

식 ②를 식 ①에 대입하여 두 식을 연립방정식으로 풀면

$$1+\frac{(0.4\,V_2)^2}{19.6}=0.4+\frac{V_2{}^2}{19.6} \text{에서 } 1-0.4=\frac{V_2{}^2(1-0.16)}{19.6}$$

$\therefore\ V_2=3.74\ \mathrm{m/sec}$

이차식과 이차식을 연립하는 경우는 일차식과 이차식과의 연립방정식의 꼴로 유도하는데 목표를 둔다. 그 유도 방법은

(i) 두 식 중에서 어느 한 식이 인수분해가 되는가를 조사하여 푼다.
(ii) 가감법을 써서 최고차 항을 소거하여 일차식이 나오는가를 조사하여 푼다.

예제 연립방정식 $2x^2-3xy+y^2=0$ ……① $5x^2-y^2=16$ ……② 을 풀어라.

풀이▶ 위의 (i)번 유형으로

식 ①에서 $(2x-y)(x-y)=0$ $\therefore\ y=2x$ 또는 $y=x$

$y=2x$일 때 식 ②에서 $5x^2-(2x)^2=16$ $\therefore\ x^2=16$

$\therefore\ x=\pm4$ 이 때 $y=\pm8$

$y=x$일 때 식 ②에서 $5x^2-x^2=16$ $\therefore\ x^2=4$

$\therefore\ x=\pm2$ 이 때 $y=\pm2$

$\therefore\ x=\pm4,\ y=\pm8\ ;\ x=\pm2,\ y=\pm2$ (복호동순)

예제 다음 연립방정식을 풀이라

$2x^2+2y^2+3x+y=12$ …… ①

$x^2+y^2+x-y=6$ ………… ②

풀이▶ 위의 (ii) 번 유형으로

식 ①－식 ②×2 하면 $x+3y=0$ $\therefore\ x=-3y$

식 ③을 식 ②에 대입하면 $9x^2+y^2-3y-y-6=0$ $\therefore\ 5y^2-2y-3=0$

$(y-1)(5y+3)=0$ $\therefore\ y=1,\ -\frac{3}{5}$

이 때 $x=-3,\ \frac{9}{5}$

$\therefore\ x=-3,\ y=1;\ \ x=\frac{9}{5},\ \ y=-\frac{3}{5}$

3.6 부등식과 기본성질

수 또는 식의 값을 대소관계로 나타낸 식을 부등식(inequality)이라 한다. 등식에는 항등식과 방정식이 있고, 부등식에는 절대 부등식과 조건 부등식이 있다. $x^2+1>0$와 같이 부등식의 문자에 어떤 실수값을 대입해도 항상 성립하는 부등식을 절대부등식이라 한다. 절대부등식에서 그것이 항상 성립함은 보이는 것을 부등식을 **증명한다**고 말한다. $3x-2>2x+1$은 3보다 큰 값을 대입할 때만 성립한다. 이와 같이 부등식 중의 문자에 특별한 범위의 값을 대입할 때만 성립하는 부등식을 조건부등식이라 한다. 부등식을 만족시키는 문자의 값을 그 부등식의 해라 하고, 해 전체의 집합을 그 부등식의 해집합이라 한다. 또, 해집합을 구하는 것을 그 부등식을 **푼다**고 한다.

부등식의 기본성질

(i) $a>b \Leftrightarrow a-b>0$, $a<b \Leftrightarrow a-b<0$

(ii) $a>b$, $b>c \Rightarrow a>c$

(iii) $a>b \Rightarrow a+m>b+m$, $a-m>b-m$

(iv) $a>b$, $m>0 \Rightarrow am>bm$, $\frac{a}{m}>\frac{b}{m}$

(v) $a>b$, $m<0 \Rightarrow am<bm$, $\frac{a}{m}<\frac{b}{m}$

(vi) a, b가 같은 부호일 때 $a<b$ 이면 $\frac{1}{a}>\frac{1}{b}$

a, b가 다른 부호일 때 $a<b$ 이면 $\frac{1}{a}<\frac{1}{b}$

(vii) $a>0$, $b>0$ 일 때 $a>b$이면 $a^2>b^2$, $\sqrt{a}>\sqrt{b}$

a, b의 부호에 관계없이 $a>b$이면 $a^3>b^3$

(viii) 절대값의 성질 $(a,\ b>0)$

$|x|<a$ 일 때 $-a<x<a$, $|x|>a$ 일 때 $x>a$, $x<-a$

(ix) a, b, c, d가 양수이고 $a<x<b$, $c<y<d$ 일 때

$a+c<x+y<b+d$, $a-d<x-y<b-c$

$ac<xy<bd$, $\frac{a}{d}<\frac{x}{y}<\frac{b}{c}$

(x) 기본적인 절대부등식

$$\frac{a+b}{2} \geq \sqrt{ab} \geq \frac{2ab}{a+b}$$

위 부등식에서 부등식의 양변을 음의 값으로 곱할 때나 나눌 때에는 부등호의 방향이 반대가 된다는 것에 주의해야 한다.

3.7 부등식의 해법

(1) 일차 부등식과 그 해법

이항하여 정리했을 때 $ax>b(ax\geq b)$ 또는 $ax<b(ax\leq b)$ (단, $a\neq0$)의 형태가 되는 부등식을 x의 일차 부등식이라 한다.

부등식의 ax > b의 해법

부등식 $ax>b$의 해는

(i) $a>0$일 때 $x>\frac{b}{a}$ (부등호의 방향이 그대로이다.)

(ii) $a<0$일 때 $x<\frac{b}{a}$ (부등호의 방향이 반대이다.)

(iii) $a=0$, $b\geq0$일 때 해는 없다. (불능)

$a=0$, $b<0$일 때 x는 모든 실수값이다. (부정)

예제 다음 각 부등식을 풀어라.

(1) $ax+1>x+a^2$　　(2) $\{x\mid ax+b<cx+d)\}=\phi$

풀이▶ (1) $(a-1)x>(a-1)(a+1)$

(i) $a>1$일 때 $x>a+1$

(ii) $a<1$일 때 $x<a+1$

(iii) $a=1$일 때 $0\cdot x>0$이므로 해가 없다.

(2) $(a-c)x<d-b$

(i) $a>c$일 때 $x<\frac{d-b}{a-c}$

(ii) $a<c$일 때 $x>\frac{d-b}{a-c}$

(iii) $a=c$일 때 $0\cdot x<d-b$ 이므로 $d>b$이면 모든 실수값이고 $d\leq b$이면 해가 없다.

따라서, 근이 존재하지 않을 범위는 $a=c$이고 $d\leq b$일 때이다.

전공문제

삼각 위어에 있어서 유량계수가 일정하다고 할 때 월류 수심의 측정오차에 의한 유량 오차가 1% 이하가 되기 위한 월류수심의 측정오차는 어느 정도로 해야 하는가?

㉮ $\frac{1}{2}$% 이하 ㉯ $\frac{2}{3}$% 이하 ㉰ $\frac{2}{5}$% 이하 ㉱ $\frac{3}{5}$% 이하

해설

유량오차와 수두오차와의 관계

$\frac{dQ}{Q} = \frac{5}{2}\frac{dH}{H}$ 에서 유량오차가 1% 이하이므로 $\frac{5}{2}\frac{dH}{H} \le 1\%$

$\therefore \frac{dH}{H} \le \frac{2}{5}\%$ 이다.

전공문제

유량 2 l/s의 물이 원관 내에서 층류 상태로 흐를 경우 원관의 지름이 만족해야 할 조건으로 옳은 것은? (단, 물의 동점성 계수는 1.01×10^{-2} cm²/s임.)

㉮ d < 63cm ㉯ d ≥ 63cm
㉰ d < 126cm ㉱ 라. d ≥ 126cm

해설

$$Re = \frac{VD}{\nu} = \frac{4Q}{\pi D\nu} \le 2,000$$ 에서

$$\therefore D \ge \frac{4Q}{2,000\pi\times\nu} \ge \frac{4\times2\times10^3}{2,000\pi\times0.0101} \ge 126\,\mathrm{cm}$$

(2) 이차 부등식과 그 해법

x에 관하여 정리했을 때 $ax^2+bx+c>0(a\neq0)$, $ax^2+bx+c<0(a\neq0)$와 같은 꼴의 부등식을 x의 이차 부등식이라 한다.

2차 부등식의 해법의 기본은 다음 부등식의 성질과 같다.

$A\cdot B > 0 \Leftrightarrow (A>0,\ B>0)$ 또는 $(A<0,\ B<0)$

$A\cdot B < 0 \Leftrightarrow (A>0,\ B<0)$ 또는 $(A<0,\ B>0)$

2차 부등식의 해법

2차 부등식 $ax^2+bx+c>0$, $ax^2+bx+c<0$ 의 해법

(i) $b^2-4ac>0$일 때 인수분해한 다음 아래의 요령으로 푼다.

α, β 실수이고, $\alpha<\beta$일 때

$(x-\alpha)(x-\beta)>0 \Leftrightarrow x<\alpha$ 또는 $x>\beta$

$(x-\alpha)(x-\beta)<0 \Leftrightarrow \alpha<x<\beta$

(ii) $b^2-4ac=0$, $b^2-4ac<0$일 때 완전제곱꼴로 변형하여 푼다.

예제 다음 각 이차 부등식을 풀어라.

(1) $x^2-x-2>0$

(2) $-x^2-x+12>0$

(3) $x^2-2x+1\geq 0$

(4) $x^2-4x+4>0$

(5) $x^2-6x+9\leq 0$

(6) $x^2-6x+9<0$

(7) $x^2-2x+4>0$

(8) $x^2-2x+4<0$

(9) $x^2-2x+4\leq 0$

풀이▶ (1) $x^2-x-2>0$, $(x-2)(x+1)>0$ $\therefore x>2$ 또는 $x<-1$

(2) $x^2+x-12<0$, $(x+4)(x-3)<0$ $\therefore -4<x<3$

(3) $(x-1)^2\geq 0$ $\therefore$ x는 모든 실수값

(4) $(x-2)^2>0$ $\therefore$ x는 $x\neq 2$인 모든 실수값

(5) $(x-3)^2\leq 0$ $\therefore x=3$

(6) $(x-3)^2<0$ $\therefore$ 해가 없다

(7) $(x-1)^2+3>0$ $\therefore$ x는 모든 실수값

(8) $(x-1)^2+3<0$ $\therefore$ 해가 없다.

(9) $(x-1)^2+3\leq 0$ $\therefore$ 해가 없다.

연습문제

1. 잔골재 A의 FM(조립률, Fineness Modulus)은 3.26이고, 잔골재 B의 FM은 2.44이다. 이 두 잔골재의 FM이 적당하지 않아 조립률이 2.8이 되는 잔골재 C를 만들고자 할 때 잔골재 A와 B를 어느 정도 섞어야 하는가?

해설

무게 x인 잔골재 A와 무게 y인 잔골재 B를 섞는다면 다음 관계식이 성립한다.

$$FM_c=\frac{c}{x+y}FM_a+\frac{y}{x+y}FM_b$$

여기서, FM_a, FM_b, FM_c는 각각 잔골재 A, B, C의 조립률이다.

$$2.80=\frac{x}{x+y}\times 3.26+\frac{y}{x+y}\times 2.44$$

$$0.46x=0.36y \quad \therefore\ x:y=0.36:0.46$$

따라서, 중량비로 $x:y=0.44:0.56$ 이다.

2. 시방배합에서의 골재는 모두 표면건조 포화상태이며, 굵은 골재는 No. 4체를 통과하는 것을 포함하지 않고 잔골재는 No. 4체에 남는 것을 포함하지 않는 것이다. 그러나 현장에서의 골재는 다음과 같기 때문에 이를 현장배합으로 수정하여야 한다. 잔골재와 굵은 골재의 단위중량(kg)은 얼마인가?

모래의 표면수량 : 4.0%, No. 4체에 남는 모래의 양 : 3.5%
자갈의 표면수량 : 1.0%, No. 4체를 통과하는 자갈의 양 : 5.0%

해설

표면건조 포화상태의 모래 및 자갈을 각각 x, y라 하면,

$x+y=1,964\text{ kg}$ ······ (단위골재량) ······ ①

$0.035x+(1-0.05)y=1,280\text{ kg}$ ······ (단위 굵은 골재량) ······ ②

식 ①에서 $x=1,964-y$ ······ ③

식 ③을 식 ②에 대입하여 연립방정식을 풀면

$0.035(1,964-y)+(1-0.05)y=1,280$에서

$0.915y=1,211.26 \qquad \therefore y=1,324\text{ kg},\ x=640\text{ kg}$

4 함 수

4.1 함수의 개념

(1) 함수(Function)의 정의

공집합이 아닌 두 집합 X, Y에 대하여 X의 각 원소가 Y의 오직 하나의 원소에 대응될 때 이 대응(correspondence)을 X에서 Y로의 함수(function from X to Y)라 한다. 이 함수를 f라 하면 기호로 $f: X \to Y$와 같이 나타내고, 함수 f에 의하여 X의 원소 x에 Y의 원소 y가 대응하는 것을 일반적으로 기호 $f: X \to Y$ 또는 $X \xrightarrow{f} Y$로 나타내며 y는 x의 함수라고 한다. 이 때 y를 f에 의한 x의 상(image) 또는 함수값(function value)이라 하고 $f(x)$로 나타내며, x를 y의 원상(preimage)이라 한다. 여기서 x를 독립변수(independent variable), y를 종속변수(dependent variable) 라고 한다.

함수는 일반적으로 기호 f, g, h, ϕ, ψ 등으로 나타내며, 위의 함수의 정의에서 함수 $f: X \to Y$가 있을 때, 집합 X를 함수 f의 정의역(domain), 집합 Y를 함수 f의 공역(codomain)이라 하며, x($x \in$X)의 상 전체의 집합 $\{f(x) \mid x \in \mathrm{X}\}$를 f의 치역(range)이라 하고 $f(X)$로 나타낸다. 일반적으로 치역 $f(X)$는 Y의 부분집합이다.

함수 $f: X \to Y$가 주어졌을 때, 집합 $\{f(x) \mid x \in \mathrm{X}\}$를 함수 f의 치역(range)이라

부르고 기호 $R(f)$로 나타낸다. 이 때 반드시 $R(f)\subset Y$인 관계가 성립된다.

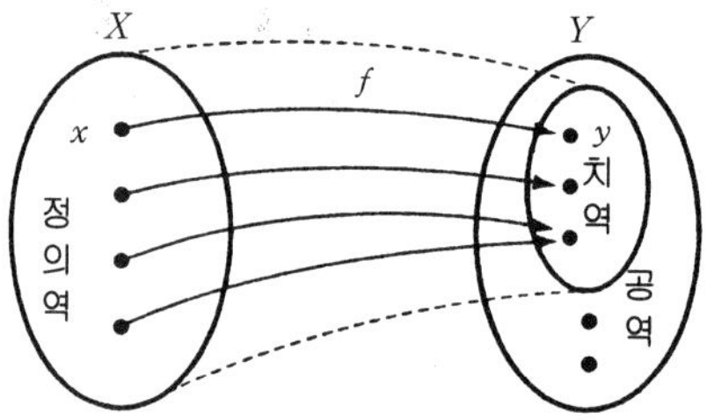

정의역 X, 공역 Y, 대응 f는 함수 구성의 삼요소이다. 이 대응 f는 홀로는 존재할 수 없고 반드시 정의역 X와 공역 Y를 수반하여야 한다. 따라서 이 삼요소를 통틀어, 즉 $(X,\ Y,\ f)$를 함수로 볼 수 있다.

전공문제

흐르는 유체에 대한 마찰 응력의 크기를 규정하는 뉴튼의 점성법칙의 함수는?

㉮ 압력, 속도, 점성 계수 ㉯ 각 변형률, 속도 경사 점성 계수
㉰ 온도, 점성 계수 ㉱ 점성 계수, 속도 경사

해설

뉴튼의 점성법칙 $\tau=\mu\dfrac{dV}{dy}$에서 마찰응력(종속변수) τ는 점성 계수(μ)와 속도 경사 $\left(\dfrac{dV}{dy}\right)$(독립변수)의 함수이다.

전공문제

관수로에서 흐름이 층류인 경우 마찰계수 f는?

가. 조도에만 영향을 받는다.
나. Reynolds 수에만 영향을 받는다.
다. 조도와 Reynolds 수에 영향을 받는다.
라. 항상 0.2778의 값이다.

해설

관수로에서 마찰 손실계수 f는 층류에서는 레이놀즈 수만의 함수이며, 난류에서는 레이놀즈 수와 상대조도의 함수이다.

전공문제

관수로의 마찰손실공식 $h_L = f\frac{l}{D}\frac{V^2}{2g}$ 에 있어서 난류에서의 마찰손실계수 f 는?

㉮ 관벽의 조도의 함수이다.
㉯ 레이놀즈 수(Reynolds number)만의 함수이다.
㉰ 레이놀즈 수와 관벽의 조도의 함수이다.
㉱ 레이놀즈 수와 상대조도의 함수이다.

해설

관수로 흐름에서 난류인 경우 매끄러운 관(smooth pipe)일 때는 $f = 0.3164\,Re^{-\frac{1}{4}}$ (Blasius), 거친관(rough pipe)일 때는 $\frac{1}{\sqrt{f}} = 1.74 + \ln\frac{D}{2e}$ (Nikuradse)의 관계가 성립하기 때문에 마찰손실계수(f)는 레이놀즈 수(Re)와 상대조도 $\left(\frac{e}{D}\right)$의 함수이다.

4.2 함수에 관한 용어

함수에 관한 여러 가지 용어를 살펴보면 다음과 같은 것이 있다.

(1) 함수의 상등

정의역이 같은 두 함수 $f: X \rightarrow Y$와 $g: X \rightarrow Y$가 주어졌을 때 정의역 X의 모든 원소 x에 대하여 $f(x)=g(x)$이면 f와 g는 같다(equal)고 말하고 이를 $f=g$로 나타낸다. f와 g가 같지 않을 때는 $f \neq g$로 쓴다.

예제 X={0, 1}을 정의역으로 하는 다음 두 함수 f, g가 같지 않은 것은?

(1) $f(x)=x,\ g(x)=x^2$ (2) $f(x)=2x+1,\ g(x)=2x^2+1$
(3) $f(x)=x,\ g(x)=-x$ (4) $f(x)=2,\ g(x)=x^2-x+2$

풀이▶ (1) $f(0)=g(0)=1,\ f(1)=g(1)=1$ 이므로

정의역의 모든 원소 x에 대하여 $f(x)=g(x)$이다.

$\therefore f=g$

(2) $f(0)=g(0)=1$, $f(1)=g(1)=3$이므로 $f=g$

(3) $f(0)=g(0)=0$, $f(1)=1\neq g(1)=-1$이므로 $f\neq g$

(4) $f(0)=g(0)=2$, $f(1)=g(1)=2$이므로 $f=g$

(2) 함수의 종류

1) 상수함수

함수 $f: X\to Y$에서 X의 모든 원소가 Y의 한 원소에 대응되는 함수(함수 f의 치역이 하나의 원소로만 이루어진 함수)를 상수함수(constant function)이라 한다.

예제 함수 $y=2$는 상수함수이다.

2) 항등함수

함수 $f: X\to Y$에서 (i) $X=Y$이고 (ii) X의 임의의 원소 x에 대하여 $f(x)=x$일 때, 함수 f를 X에서의 항등함수(identity function)라 하고 기호 I_x로 나타낸다.

예제 함수 $y=x$는 항등함수이다.

3) 일대일 함수

함수 $f: X\to Y$에서 X의 서로 다른 원소가 Y의 서로 다른 원소에 대응하는 함수를 일대일 함수(one to one function)라 한다. 즉, $f: X\to Y$에서 X의 임의의 두 원소 x_1, x_2에 대하여 $x_1\neq x_2$이면 $f(x_1)\neq f(x_2)$일 때, 함수 f를 일대일 함수라 한다.

4) 일대일 대응

함수 $f: X\to Y$에서

(i) $f(x)=y$이고(즉, f의 치역과 공역이 일치),

(ii) X의 임의의 두 원소 x_1, x_2에 대하여 $x_1 \neq x_2$이면 $f(x_1) \neq f(x_2)$일 때(즉, 일대일 함수), 함수 f를 일대일 대응이라 한다.

X의 원소의 수가 r개, Y의 원소의 수가 n개일 때 X에서 Y로의 함수의 갯수는 $n^r (= n\Pi r)$ 개이며, X에서 Y로의 일대일 함수의 갯수는 ($r \leq n$일 때)

$${}_nP_r = n(n-1)(n-2) \times \cdots\cdots \times (n-r+1)$$ 개 이다.

예제 두 집합 $X=\{a, b, c\}$, $Y=\{p, q, r, s\}$가 있다.

(1) X에서 Y로의 함수는 모두 몇 개인가?

(2) X에서 Y로의 일대일 함수는 모두 몇 개인가?

풀이▶ (1) ${}_4\Pi_3 = 4^3 = 64$개

(2) ${}_4P_3 = 4 \times 3 \times 2 = 24$개

(3) 역함수

함수 $f: X \to Y$가 일대일 대응이면 임의의 $y \in Y$에 대하여 $f(x)=y$인 X의 원소 x는 단하나 존재한다. 따라서 Y의 각 원소 y에 대하여 $f(x)=y$인 X의 원소 x를 대응시키는 대응관계는 Y에서 X로의 함수이다. 이러한 함수를 함수 $f: X \to Y$의 역함수(inverse function)라 하고 $f^{-1}: Y \to X$로 나다낸다.

즉, $f: X \to Y$, $x \to y$에서 $f^{-1}: Y \to X$, $y \to x$,

$$y = f(x) \iff x = f^{-1}(y)$$

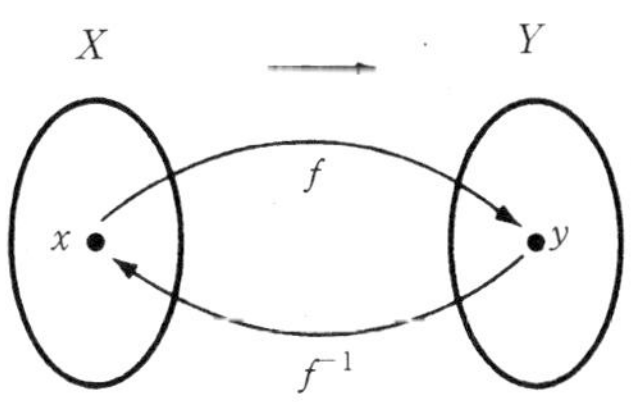

함수 $f: x \to y$ 의 역함수를 구한다는 것은 역의 대응규칙 $y \to x$를 구하는 것과 같으므로 이를테면 함수 $y=x+1$의 역함수는 이것을 x에 관하여 풀어서 $x=y-1$이라 하면 된다. 그런데 보통은 독립변수 x, 종속변수를 y라고 나타내므로 $x=y-1$의 x와 y를 바꾸어 $y=x-1$과 같이 나타낸다.

역함수를 구하는 순서

(i) 주어진 함수가 일대일 대응인가를 확인한다.

(ii) $y=f(x)$를 x에 관해 풀어 $x=g(y)$로 고친다.

(iii) $x=g(y)$에서 x와 y를 바꾸어서 $x=g(y)$로 한다. 이때, f^{-1}의 정의역은 f의 치역, f^{-1}의 치역은 f의 정의역이 된다는 것에 주의해야 한다.

예제 다음 각 함수의 역함수를 구하여라

(1) $f(x)=x-2$

(2) $y=x^2+1$ $(x\geq0)$

풀이▶ (1) 정의역 X, 치역 R인 함수로서 X에서 R로의 일대일 대응이다.

$y=f(x)=x-2$ 에서 x에 관하여 풀면 $x=y+2$

x와 y를 바꾸면 $y=x+2$

$\therefore$ 역함수 $f^{-1}(x)=x+2$

(2) 정의역 $X=\{x\mid x\geq0\}$ 치역 $R=\{y\mid y\geq1\}$이고 X에서 R로의 일대일 대응이다.

$y=x^2+1(x\geq0,\ y\geq1)$에서 x에 관하여 풀면 $x^2=y-1$,

$\therefore x=\sqrt{y-1}\ (y\geq1, x\geq0)$

x와 y를 바꾸면 $y=\sqrt{x-1}$ $(x\geq1,\ y\geq0)$

$\therefore$ 역함수 $f^{-1}(x)=\sqrt{x-1}$

(4) 합성함수

두 함수 $f: X\to Y$, $g: Y\to Z$가 있을 때 X의 원소 x에 대하여 f에 의해 Y의 원소 y가 대응하고, 다시 이 원소 y에 대하여 g에 의해 Z의 원소 z를 대응시킬 수 있다. 이 때 X의 원소 x에 대하여 Z의 원소 $g(f(x))$를 대응시킴으로써 X를 정의역, Z를 공역으로 하는 새로운 함수를 얻는다. 이 함수를 f와 g의 합성함수(composition function)라 하고 $g\circ f$로 표시한다.

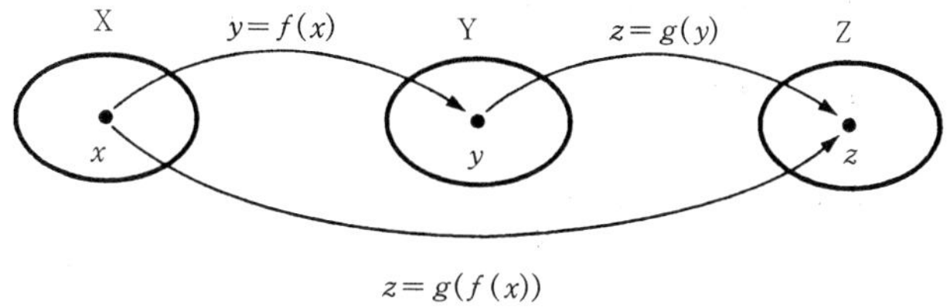

합성함수 $g \circ f$ 의 성질

(i) $g \circ f \neq f \circ g$ 이고

(ii) $h \circ (g \circ f) = (h \circ g) \circ f$ 이다.

예제 두 함수 $f: x \rightarrow x+1$, $g: x \rightarrow x^2$ 이 있다.

(1) $(g \circ f)(3)$, $(f \circ g)(3)$을 각각 구하여라.

(2) $(g \circ f)(x)$, $(f \circ g)(x)$을 각각 구하여라.

풀이▶ (1) $f(x)=x+1$, $g(x)=x^2$에서

$(g \circ f)(3)=g(f(3))=g(4)=4^2=16$

$(f \circ g)(3)=f(g(3))=f(9)=9+1=10$

(2) $f(x)=x+1$, $g(x)=x^2$에서

$(g \circ f)(x)=g(f(x))=g(x+1)=(x+1)^2$

$(f \circ g)(x)=f(g(x))=f(x^2)=x^2+1$

4.3 함수의 연산(Operation)

[정의]

R을 실수 전체의 집합이라 하고, X를 R의 부분집합이라 할 때,

$f: X \rightarrow R$, $g: X \rightarrow R$에 대하여

함수들 사이의 연산(operation)을 다음과 같이 정의한다.

합 $f+g : X \rightarrow R$는 $(f+g)(x)=f(x)+g(x)$

차 $f-g\ : X \to R$는 $(f-g)(x)=f(x)-g(x)$

곱 $f\times g\ : X \to R$는 $(f\times g)(x)=f(x)\times g(x)$

몫 $\dfrac{f}{g}\ : X \to R$는 $\left(\dfrac{f}{g}\right)(x)=\dfrac{f(x)}{g(x)}$ (단, $g(x)\neq 0$)

4.4 함수의 그래프

두 집합 X와 Y가 주어졌을 때, X의 원소 x와 Y의 원소 y를 잡아 순서를 생각해서 만든 x와 y의 쌍 $(x,\ y)$을 순서쌍(ordered pair)이라 한다. 또 X의 원소를 첫 번째, Y의 원소를 두 번째로 하는 모든 순서쌍 $(x,\ y)$의 집합을 집합 X와 Y의 곱집합 또는 카테이션곱(Cartesian product)이라 하고 $X\times Y$로 나타낸다. 즉,

$$X\times Y=\{(x,\ y)\mid x\in X,\ y\in Y\}$$

또, 함수 $f: X\to Y$, $y=f(x)$가 주어지면 이 함수에 대응하여 $G=\{(x, f(x))\mid x\in X\}$가 결정된다. 이 집합 G를 함수 $y=f(x)$의 그래프라 하며, G의 원소들을 점으로 하여 좌표평면상에 나타낸 것을 함수 $y=f(x)$의 그래프의 기하학적 표시라고 한다. 이때 G는 곱집합 $X\times Y$의 부분 집합이고, 특히 $X\subset R$, $Y\subset R$이면 이 함수의 그래프 G는 좌표평면 $R\times R$를 R^2으로 나타내기로 한다.

예제 $f: R\to R$, $y=x^2+1$ 의 그래프를 집합으로 나타내어라.

풀이▶ $\{(x, y)\mid y=x^2+1,\ x\in R\}$ 또는 $\{(x,\ x^2+1)\mid x\in R\}$

예제 $X=\{1,\ 2,\ 3,\ 4\}$, $Y=\{1,\ 2,\ 3,\ 4,\ 5\}$에 대하여 $f: X\to Y$, $f(x)=x+1$인 함수 f의 그래프를 구하고, 치역을 구하여라.

풀이▶ 그래프 : $G=\{(1,\ 2),\ (2,\ 3),\ (3,\ 4),\ (4,\ 5)\}$

치 역 : $R(f)=\{2,\ 3,\ 4,\ 5\}$

그래프의 기하학적 표시에 의해 나타난 도형을 간단히 그래프라고 한다. 그러므로 보통 「함수의 그래프를 그려라」 고 하면 그래프를 기하학적 표시법으로 나타내라는 뜻이 된다.

(1) n차 함수의 graph

1) 0차 함수 (=상수함수)

$y=c$ 의 형태

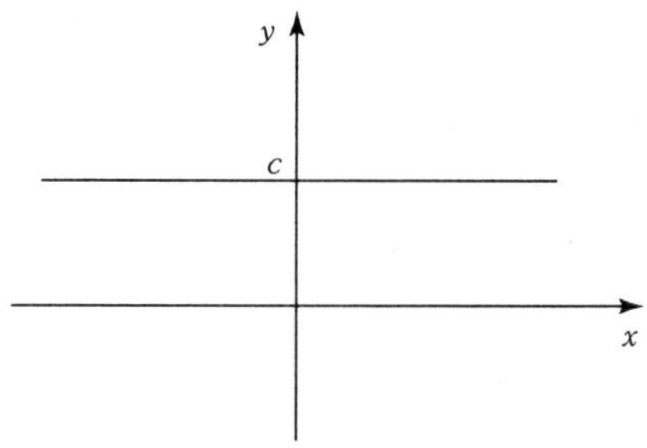

2) 1차 함수(=선형함수)

$y=ax+b$ 의 형태 (a는 기울기, b는 y 절편)

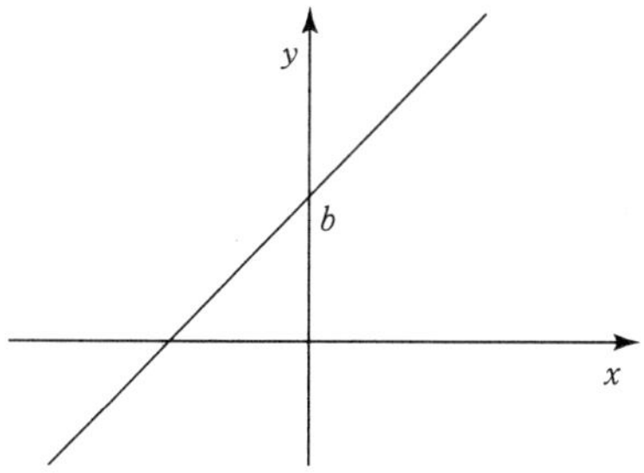

$a>0$ 일 때

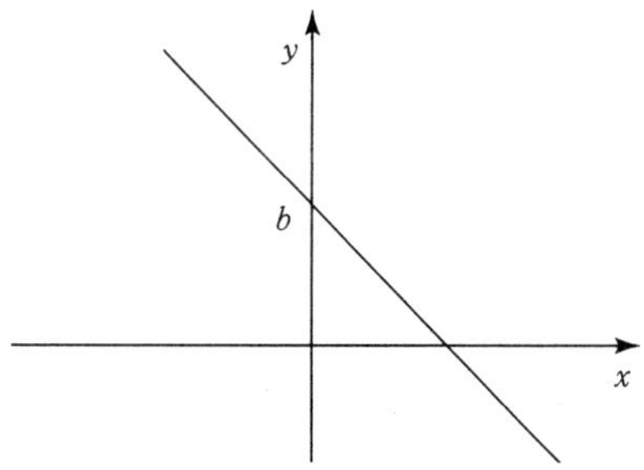

$a<0$ 일 때

전공문제

그림과 같은 용기에 물이 들어있다. 이 용기를 x방향으로 가속도 a로 당길 때의 수면의 방정식을 나타낸 것 중 옳은 것은?

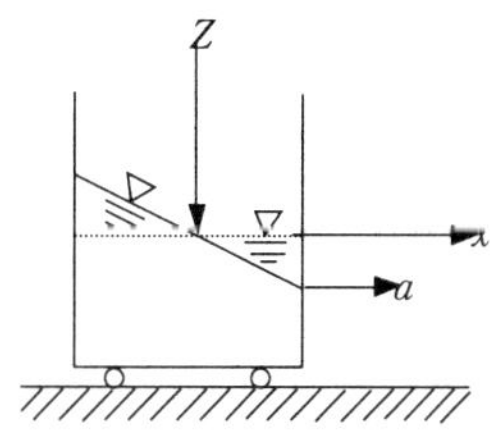

㉮ $z=\dfrac{g}{a}x$ ㉯ $z=-\dfrac{g}{a}x$

㉰ $z=\dfrac{a}{g}x$ ㉱ $-z=\dfrac{a}{g}x$

해설

수평가속도를 받을 때의 수면의 식은 그림과 같이 일차함수의 형태($a<0$인 경우)이므로

$\therefore\ z=-\dfrac{a}{g}x$ 이다.

전공문제

5.65 m/sec^2 의 일정한 가속도로 일직선으로 달리고 있는 열차 속에 물그릇을 놓았을 때, 이 물이 수평에 대하여 기울어지는 각도는?

㉮ 60° ㉯ 45° ㉰ 30° ㉱ 15°

해설

수평 가속도를 받는 상태에서의 수면의 식은 $z = -\frac{\alpha}{g}x$ 이고

여기서, $\frac{\alpha}{g}$는 기울기($= \tan\theta$)를 나타낸다.

$\therefore \tan\theta = \frac{\alpha}{g} = \frac{5.65}{9.8} = 0.577$ 이므로 $\therefore \theta = \tan^{-1}0.577 = 29.98° \fallingdotseq 30°$

전공문제

다음 그림과 같이 높이 2m인 물통에 물이 1.5m만큼 담겨져 있다. 물통이 수평으로 4.9m/sec^{2}의 일정한 가속도를 받고 있을 때 물통의 물이 넘쳐흐르지 않게 하기 위한 물통의 최소 길이는?

㉮ 2.0 m ㉯ 2.4 m ㉰ 2.8 m ㉱ 3.0 m

해설

수평가속도를 받는 상태에서의 수면의 기울기

$\tan\theta = \frac{\alpha}{g} = \frac{(H-h)}{b/2}$ 이므로

$\frac{4.9}{9.8} = \frac{(2-1.5)}{L/2}$ 에서 $\therefore L = 2$ m

전공문제

수직응력이 6.0 kg/cm^2 이고 흙의 내부마찰각이 45° 일 때 모래의 전단강도는?

㉮ 6.0 kg/cm^2 ㉯ 4.8 kg/cm^2 ㉰ 3.6 kg/cm^2 ㉱ 2.4 kg/cm^2

해설

전단강도 $\tau = c + \sigma\tan\phi$이므로 일차함수의 형태를 갖는다.

$\therefore \tau = c + \sigma\tan\phi = 0 + 6.0\tan45° = 6.0$ kg/cm^2

(※ 모래의 점착력(c)은 0 이다.)

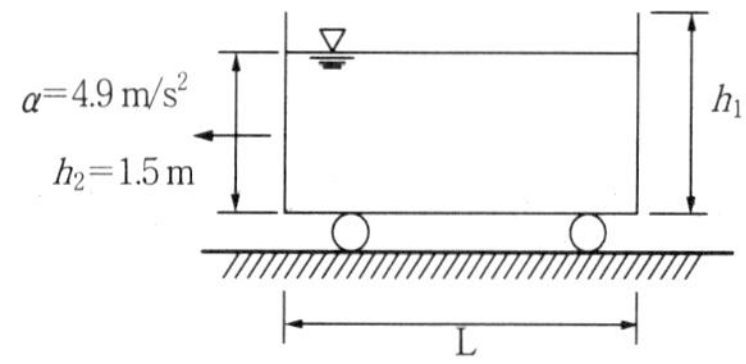

전공문제

어떤 건조모래에 대하여 직접 전단시험을 행하여 수직응력이 4.5 kg/cm^2 일 때 3.3 kg/cm^2 의 전단저항을 얻었다. 이 모래의 내부마찰각을 구한 값과 수직응력 6.0 kg/cm^2 일 때의 전단저항을 구한 값은?

㉮ 36°15′, 4.4kg/cm^2 ㉯ 37°25′, 6.0kg/cm^2
㉰ 38°35′, 8.0kg/cm^2 ㉱ 39°45′, 10.0kg/cm^2

해설

$\tau = c + \sigma \tan\phi$ 에서 $3.3 = 0 + 4.5\tan\phi$

$\therefore\ \phi = \tan^{-1}\left(\frac{3.3}{4.5}\right) = 36.25° = 36°15'$

$\therefore\ \tau = 0 + 6.0\tan 36.25° = 4.4\ \text{kg/cm}^2$

전공문제

다음 표의 A시의 인구자료를 이용하여 2000년도 인구를 예측하면 몇 명인가? (단, 인구측정은 연평균 인구 증가수에 의한 방법을 이용한다.)

연도	1985	1986	1987	1988	1989	1990
인구	177,800	182,500	187,000	192,200	194,500	199,200

㉮ 243,230명 ㉯ 242,000명
㉰ 241,560명 ㉱ 240,410명

해설

$P_n = P_o + n \cdot \frac{P_o - P_t}{t}$ 에서 $P_n = 199,200 + 10 \cdot \frac{199,200 - 177,800}{5} = 242,000$ 명

전공문제

T도시에서 현재의 인구는 200만명인데 과거 30년간에 년 평균 25,000명씩 증가되어 왔다고 할 때 30년후의 인구를 등차급수법으로 추정한 값으로 옳은 것은?

㉮ 2,250,000명 ㉯ 2,500,000명
㉰ 2,750,000명 ㉱ 3,000,000명

해설

$P_n = P_o + na = 2,000,000 + 30 \times 25,000 = 2,750,000$ 명

3) 2차 함수(=포물선 형태)

$y=ax^2+bx+c$ 의 형태

ⅰ) $y=ax^2$

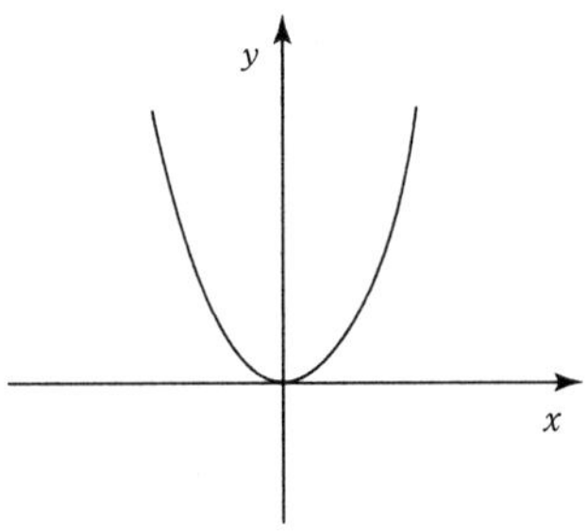

$a>0$ 일 때

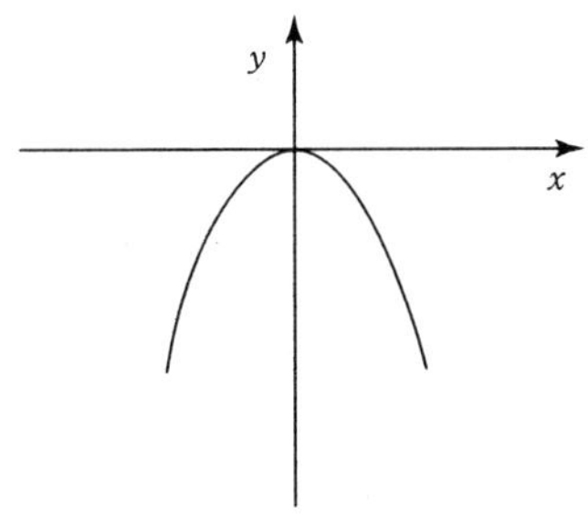

$a<0$ 일 때

ⅱ) $y=ax^2+c$

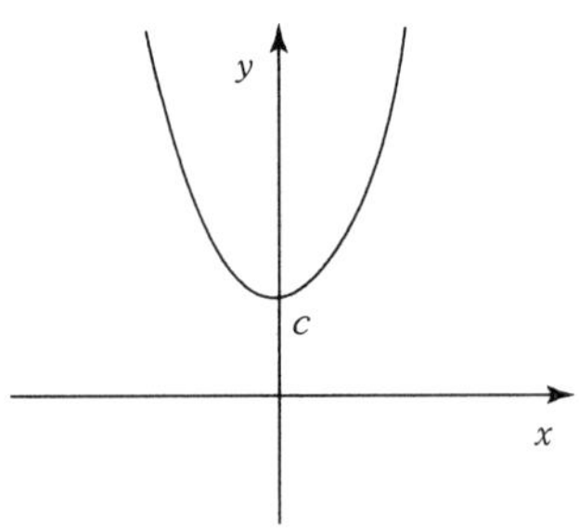

$a>0$ 일 때

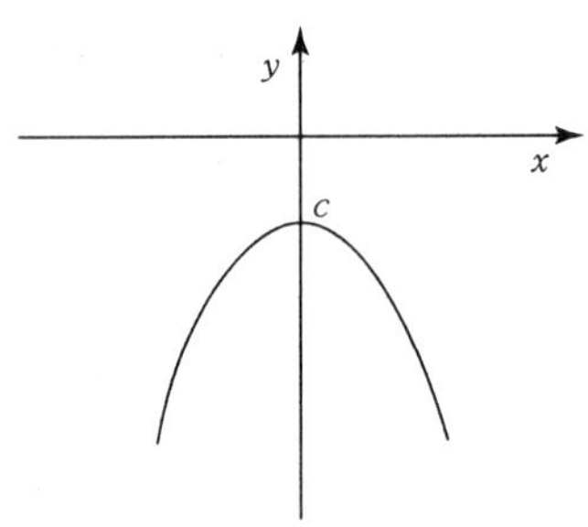

$a<0$ 일 때

전공문제

다음 그림과 같이 안지름이 2 m, 높이가 3 m인 원통형 수조에 깊이 2.5 m까지 물을 넣고 각속도 ω로 회전시킬 때 물이 수조 상단에 도달하는 각속도는 약 얼마인가?

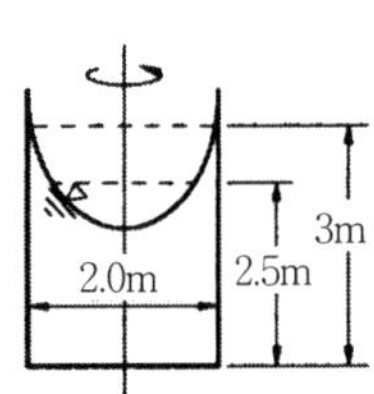

㉮ $\omega=1.4$ rad/s ㉯ $\omega=2.4$ rad/s

㉰ $\omega=3.4$ rad/s ㉱ $\omega=4.4$ rad/s

해설

원통을 회전시켰을 때의 수면의 식은 이차함수의 형태를 갖는다.

$$\therefore\ z = \frac{\omega^2}{2g}x^2 + h_o$$ 이므로

$$z = \frac{\omega^2}{2g}x^2 + h_o$$에서

$$3 = \frac{\omega^2}{2\times 9.8}\times 1^2 + [2.5-(3-2.5)]$$

$\therefore$ 각속도 $\omega = 4.43\ \text{rad}/\text{sec}$

iii) $y = ax^2 + bx + c$

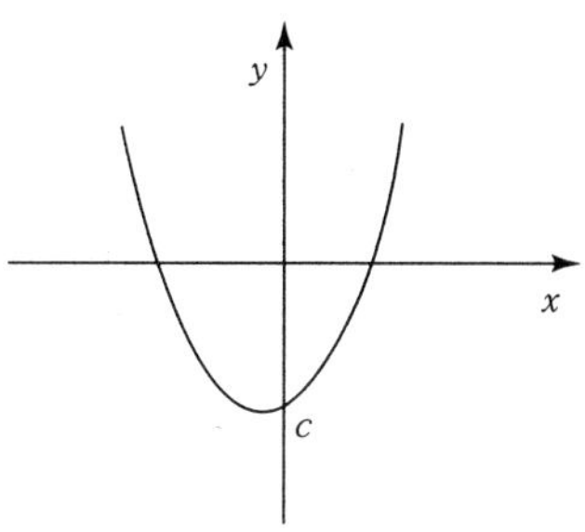

$a > 0$ 일 때

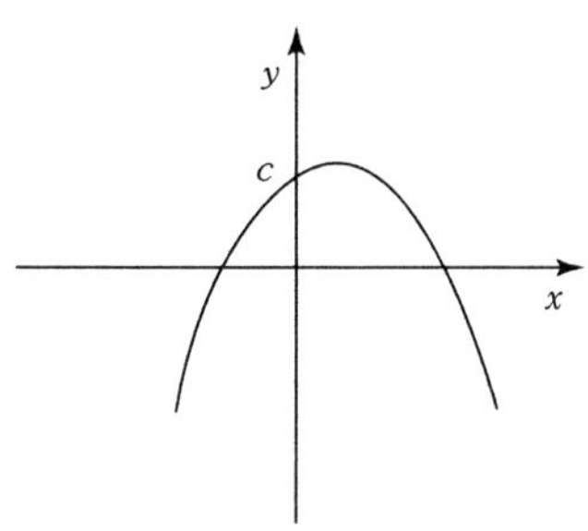

$a < 0$ 일 때

전공분야에서 2차함수(포물선 분포)의 예로는 위에서 살펴본 회전원통일 때의 수면의 식 이외에도 아래 그림과 같이 위어(weir)를 월류하는 완전월류 일 때 수맥의 형상이 포물선형을 이루며 낙하하고(그림 1), 노즐로부터 사출되는 분류(jet)의 경로가 포물선 모양을 이루며 연직 최대 높이(y_{max})까지 올라갔다가 하강하는 경우이다(그림 2).

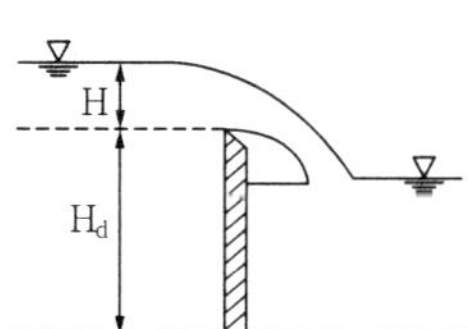

그림 1

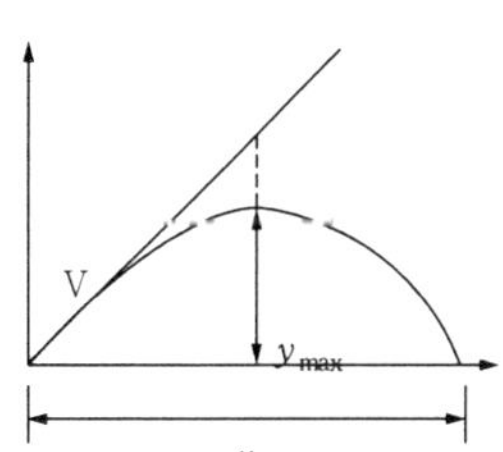

그림 2

4) 3차 함수 (=비선형 함수)

$y=ax^3+bx^2+cx+d$ 의 형태

i) $b^2-3ac>0$, $a>0$ 일 때

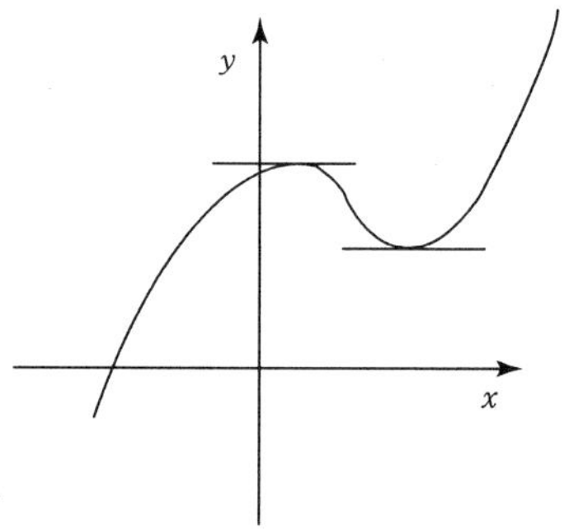

ii) $b^2-3ac=0$, $a>0$ 일 때

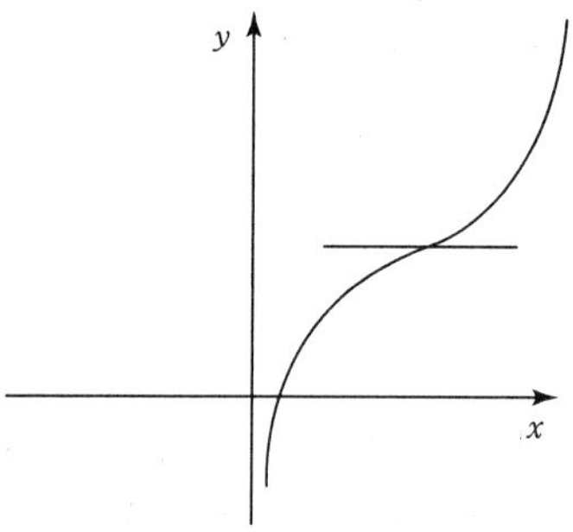

iii) $b^2-3ac<0$, $a>0$ 일 때

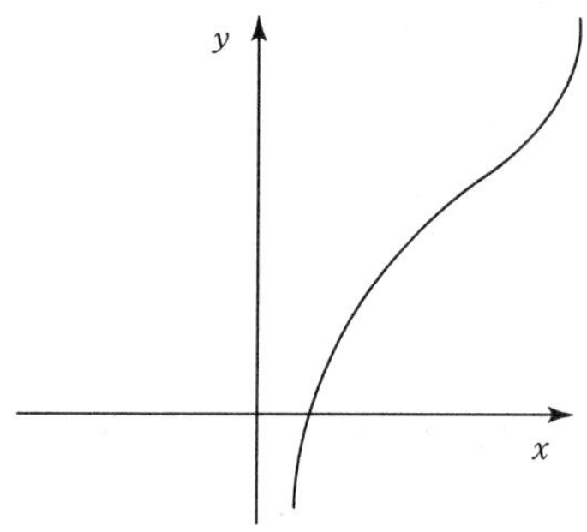

전공이론

※ 하중-SFD-BMD 관계

임의의 하중을 받는 보에서 미소구간 dx(C점과 D점 사이)를 살펴보면 다음과 같다.

그림 (a)는 임의 하중에 대한 SFD(Shear Force Diagram, 전단력도) 와 BMD(Bending Moment Diagram, 휨모멘트도)이고, 그림 (b)는 미소구간 dx의 FBD이다.

미소구간 dx에 힘과 모멘트의 평형조건을 적용하면 그림 1(b)에서

$$\Sigma F_y=0\ (\uparrow):\ V-(V+dV)-q\cdot dx=0$$

$$\therefore\ \frac{dV}{dx}=-q \qquad ①$$

$$\Sigma M_D=0\ (\curvearrowright):\ M+V\cdot dx-(M+dM)-q\cdot dx\cdot\frac{dx}{2}=0$$

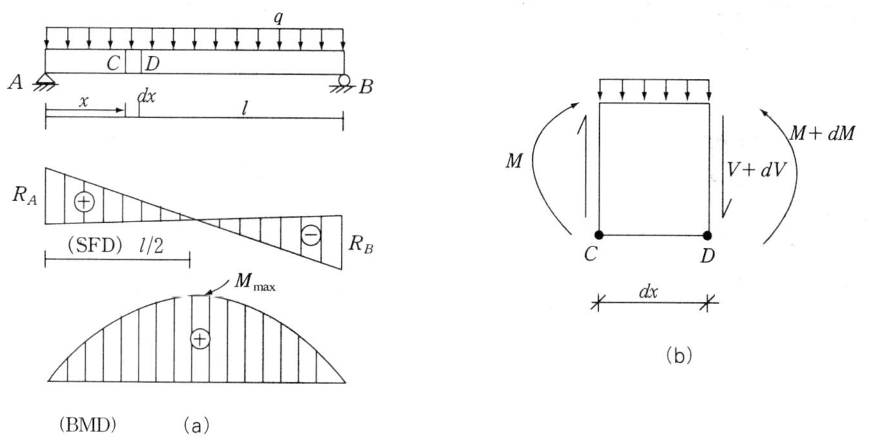

그림 1 하중, 전단력, 휨모멘트 관계

2차 이상의 고차 미소항을 제거하여 정리하면

$$\therefore \ \frac{dM}{dx} = V \qquad ②$$

식 ②를 거리(길이) x에 대하여 양변을 미분하고 정리하면

$$\frac{dM^2}{dx^2} = \frac{dV}{dx} = -q \qquad ③$$

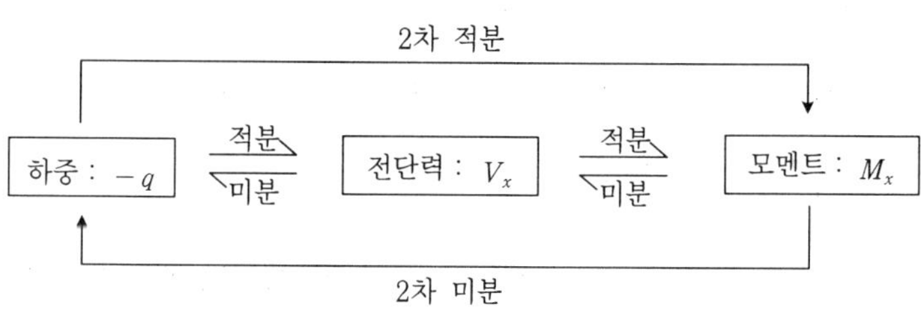

$$-\int_{x_1}^{x_2} q\,dx = V \qquad -\int_{x_1}^{x_2} V_x\,dx = M \qquad -\int_{x_1}^{x_2}\int_{x_1}^{x_2} q\,dx\,dx = M$$

$$\frac{dM}{dx} = V \qquad \frac{dV}{dx} = -q \qquad \frac{dM^2}{dx^2} = -q$$

단면력(전단력, 휨모멘트)의 특성(그림 2(b))

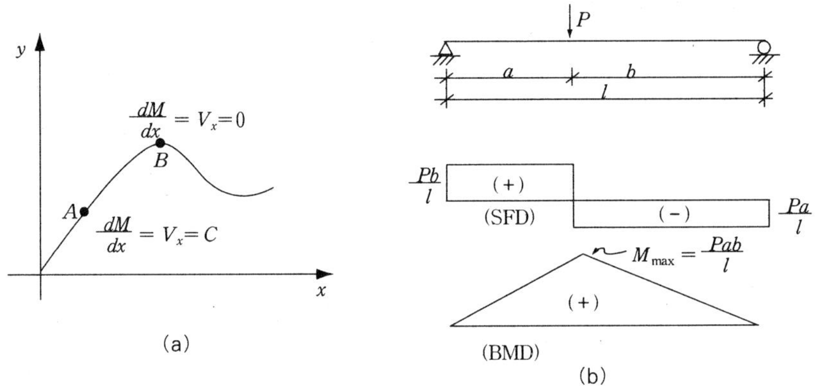

그림 2 전단력과 휨모멘트 관계

① $\frac{dV}{dx} = -q$: 전단력(V)의 기울기를 의미하며 $q=0$인 경우는 하중이 0인 경우이며 전단력은 일정하다. 그림 2(b)의 SFD에서 전단력은 일정한 값 $\frac{Pb}{l}$, $\frac{Pa}{l}$을 갖는다.

② $V_x = -\int_{x_1}^{x_2} q\,dx$: 어느 구간까지 재하된 하중의 크기나 면적의 절대값은 그 점의 전단력과 같다. 그림 2(b)

③ $M_x = \int_{x_1}^{x_2} V_x dx$: 어떤 구간의 SFD면적의 절대값의 합은 그 지점의 휨모멘트 값이다. 그림 2(b)에서 집중하중 P가 작용하는 휨모멘트는 SFD의 면적과 같다.

SFD에서 (+)부분의 면적 $= \left| \frac{Pb}{l} \times a \right| = \left| -\frac{Pa}{l} \times b \right|$ = (−)부분의 면적 $= M_{max} = \frac{Pab}{l}$

④ $\int_{x_1}^{x_2} V_x dx.\ \int_0^l V dx = \int_0^l dM = (M)_{x=l} - (M)_{x=0} = 0$: 전단력의 대수의 합은 0이다. 즉, 전단력도 면적의 대수합은 0이다. 이것은 전단력도에서 (+) 부분과 (−) 부분의 면적이 같다는 의미이기도 하다.

⑤ $\frac{dM}{dx} = V$: 휨모멘트(M)의 기울기를 의미하며 휨모멘트의 기울기가 0인 경우 즉, 전단력이 0인 경우는 휨모멘트가 최대 혹은 최소가 된다. 그림 2(a)

전공문제

그림과 같이 단순보에 삼각형 분포하중이 작용할 때 단순보의 반력을 구하고 SFD와 BMD를 그리시오.

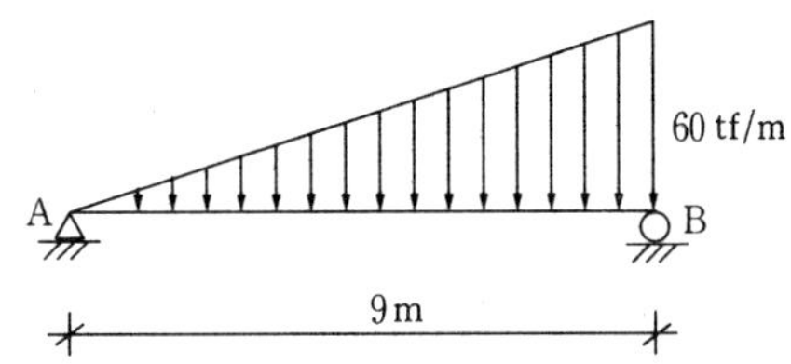

해설

그림과 같은 FBD(Free Body Diagram, 자유물체도)에서 힘의 평형조건식을 사용하여 각 지점의 반력을 산정한다.

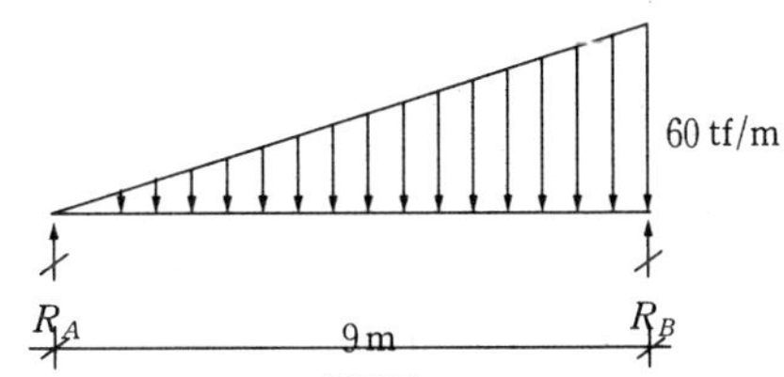

(FBD)

$\Sigma F_y = 0(\uparrow)$:

$$R_A + R_A = \frac{1}{2} \times 60 \times 9 = 270 t_f \cdots\cdots\cdots ①$$

$$\Sigma M_A = 0 \ (\curvearrowright) : \ -R_A \times 9 + \left(60 \times 9 \times \frac{1}{2}\right)\left(9 \times \frac{2}{3}\right) = 0$$

$$R_b = 180 t_f \quad \cdots\cdots\cdots ②$$

식 ②를 식 ①에 대입하면 $R_A = 90 t_f$ $\quad\therefore\ R_A = 90 t_f,\ R_b = 180 t_f$

임의의 거리, x에서의 전단력(V_x)과 휨모멘트(M_x)에 관한 일반식을 구하기 위해 아래 그림과 같이 A에서 x 만큼 떨어진 지점의 FBD를 그림과 같이 나타내었고 이를 힘의 평형조건을 통하여 V_x, M_x에 관한 일반식을 구한다. 앞의 이론에서 배웠듯이 분포하중이 상수함수이면 전단력은 1차함수이고 휨모멘트는 2차함수임을 알 수 있었다. 이 문제는 하중이 1차함수 형태의 분포하중이므로 전단력은 2차함수의 형태가 되고 휨모멘트는 3차함수의 형태가 됨을 알 수 있다.

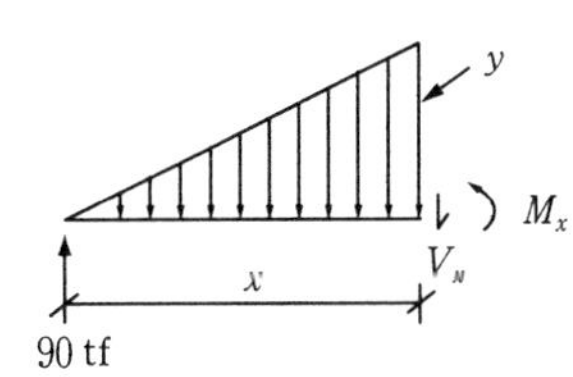

$9 : 60 = x : y \quad \therefore y = 6.67x$(1차함수)

$$\Sigma F_y = 0(\uparrow) : \ 90 - 6.67x \times x \times \frac{1}{2} - V_x = 0$$

$$\therefore\ V_x = -3.33x^2 + 90 \ \text{(2치함수)} \ \cdots\cdots\cdots ③$$

$$\Sigma M_x = 0(\curvearrowright) : \ 90 \times x - (6.67 \times x) \times x \times \frac{1}{2} \times \frac{1}{3} x - M_x = 0$$

$$\therefore M_x = 90x - 1.11x^3 \ \text{(3차 함수)} \ \cdots\cdots\cdots ④$$

전단력이 0이 되는 곳에서 휨모멘트가 최대가 되므로 식 ④를 x에 관하여 미분하면 식 ③

이 되므로

$$\frac{dM_x}{dx} = V_x = 0 \text{에서 } 3.33x^2 = 90$$

$\therefore x = 5.2\,\text{m}$

$\therefore M_{max} = 90 \times 5.2 - 1.1 \times 5.2^3$

$= 313.33\,t_f \cdot m$

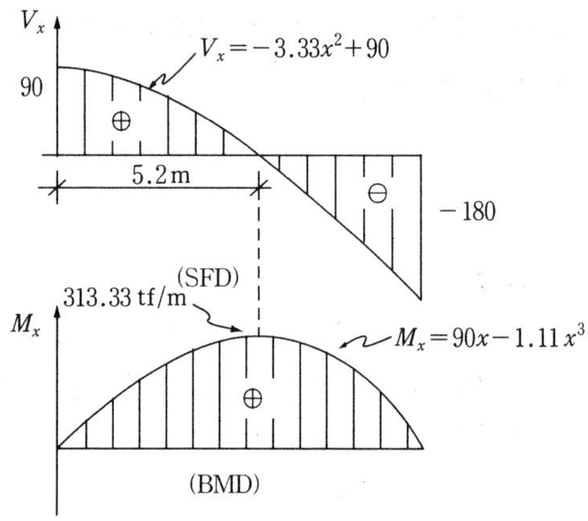

전단력이 0이 되는 곳에서 Moment가 최대가 되므로

식 ①에서 $\frac{dM_x}{dx} = V_x = 0$에서

$3.33x^2 = 90$

$\therefore x = 5.2\,\text{m}$

$\therefore M_{max} = 90 \times 5.2 - 1.1 \times 5.2^3 = 313.33\,\text{tf} \cdot \text{m}$

5) 4차 함수 (=비선형함수)

$y = ax^4 + bx^3 + cx^2 + dx + e$ 의 형태

i)

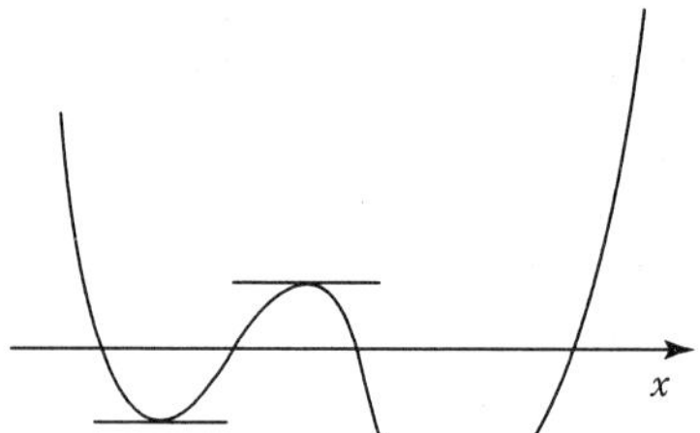

ii)

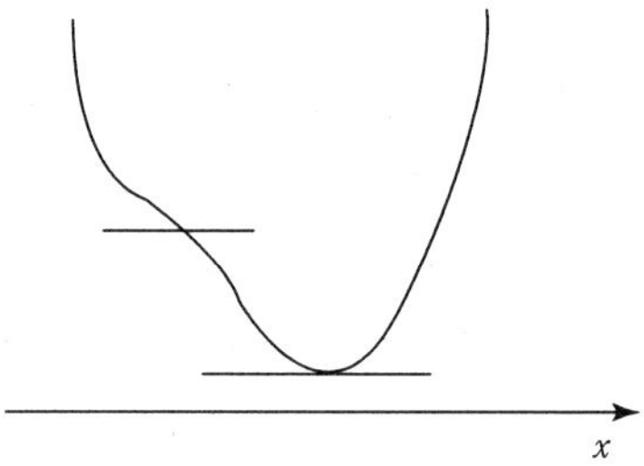

iii)

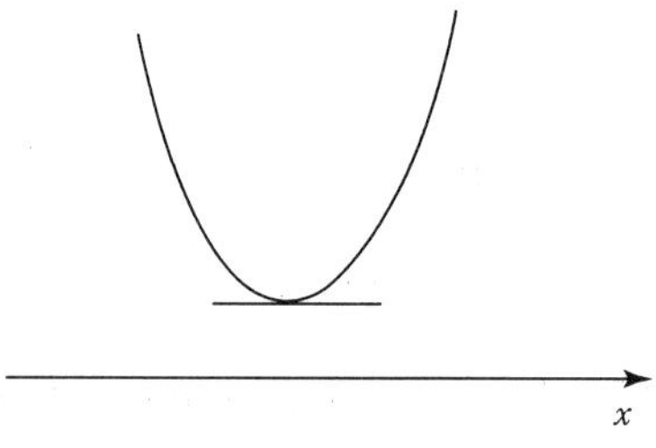

iv)

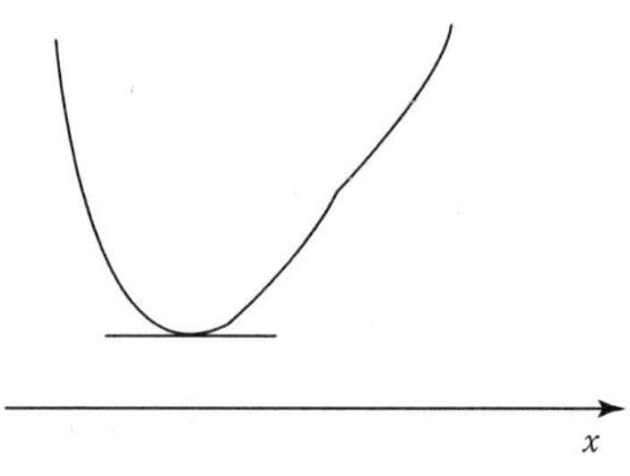

3차 함수와 4차 함수는 미분법에서 극값과 최대 · 최소값을 구할 때 주로 사용한다.

4.5 기타 함수의 그래프

이차곡선

원, 포물선, 타원, 쌍곡선은 x의 원소 하나가 y에 대응되는 함수가 아니기 때문에 이차곡선이라 하며 그래프의 형태는 다음과 같이 나타낸다.

(1) 원

$x^2+y^2=r^2$의 형태

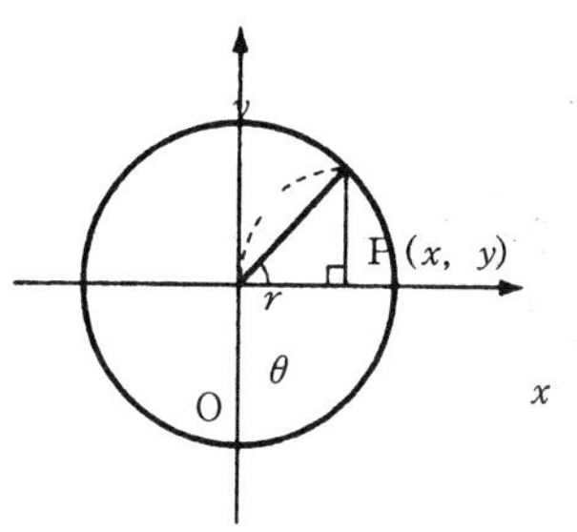

(2) 포물선

$y^2=cx$ 의 형태 (또는 $x^2=cy$)

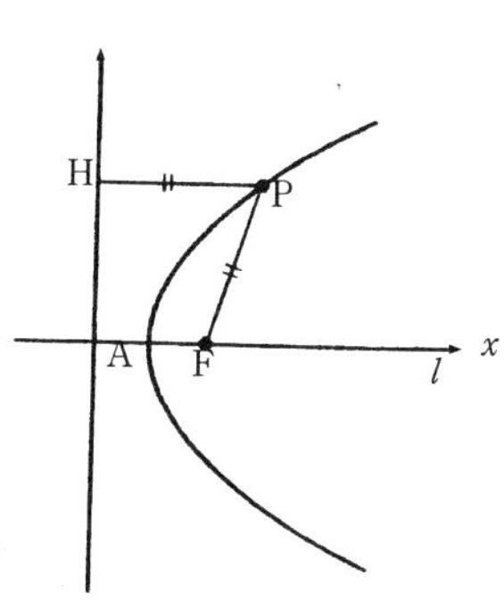

$c>0$ 일 때

그림과 같이 관수로에 층류가 흐를 때 유속(V) 분포는 포물선 분포($y^2 = cx$ 에서 $c < 0$인 경우)이며, 마찰(전단)응력(τ) 분포는 1차함수의 형태인 직선분포이다.

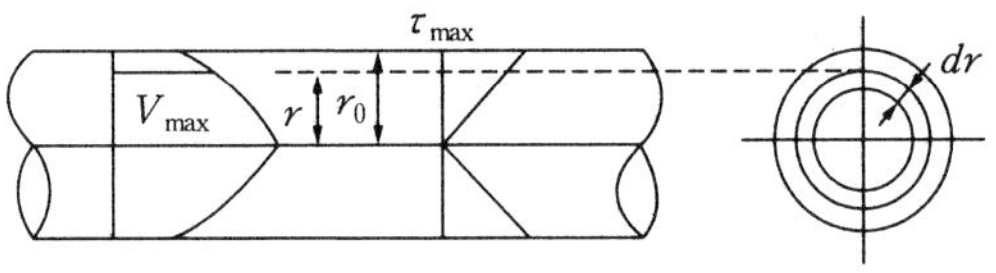

(3) 타원

$\frac{x^2}{a^2} + \frac{y^2}{b^2} = 1$ 의 형태 (또는 $ax^2 + by^2 = c$)

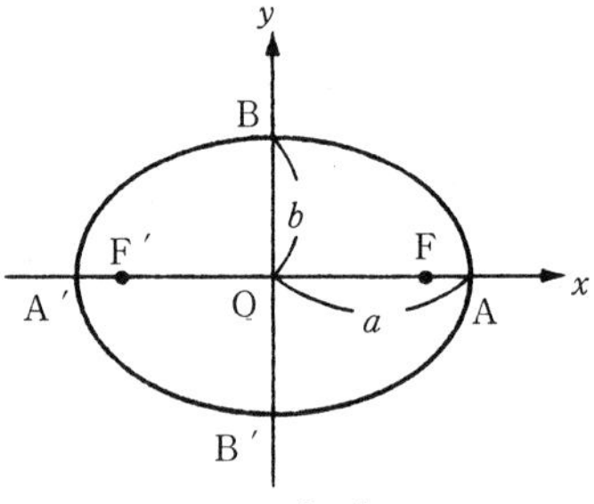

$a > b$ 일 때

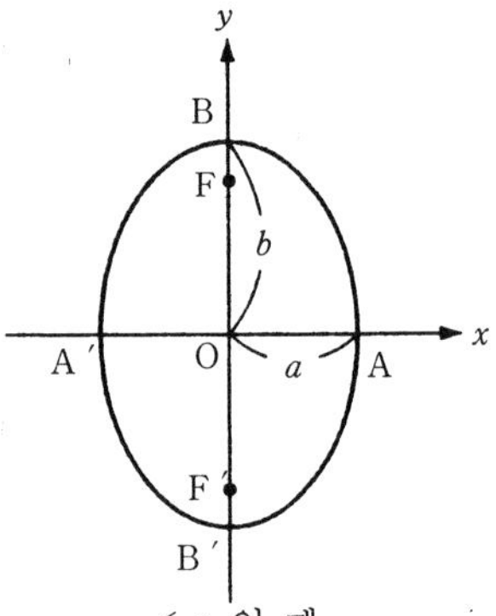

$a < b$ 일 때

(4) 쌍곡선

(i) $\frac{x^2}{a^2} - \frac{y^2}{b^2} = \pm 1$ 의 형태 (또는 $x^2 - y^2 = c$)

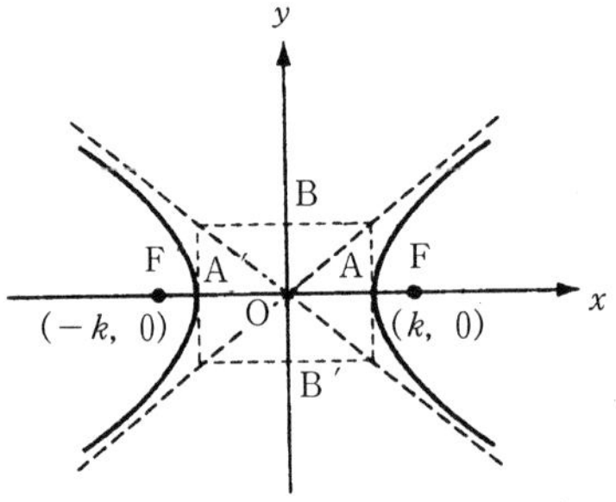

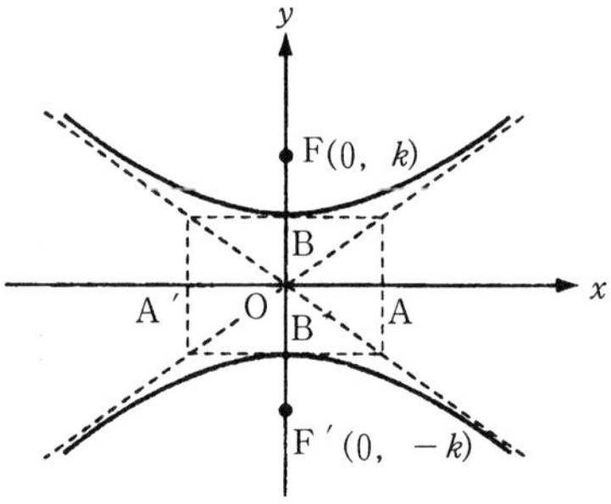

(ii) $xy=c$ 형태

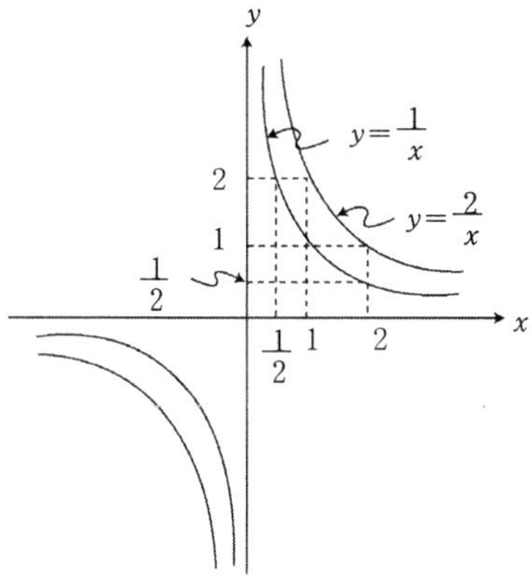

$k>0$ 일 때

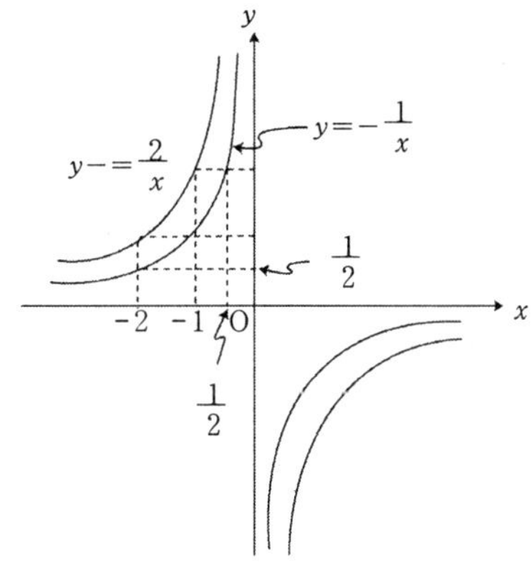

$k<0$ 일 때

전공문제

$u=-ky/r,\ v=kx/r,\ r^2=x^2+y^2,\ k=\text{const}$ 로 표시되는 2차원 흐름의 유선의 방정식은?

㉮ $x^2-y^2=\text{const}$ ㉯ $xy=\text{const}$
㉰ $y^2=kx$ ㉱ $x^2+y^2=\text{const}$

해설

2차원 흐름의 유선의 방정식 $\frac{dx}{u}=\frac{dy}{v}$ 에서 $u=-\frac{ky}{r}$, $v=\frac{kx}{r}$ 를 대입하면

$\frac{dx}{-\frac{ky}{r}}=\frac{dy}{\frac{kx}{r}}$ 에서 $x\,dx+y\,dy=0$

적분하면 $x^2+y^2=\text{const}$

∴ 유선은 원의 형태이고, ㉮와 ㉯는 쌍곡선의 형태, ㉰는 포물선의 형태이다.

적분에 관한 내용은 10장 적분법을 참고하여라.

전공문제

속도성분이 $u=kx,\ v=-ky$ 인 2차원 흐름의 유선은 다음 중 어느 경우인가?

㉮ 직선 ㉯ 포물선 ㉰ 쌍곡선 ㉱ 3차 곡선

해설

유선의 방정식 $\frac{dx}{u} = \frac{dy}{v}$ 에서 $u = kx,\ v = -ky$ 를 대입하면

$\frac{1}{kx}dx = -\frac{1}{ky}dy$ 에서 적분하면 $\ln x + \ln y = c \rightarrow x \cdot y = c$(쌍곡선) 이므로

∴ 유선은 쌍곡선의 형태이다.

로그의 기본성질에 관한 내용은 5장, 적분에 관한 내용은 10장 적분법을 참고하여라.

연습문제

1. 아래 그림의 단순보의 반력을 구하고, 전단력도와 휨모멘트도를 그려라.

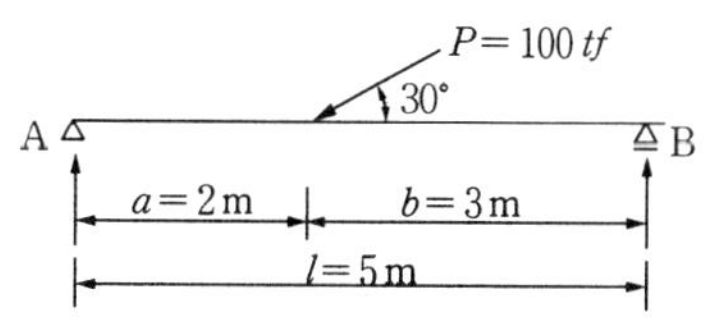

해설

(1) 반력

$\Sigma H=0$에서 $H_A-H_P=0$

$\therefore H_A=H_P=P\cos 30^\circ=100\times 0.866=86.6\text{ tf}$

$$R_A=\frac{V_P b}{l}=\frac{P\sin 30^\circ\times 3}{5}=\frac{100\times 0.5\times 3}{5}=30\text{ tf}$$

$$R_B=\frac{V_P a}{l}=\frac{P\sin 30^\circ\times 2}{5}=\frac{100\times 0.5\times 2}{5}=20\text{ tf}$$

(검산 $R_A+R_B-V_P=30+20-100\times 0.5=0$)

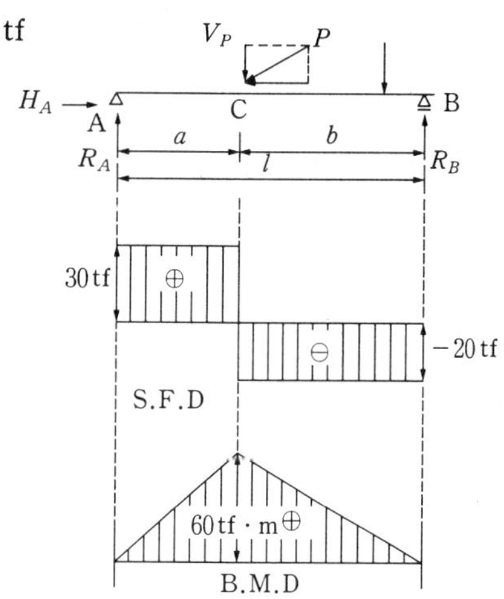

(2) 전단력

$S_{A-C}=R_A=30\text{ tf}$

$S_{C_B}=R_A-V_p=30-50=-20\text{ tf}(=-R_B)$

(3) 휨모멘트

$M_a=0$, $M_C=R_A a=30\times 2=60\text{ tf}\cdot\text{m}$

$M_B=R_A l-V_P b=30\times 5-50\times 3=0$

2. 다음 그림에서 단순보의 반력 및 각 점의 전단력과 휨모멘트를 구하고 전단력도(S.F.D)와 휨모멘트도(B.M.D)를 그려라.

해설

사다리꼴등변분포하중은 등분포하중과 삼각형등변분포하중이 합성된 것으로 생각한다.

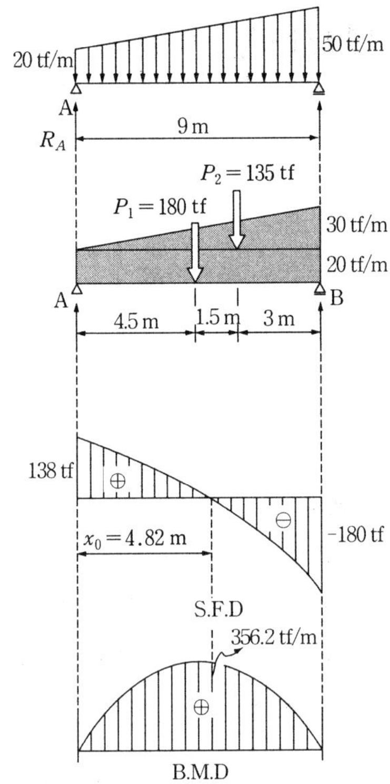

$P_1=20\times9=180$ tf, $P_2=30\times9\times\dfrac{1}{2}=135$ tf

$R_A=\dfrac{1}{9}(180\times4.5+135\times3)=\dfrac{1,215}{9}=135$ tf

$R_B=\dfrac{1}{9}(180\times4.5+135\times6)=\dfrac{1,620}{9}=180$ tf

$S_A=135$ tf

$S_B=-180$ tf

$S_0=135-20x_0-\dfrac{5}{3}x_0^2=0$

$\therefore\ x_0^2+12x_0-81=0$ (이차함수)

$$x_0=\frac{-b\pm\sqrt{b^2-4ac}}{2a}$$

$$=\frac{-12\pm\sqrt{12^2-4\times1\times(-81)}}{2\times1}=4.82\text{ m}$$

(※ 이차방정식의 근의 공식 활용)

$M_A=0$

$M_{\max}=135\times4.82-20\times4.82\times\dfrac{4.82}{2}-\dfrac{5}{3}\times4.82^2\times\dfrac{4.82}{3}$ (삼차함수)

$=356.2$ tf · m

$M_B=0$

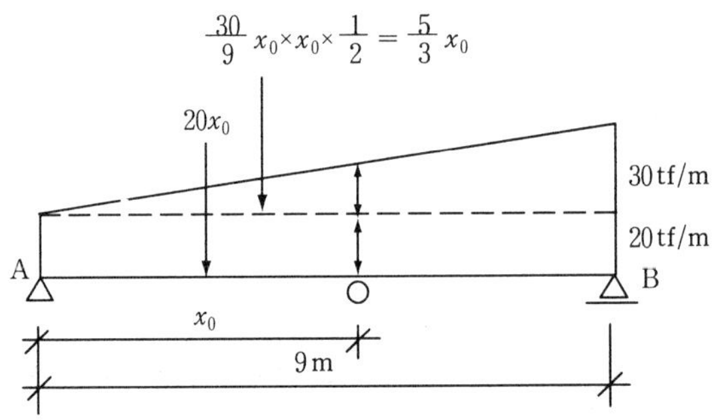

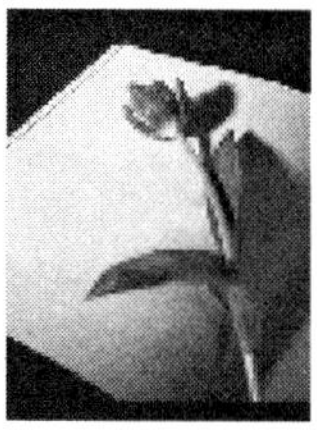

5 지수함수와 로그함수

5.1 거듭제곱과 거듭제곱근

(1) 거듭제곱

임의의 실수 a와 양의 정수 n에 대하여 $a^n = a\times a\times a\times a\cdots\times a$ (a를 n번 곱한것)를 a의 n제곱이라 한다. 특히, $a^1=a$, a^2을 a의 제곱, a^3을 a의 세제곱, …이라 하고, 또 $a^1, a^2, a^3\cdots$을 통틀어서 a의 거듭제곱이라 한다. 또, a^n에서 a를 거듭제곱의 밑, n을 거듭제곱의 지수라 한다.

(2) 거듭제곱근

n(n=2, 3, 4, …) 제곱해서 실수 a가 되는 수를 a의 n제곱근이라 한다. 곧, a의 n제곱근은 $\{x \mid x^n = a,\ a\in R,\ n\geq 2$인 자연수$\}$이다. 또, 제곱근, 세제곱근, …을 통틀어서 거듭제곱근이라 한다.

거듭제곱근

a의 제곱근 중에서, 즉 $x^n = a$를 만족하는 실수 x는

(i) n이 홀수일 경우

a의 양음에 관계없이 실수인 것은 오직 한 개 있으며, 이것을 $\sqrt[n]{a}$로 나타낸다.

(ii) n이 짝수일 경우

$a>0$일 때 실수인 것은 양, 음의 두 개 있으며, 양인 것을 $\sqrt[n]{a}$, 음인 것을 $-\sqrt[n]{a}$로 나타낸다.

$a<0$일 때 실수인 것은 없다.

거듭제곱근의 성질

$a>0$, $b>0$이고, m, n은 2 이상의 자연수 일 때

(i) $\sqrt[n]{a}\sqrt[n]{b} = \sqrt[n]{ab}$

(ii) $\dfrac{\sqrt[n]{a}}{\sqrt[n]{b}} = \sqrt[n]{\dfrac{a}{b}}$

(iii) $(\sqrt[n]{a})^m = \sqrt[n]{a^m}$

(iv) $\sqrt[m]{\sqrt[n]{a}} = \sqrt[mn]{a} = \sqrt[n]{\sqrt[m]{a}}$

(v) $\sqrt[np]{a^{mp}} = \sqrt[n]{a^m}$ (단, p는 양의 정수)

예제 다음 각 식을 간단히 하여라.

(1) $a^{-3}\times a^4 \div a^{-2}$

(2) $\left\{\left(\dfrac{9}{16}\right)^{-\frac{3}{4}}\right\}^{\frac{2}{3}}$

(3) $\sqrt[3]{25^4}\times\sqrt{5^3}\div\sqrt[6]{5}$

(4) $\sqrt[4]{\sqrt[3]{16}}\times\sqrt{\sqrt[3]{16}}$

풀이▶ (1) 준식 $= a^{-3+4-(-2)} = a^3$

(2) 준식 $= \left(\dfrac{9}{16}\right)^{-\frac{3}{4}\cdot\frac{2}{3}} = \left(\dfrac{9}{16}\right)^{-\frac{1}{2}} = \left\{\left(\dfrac{3}{4}\right)^2\right\}^{-\frac{1}{2}} = \left(\dfrac{3}{4}\right)^{-1} = \dfrac{4}{3}$

(3) 준식 $= 5^{\frac{8}{3}}\times 5^{\frac{3}{2}}\div 5^{\frac{1}{6}} = 5^{\frac{8}{3}+\frac{3}{2}-\frac{1}{6}} = 5^4 = 625$

(4) 준식 $= \sqrt[12]{16} \times \sqrt[6]{16} = \sqrt[3]{2} \times \sqrt[3]{4} = \sqrt[3]{8} = 2$

예제 다음 각 식을 간단히 하여라.

(1) $\sqrt[3]{\dfrac{\sqrt{a}}{\sqrt[4]{a}}} \times \sqrt{\dfrac{\sqrt[6]{a}}{\sqrt[3]{a}}}$ (2) $\sqrt[5]{\dfrac{\sqrt[3]{x}}{\sqrt{x}}} \times \sqrt[3]{\dfrac{\sqrt{x}}{\sqrt[5]{x}}} \times \sqrt{\dfrac{\sqrt[5]{x}}{\sqrt[3]{x}}}$

풀이▶

(1) $\sqrt[3]{\dfrac{\sqrt{a}}{\sqrt[4]{a}}} \times \sqrt{\dfrac{\sqrt[6]{a}}{\sqrt[3]{a}}} = \dfrac{\sqrt[3]{\sqrt{a}}}{\sqrt[3]{\sqrt[4]{a}}} \times \dfrac{\sqrt{\sqrt[6]{a}}}{\sqrt{\sqrt[3]{a}}} = \dfrac{\sqrt[6]{a}}{\sqrt[12]{a}} \times \dfrac{\sqrt[12]{a}}{\sqrt[6]{a}} = 1$

(2) $\sqrt[5]{\dfrac{\sqrt[3]{x}}{\sqrt{x}}} \times \sqrt[3]{\dfrac{\sqrt{x}}{\sqrt[5]{x}}} \times \sqrt{\dfrac{\sqrt[5]{x}}{\sqrt[3]{x}}} = \dfrac{\sqrt[5]{\sqrt[3]{x}}}{\sqrt[5]{\sqrt{x}}} \times \dfrac{\sqrt[3]{\sqrt{x}}}{\sqrt[3]{\sqrt[5]{x}}} \times \dfrac{\sqrt{\sqrt[5]{x}}}{\sqrt{\sqrt[3]{x}}}$

$= \dfrac{\sqrt[15]{x}}{\sqrt[10]{x}} \times \dfrac{\sqrt[6]{x}}{\sqrt[15]{x}} \times \dfrac{\sqrt[10]{x}}{\sqrt[6]{x}} = 1$

5.2 지수의 확장

(1) 지수의 확장

a를 실수, m을 정수, n을 양의 정수라 할 때 지수에 0, 음수, 분수일 때 다음과 같이 정의한다.

(i) $a^0 = 1$ (단, $a \neq 0$)

(ii) $a^{-n} = \dfrac{1}{a^n}$ (단, $a \neq 0$)

(iii) $a^{\frac{m}{n}} = \sqrt[n]{a^m}$ (단, n이 짝수일 때는 $a > 0$)

확장된 지수법칙

$a > 0$, $b > 0$이고 m, n이 유리수일 때

(i) $a^m \times a^n = a^{m+n}$

(ii) $a^m \div a^n = a^{m-n}$

(iii) $(a^m)^n = a^{mn}$

(iv) $(ab)^n = a^n b^n$

(v) $\left(\dfrac{a}{b}\right)^n = \dfrac{a^n}{b^n}$ $(b \neq 0)$

예제 다음 각 식을 간단히 하여라.

(1) $2\sqrt[3]{54}-\left(\frac{1}{2}\right)^{-\frac{1}{3}}-\sqrt[3]{16}$　　　(2) $\sqrt{a^{-\frac{5}{3}}b^3c^{-\frac{2}{3}}}\times\sqrt[3]{a^{\frac{1}{2}}b^{-4}c}$

풀이▶ (1) $2\sqrt[3]{54}-\left(\frac{1}{2}\right)^{-\frac{1}{3}}-\sqrt[3]{16}=2\times(2\times3^3)^{\frac{1}{3}}-(2^{-1})^{-\frac{1}{3}}-(2^4)^{\frac{1}{3}}$

$=2\times2^{\frac{1}{3}}\times(3^3)^{\frac{1}{3}}-2^{\frac{1}{3}}-2\times2^{\frac{1}{3}}=2^{\frac{1}{3}}(2\times3-1-2)=3\sqrt[3]{2}$

(2) $\sqrt{a^{-\frac{5}{3}}b^3c^{-\frac{2}{3}}}\times\sqrt[3]{a^{\frac{1}{2}}b^{-4}c}=\left(a^{-\frac{5}{6}}b^{\frac{3}{2}}c^{-\frac{1}{3}}\right)\times\left(a^{\frac{1}{6}}b^{-\frac{4}{3}}c^{\frac{1}{3}}\right)$

$=\left(a^{-\frac{5}{6}+\frac{1}{6}}b^{\frac{3}{2}-\frac{4}{3}}c^{-\frac{1}{3}+\frac{1}{3}}\right)=ab^{\frac{1}{6}}=a\sqrt[6]{b}$

전공이론

Chezy 공식과 Manning 공식과의 관계

Chezy 공식 $V=C\sqrt{RI}$ 과 Manning 공식 $V=\frac{1}{n}R^{2/3}I^{1/2}$ 이므로

$C\sqrt{RI}=\frac{1}{n}R^{2/3}I^{1/2}$ 에서 $C\sqrt{R}\sqrt{I}=\frac{1}{n}R^{2/3}I^{1/2}$

$C=\frac{1}{n}\frac{R^{2/3}}{R^{1/2}}=\frac{1}{n}R^{1/6}$

전공이론

광정 위어(넓은 마루 weir) 유량 산정공식

완전월류일 때의 유량 $Q=Cbh_2\sqrt{2g(H-h_2)}$ 에서 Q가 최대로 될 때는

$h_2=\frac{2}{3}H$ 일 때이므로 $h_2=\frac{2}{3}H$ 을 대입하면 $Q=AV=1.7CbH^{3/2}$

전공문제

$k_1=0.1$(밑수 10)인 폐수의 20℃ BOD가 250 mg/ l일 때 1일 BOD_1와 BOD_u를 구한 값은?

㉮ $BOD_1=75.2$ mg/ l,　$BOD_u=365.6$ mg/ l

㉯ $BOD_1=65.2$ mg/ l,　$BOD_u=365.6$ mg/ l

㉰ $BOD_1=75.2$ mg/ l,　$BOD_u=355.6$ mg/ l

㉱ $BOD_1=65.2$ mg/ l,　$BOD_u=355.6$ mg/ l

해설

5일 BOD $L_5 = L_u(1-10^{-k_1 5})$ 에서 $250 = L_u(1-10^{-0.1\times5})$

$\therefore\ L_u = \dfrac{250}{1-10^{-0.5}} = 365.62\ \mathrm{mg}/l$

따라서, 1일 BOD $L_1 = L_u(1-10^{-k_1 1})$

$= 365.62(1-10^{-0.1\times1}) = 75.2\ \mathrm{mg}/l$

전공문제

차원방정식 [LMT]계를 [LFT]계로 고치고자 할 때 이용되는 식은 다음 중 어느 것인가?

㉮ $[M]=[LFT]$ ㉯ $[M]=[L^{-1}FT^2]$

㉰ $[M]=[LFT^2]$ ㉱ $[M]=[L^2FT]$

해설

$F = ma$에서 $F = MLT^{-2}$ 이므로 $M = FL^{-1}T^2$ 이다.

전공문제

다음 중 단위중량(비중량)의 절대단위계 차원은 어느 것인가?

㉮ $[ML^{-3}]$ ㉯ $[FL^{-1}T^{-1}]$

㉰ $[ML^{-2}T^{-2}]$ ㉱ $[FL^{-3}]$

해설

단위중량(비중량)의 차원은 단위체적당 중량이므로

$\omega = \mathrm{kg/m^3} = F/L^3 = MLT^{-2}/L^3 = ML^{-2}T^{-2}$

전공문제

밀도의 차원을 공학단위 [LFT]계에서 옳게 표시한 것은?

㉮ $[FL^{-4}T^2]$ ㉯ $[ML^{-4}T^2]$

㉰ $[FL^{-2}]$ ㉱ $[FL^4T^{-2}]$

해설

밀도의 차원은 단위체적당 질량이므로

$\rho = \mathrm{kg/m^3} = M/L^3 = FL^{-1}T^2/L^3 = FL^{-4}T^2$

전공문제

다음 중 표면장력의 차원으로 옳은 것은?

㉮ $[MLT^{-3}]$ ㉯ $[FL^{-2}]$

㉰ $[MT^{-1}]$ ㉱ $[FL^{-1}]$

해설

표면장력의 차원은 단위길이당 힘이다.

$\therefore T = F/L = MLT^{-2}/L = MT^{-2}$

전공문제

Chezy의 평균 유속공식 $V = C\sqrt{RI}$ 에서 유속계수 C의 차원은 어느 것인가?

㉮ $[L^{\frac{1}{2}}T^{-1}]$ ㉯ $[L^{3}T^{-1}]$

㉰ $[L^{2}T^{-1}]$ ㉱ $[LT^{-1}]$

해설

$C = V/\sqrt{RI} = LT^{-1}/L^{\frac{1}{2}} = L^{\frac{1}{2}}T^{-1}$

전공문제

계획 하수량이 32 m^3/sec, 하수관내 유속이 1.2 m/sec인 경우 하수관의 관지름은 얼마인가?

㉮ 5.83 cm ㉯ 5.83 m ㉰ 5.38 cm ㉱ 5.38 mm

해설

$A = \frac{Q}{V}$ 에서 $\frac{\pi \times D^2}{4} = \frac{32}{1.2}$ 이므로

$D^2 = 33.95$ 양변을 제곱하면

$\therefore D = 5.83\,\text{m}$

전공문제

직경이 D인 1개관으로 송수하던 유량을 직경 d인 4개의 관으로 송수하고자 할 때 D/d의 비는 얼마인가? (단, Chezy의 식을 사용할 것)

㉮ 1.74 ㉯ 0.87 ㉰ 1.31 ㉱ 2.61

해설

Chezy의 유량공식 $Q=AV=AC\sqrt{RI}$ 에서

$$\frac{\pi \cdot D^2}{4}\cdot C\cdot\sqrt{\frac{D}{4}\cdot I}=4\cdot\frac{\pi\cdot d^2}{4}\cdot C\cdot\sqrt{\frac{\pi}{4}\cdot I}$$

$$D^{\frac{5}{2}}=4\cdot d^{\frac{5}{2}} \rightarrow (D/d)^{\frac{5}{2}}=4$$

양변에 $\frac{2}{5}$ 제곱을 곱해주면

$$\therefore\ D/d=4^{\frac{2}{5}}=1.74$$

전공문제

수심에 비해 수로폭이 대단히 넓은 수로에 유량 Q가 흐르고 있다. 동수경사를 I, 평균유속계수를 C라고 할 때 Chezy 공식에 의한 수심은? (단, h는 수심, B는 수로 폭이다.)

㉮ $h=\frac{3}{2}\left(\frac{Q}{C^2B^2I}\right)^{\frac{1}{3}}$ ㉯ $h=\left(\frac{Q^2}{C^2B^2I}\right)^{\frac{1}{3}}$

㉰ $h=\left(\frac{Q}{2B^2I}\right)^{\frac{2}{3}}$ ㉱ $h=\left(\frac{Q^2}{C^2B^2I}\right)^{\frac{3}{10}}$

해설

Chezy의 유량공식 $Q=A\ V=B\,h\times C\sqrt{RI}$ 에서

폭이 넓은 수로의 경우에는 $R\fallingdotseq h$ 이므로

$h^{\frac{3}{2}}=\frac{Q}{BCI^{1/2}}$ 에서 양변에 $\frac{2}{3}$ 제곱을 곱해주면

$$\therefore\ h=\left(\frac{Q^2}{B^2C^2I}\right)^{\frac{1}{3}}$$

전공문제

내경 300 mm인 급수관에 유량 0.09 m^3/sec이 만수 위로 흐르고 있다. 이 급수관의 직선거리 100 m에서 생기는 손실수두는? (단, $V=0.84935CR^{0.63}I^{0.54}$ 이고 C=100으로 가정함.)

㉮ 0.61 m ㉯ 0.72 m ㉰ 0.86 m ㉱ 0.97 m

해설

문제에 주어진 Hazen-Williams의 유속공식으로부터

$$\frac{4Q}{\pi D^2} = 0.84935\,C\left(\frac{D}{4}\right)^{0.63}\left(\frac{h_L}{\ell}\right)^{0.54} \text{ 에서}$$

$$\frac{4\times 0.09}{\pi\times 0.3^2} = 0.84935\times 100\times\left(\frac{0.3}{4}\right)^{0.63}\left(\frac{h_L}{100}\right)^{0.54} \text{ 이므로}$$

$\therefore\ h_L{}^{0.54} = 0.922$ 이다.

양변에 $\frac{1}{0.54}$ 제곱을 곱해주면 $\therefore\ h_L = 0.86\ \text{m}$

5.3 로그의 정의 및 성질

(1) 로그의 정의

$a>0,\ a\neq 1,\ N>0$ 일 때 두 수 $m,\ N$에 대하여 $a^m=N$을 만족하는 수 m을 a를 밑으로 하는 N의 로그라 하고, $m=\log_a N$으로 나타낸다. 이 때 N을 진수라 한다. 곧,

$$a^m=N \Leftrightarrow m=\log_a N$$

예제 다음 식을 만족하는 x의 값을 구하라.

(1) $\log_x 9 = \frac{2}{3}$　　　(2) $\log_{10}(\log_{32} x) = -1$

풀이▶ (1) $\log_x 9 = \frac{2}{3}$ 에서 $x^{\frac{2}{3}}=9$

양변을 $\frac{3}{2}$ 제곱하면 $(x^{\frac{2}{3}})^{\frac{3}{2}}=9^{\frac{3}{2}}$ $\therefore x=(3^2)^{\frac{3}{2}}$ $\therefore\ x=27$

(2) $\log_{10}(\log_{32}x)=-1$ 에서 $\log_{32}x=10^{-1}$ $\therefore\ x=32^{\frac{1}{10}}$

$\therefore\ x=(2^5)^{\frac{1}{10}}=2^{\frac{1}{2}}=\sqrt{2}$

전공문제

pH가 5.6에서 4.3으로 변화할 때 수소이온 농도는 약 몇 배가 되는가?

㉮ 13 ㉯ 15 ㉰ 17 ㉱ 20

해설

$\mathrm{pH} = \log\frac{1}{[\mathrm{H}^+]} = -\log[\mathrm{H}^+]$ 에서

$4.3 = -\log[\mathrm{H}^+]$ 이고 $\log[\mathrm{H}^+] = -4.3$ 이므로

pH가 4.3일 때의 수소이온농도 $\mathrm{H}^+_{4.3} = 10^{-4.3} = 5.01\times10^{-5}$

$5.6 = -\log[\mathrm{H}^+]$ 이고 $\log[\mathrm{H}^+] = -5.6$ 이므로

pH가 5.6일 때의 수소이온농도 $\mathrm{H}^+_{5.6} = 10^{-5.6} = 2.51\times10^{-6}$

$\therefore \frac{\mathrm{H}^+_{4.3}}{\mathrm{H}^+_{5.6}} = \frac{5.01\times10^{-5}}{2.51\times10^{-6}} = 19.96 \fallingdotseq 20$

로그의 성질

(1) 로그의 기본성질

$a>0$, $a\neq1$이고, M, $N>0$이라 할 때

(ⅰ) $\log_a a=1$, $\log_a 1=0$

(ⅱ) $\log_a MN=\log_a M+\log_a N$

(ⅲ) $\log_a\frac{M}{N}=\log_a M-\log_a N$

(ⅳ) $\log_a M^n = n\log_a M$ (n은 실수)

(2) 밑의 변환공식

$a>0$, $a\neq1$이고, $b>0$일 때

(ⅰ) $\log_a b=\frac{\log_c b}{\log_c a}$ $(c>0, c\neq1)$

(ⅱ) $\log_a b=\frac{1}{\log_b a}$ $(b\neq1)$

예제 다음 각 값을 구하여라.

(1) $\log_a a^3$ (2) $\log_{a^2} a$ (3) $\log_a\frac{\sqrt[3]{a}}{a^2}$

풀이▶ (1) $\log_a a^3 = 3\log_a a = 3$

(2) $\log_{a^2} a = \log_{a^2}(a^2)^{\frac{1}{2}} = \frac{1}{2}\log_{a^2}(a^2) = \frac{1}{2}\cdot1 = \frac{1}{2}$

(3) $\log_a \frac{\sqrt[3]{a}}{a^2} = \log_a \sqrt[3]{a} - \log_a a^2 = \frac{1}{3}\log_a a - 2\log_a a = -\frac{5}{3}$

전공문제

어떤 지하수에서의 수질 검사 결과 수소이온 농도가 2.5×10^{-7}mole/ℓ 로 측정되었다. pH 값과 액성 상태는?

㉮ 2.5, 산성 ㉯ 6.6, 산성
㉰ 7.7, 알카리성 ㉱ 9.0, 알카리성

해설

$$pH = \log\frac{1}{[H^+]} = -\log[H^+]$$

$$= -\log(2.5\times10^{-7}) = -\log 2.5 + 7\log 10 = 7 - \log 2.5 = 6.6 < 7$$

∴ 액성은 pH가 7보다 작으므로 산성이다.

전공문제

활성 슬러지법으로 하수를 처리한 결과 BOD 제거 반응이 1차 반응(밑수 10)을 따르며, 90%의 BOD 제거에 5일이 소요되었다. 반응속도상수 k_1은 얼마인가?

㉮ $0.3\,d^{-1}$ ㉯ $0.6\,d^{-1}$ ㉰ $0.1\,d^{-1}$ ㉱ $0.2\,d^{-1}$

해설

$L_t = L_u(1-10^{-k_1 t})$에서

$0.9 = 1(1-10^{-5k_1}) \rightarrow \frac{0.9}{1} - 1 = -10^{-5k_1}$

양변에 밑이 10인 상용로그를 취하면 $\log 0.1 = -5k_1 \times \log 10$

∴ $k_1 = \frac{\log 0.1}{-5} = 0.2\,/d = 0.2d^{-1}$ (※ $d^{-1} = \frac{1}{d}$ 이다.)

전공문제

질소계 유기물에 의한 BOD를 무시할 때 20℃에서 5일 동안 사용된 BOD값이 300 mg/L, BOD 극한값이 475 mg/l 인 폐수의 탈산소 계수(base e) 값은 얼마인가? (단, 단위는 d^{-1}이다.)

㉮ 0.087 ㉯ 0.500 ㉰ 0.100 ㉱ 0.200

해설

$L_t = L_u(1 - 10^{-k_1 t})$에서

$\frac{300}{475} - 1 = -e^{-5k_1}$ 이므로 양변에 밑이 e인 자연로그를 취하면

$\log_e 0.368 = -5k_1 \log_e e$

$\therefore k_1 = 0.199$

전공문제

평면삼각형 ABC에서 ∠A, ∠B 및
a를 알고 b를 구하는 식은?

㉮ log b = log a + log sin B − colog sin B
㉯ log b = log a + log sin B − colog cos A
㉰ log b = log a + log sin B − log sin A
㉱ log b = log a + log sin B − log cos C

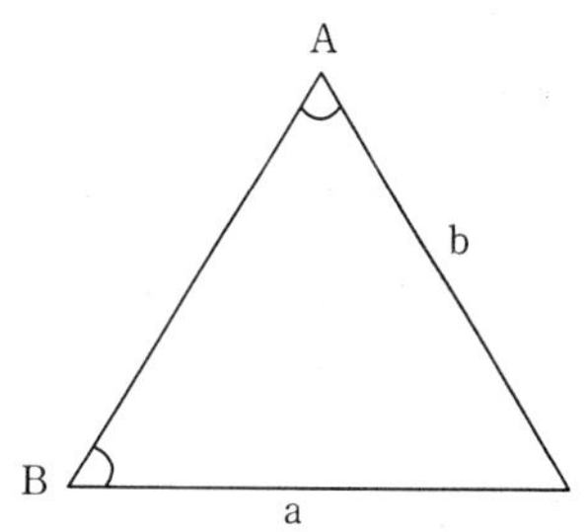

해설

sine 법칙 $\frac{a}{\sin A} = \frac{b}{\sin B}$ 에서 $b = a\frac{\sin B}{\sin A}$

양변에 밑이 1인 상용로그를 취하면

$\log b = \log a + \log \sin B - \log \sin A$

또는 $\log b = \log a + \log \sin B + co\log \sin A$ 이다.

$\log x$와 $\ln x$와의 관계

$\log x$는 밑(base)을 10으로 사용하는 상용로그라고 하며 $\log_{10} x$로 나타낸다.

$\ln x$는 밑(base)을 e(Euler 상수 : 2.718)로 사용하는 자연로그라고 하며 $\log_e x (= \ln x)$로 나타낸다.

이 두 식은 $\ln x = 2.303 \log_{10} x$의 관계가 성립한다.

전공문제

다음과 같은 굴착정(artesian well)의 유량을 구하는 식은? (단, R : 영향원의 반지름, m은 피압대수층의 두께, r_0는 우물의 반경이다.)

㉮ $Q = \dfrac{2\pi mk(h+h_o)}{2.3\log_{10}(R/r_o)}$

㉯ $Q = \dfrac{2\pi mk(h+h_o)}{2.3\log_{10}(r_o/R)}$

㉰ $Q = \dfrac{2\pi mk(h-h_o)}{2.3\log_{10}(R/r_o)}$

㉱ $Q = \dfrac{2\pi mk(h-h_o)}{2.3\log_{10}(r_o/R)}$

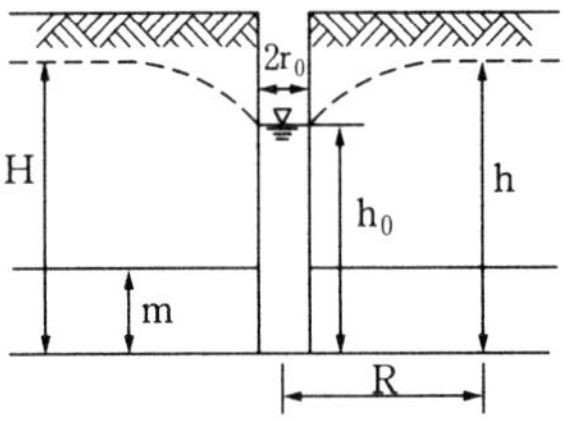

해설

피압면 지하수인 굴착정(掘鑿井)에서의 유량공식은

$$Q = \frac{2\pi cK(H-h_o)}{ln(R/r_o)} = \frac{2\pi cK(H-h_o)}{2.3\log_{10}(R/r_o)}$$ 이다.

전공문제

우물의 수리에서 자유수면 우물의 평형공식은? (Q=양수량, K=투수계수이다.)

㉮ $Q = \pi K \dfrac{H^2-h_o^2}{\ln \dfrac{R}{r_o}}$

㉯ $Q = \pi K \dfrac{H^2-h_o^2}{\log_{10} \dfrac{R}{r_o}}$

㉰ $Q = \dfrac{1}{\pi K} \dfrac{H^2-h_o^2}{\ln \dfrac{R}{r_o}}$

㉱ $Q = \dfrac{1}{\pi K} \dfrac{H^2-h_o^2}{\log_{10} \dfrac{R}{r_o}}$

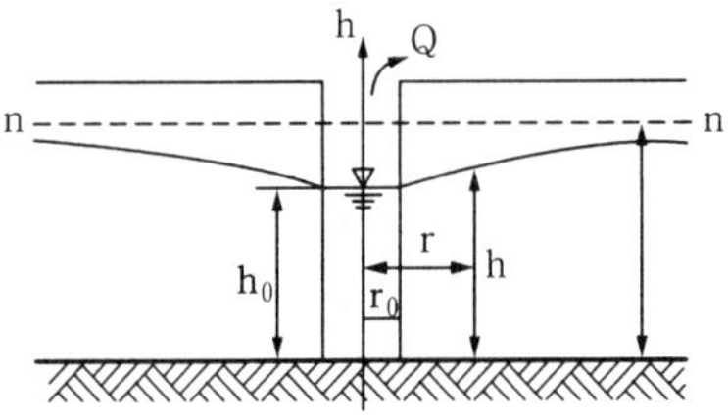

해설

자유수면 지하수인 심정(深井)에서의 유량공식은

$$Q = \frac{\pi K(H^2-h_o^2)}{l\,n(R/r_o)} = \frac{\pi K(H^2-h_o^2)}{2.3\log_{10}(R/r_o)}$$ 이다.

5.4 지수함수와 로그함수

$y=a^x$($a\neq 1$, $a>0$)을 a를 밑으로 하는 x의 지수함수라 한다.

(1) 지수함수 $y=a^x$의 성질

(i) 정의역은 실수 전체의 집합 R이고, 치역은 $y>0$이다.

(ii) 모든 실수 x에 대하여 $a^x>0$(그래프는 x축의 위쪽에 존재)이다.

(iii) 그래프는 정점 (0, 1)을 지난다.

(iv) 그래프는 직선 $y=0$(x축)을 점근선으로 한다.

(v) $a>1$일 때 단조증가, $0<a<1$일 때 단조감소한다.

$y=a^x(a\neq 1,\ a>0)$의 정의역 $R=\{x\mid x$는 실수$\}$, 치역은 $R^+=\{y\mid y\geq 0\}$이고 R에서 R^+로의 일대일 대응이므로 그 역함수가 존재한다. 이것을 $y=\log_a x$(정의역 R^+, 치역 R)로 나타내고 y는 a를 밑으로 하는 x의 로그함수라 한다.

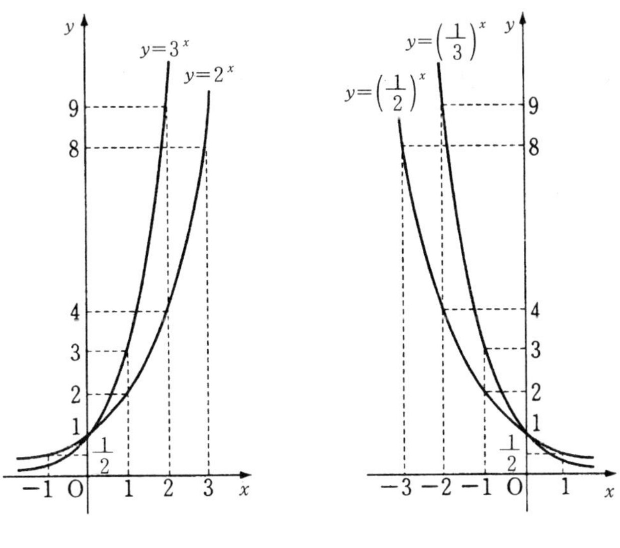

$a>1$일 때 $0<a<1$일 때

(2) 로그함수 $y = \log_a x$ 의 성질

(i) 정의역은 $\{x \mid x>0\}$이고, 치역은 모든 실수의 집합 R이다.

(ii) 그래프는 y축의 오른쪽에 존재한다.

(iii) 그래프는 정점(1, 0)을 지난다.

(iv) 그래프는 직선 $x=0$(y축)을 점근선으로 한다.

(v) $a>1$일 때 단조증가, $0<a<1$ 일 때 단조감소한다.

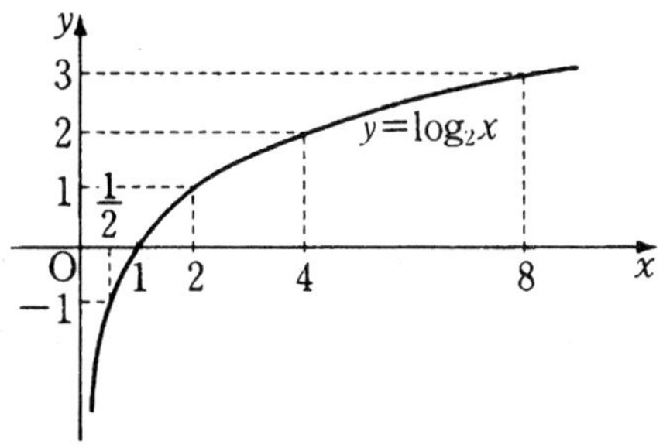

$a>1$ 일 때

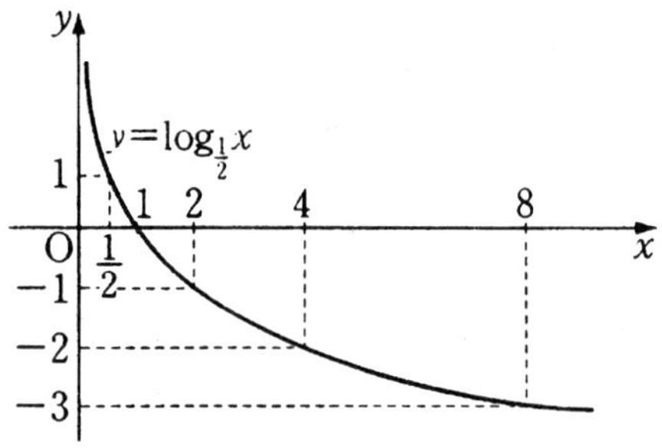

$0<a<1$ 일 때

(3) $y=a^x(a\neq 1,\ a>0)$, $y=\log_a x(a\neq 1,\ a>0,\ x>0)$ 사이의 관계

(1) 두 함수는 서로 역함수이다.

(2) 그래프는 $y=x$에 관하여 대칭이다.

연습문제

1. 어떤 폐수의 20℃ BOD가 200 mg/L일 때 BOD_1와 최종 BOD값은? (단, 탈산소 계수는 0.23 day^{-1} (base e) 이다.)

㉮ 60 mg/L, 293 mg/L ㉯ 67 mg/L, 233 mg/L
㉰ 60 mg/L, 233 mg/L ㉱ 67 mg/L, 293 mg/L

해설

5일 BOD $L_5 = L_u(1 - e^{-k_1 \times 5})$에서

$$200 = L_u(1 - e^{-0.23 \times 5})$$

$$\therefore L_u = \frac{200}{1 - e^{-1.15}} = 292.67 \text{ mg}/l$$

따라서, 1일 BOD

$$L_1 = 292.67 \times (1 - e^{-0.23 \times 1})$$
$$= 60.13 \text{ mg}/l$$

2. 어떤 수원지에서 2 km 떨어진 곳에 5 m^3/sec 의 유량을 송수할 때 두 수조의 수면차가 15 m이면 송수관의 지름은 몇 m인가? (단, 마찰손실만 고려하고, f=0.03 임)

해설

$$Q = A \times \sqrt{\frac{2gH}{f \times \frac{l}{d}}}$$ 에서

$$5 = \frac{\pi D^2}{4} \times \sqrt{\frac{19.6 \times 15}{0.03 \times \frac{2,000}{D}}}$$ 이므로

$\therefore D^{\frac{5}{2}} = 2.876$ 에서 양변에 $\frac{2}{5}$ 제곱을 곱해주면

$$D^{\frac{5}{2}} = 2.876 \quad \therefore D = 1.526 \text{ m}$$

3. 수면 경사 1/10,000인 구형단면 수로에 유량 30 m^3/sec를 흐르게 할 때 수리상 유리한 단면을 결정하면? (단, Manning 공식을 쓰고, n=0.025이다. 또 구형은 폭 B, 수심은 h이다.)

해설

Manning의 유량공식 $Q=A\frac{1}{n}R^{2/3}I^{1/2}$ 에서

$30=2h^2\times\frac{1}{0.025}\times\left(\frac{h}{2}\right)^{2/3}\sqrt{\frac{1}{10,000}}$ 이므로

$\therefore\ h^{8/3}=59.528$에서 양변에 $\frac{3}{8}$ 제곱을 곱해주면

$h=4.63\ \text{m}$이고 수리상 유리한 단면일 때는 $B=2h$ 이므로

$\therefore\ B=2h=9.26\ \text{m}$

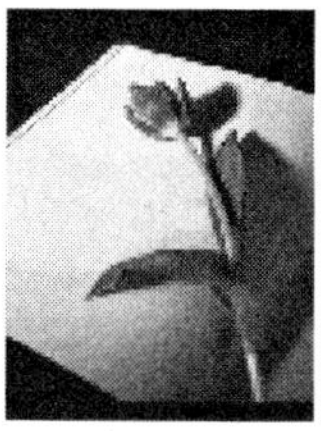

6 삼각함수

6.1 60분법과 호도법

시초선(기준선) OX에서 O를 중심으로 하여 동경(움직이는 선분) OP가 시초선 OX와 이룬 도형을 각(angle)이라 하고, $\angle XOP$로 표시한다. 이 때 P가 반시계 방향으로 움직이면 양의 각, 시계방향으로 움직이면 음의 각이라 한다. 각의 크기를 나타내는 데는 60분법과 호도법의 두 가지 단위가 사용되는데 60분법의 단위는 실용적인 면에서, 호도법의 단위는 이론적인 면에서 흔히 사용된다.

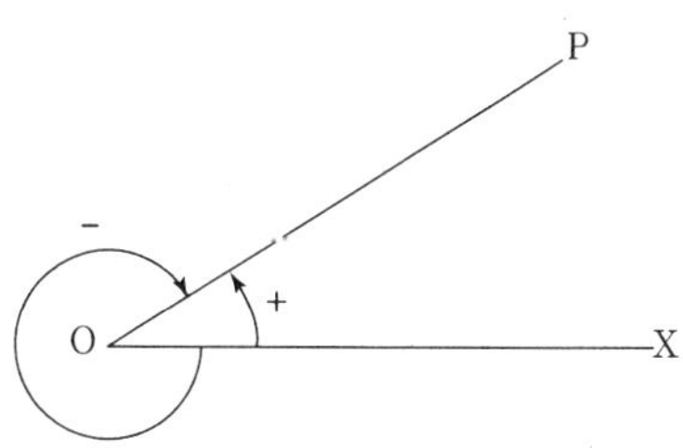

(1) 60분법

동경 OP가 시초선 OX에서 1회전한 경우를 360등분하여, 1회전의 $\frac{1}{360}$을 $1°$(도)로 표시한다. 즉 1회전$=360°$(도)이다.

(2) 호도법

반지름 길이가 r인 원호 위에 길이가 r인 호 AB를 잡을 때, 이 호(弧)에 대한 중심각 $\angle AOB$의 크기를 1호도(radian)라 하고 이것을 단위로 하는 각의 측정법을 호도법(弧度法)이라 한다. 부채꼴에서 호의 길이와 반경과의 비의 값을 호도(radian)라 한다. 반지름의 길이 r인 원에서 반원 둘레는 πr 이고, 이것은 반지름의 π배이므로 $180° = \pi$ (rad)이 된다.

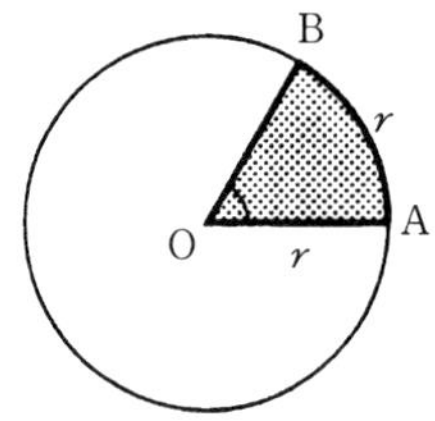

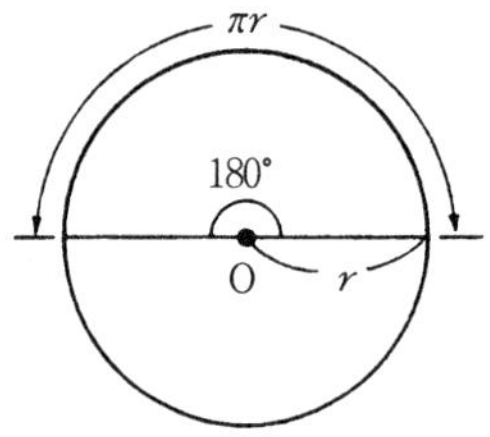

(3) 일반각의 표시

동경 OP가 시초선 OX의 양의 방향과 이루는 최소의 양의 각을 $\alpha°$라 하면 동경 OP가 나타내는 일반각 $\theta°$는 $\theta° = 360° n + \alpha°$ (단, $n=0, \pm1, \pm2, \cdots$) 이다.

예제 다음 각 각의 동경이 나타내는 일반각을 구하여라.

(1) $1140°$ (2) $490°$ (3) -15π (4) $\frac{35}{6}\pi$

풀이▶ (1) $1140° = 360° \times 3 + 60°$ 이므로 $360° n + 60°$ (n : 정수)

(2) $490° = 360° \times 1 + 130°$ 이므로 $360° n + 130°$ (n : 정수)

(3) $-15\pi = 2\pi \times (-8) + \pi$이므로 $2n\pi + \pi$

(4) $\frac{35}{6}\pi = 2\pi \times 2 + \frac{11}{6}\pi$ 이므로 $2n\pi + \frac{11}{6}\pi$

60분법과 호도법을 혼합해서 쓰는 일은 삼가야 한다. 문제에서 사용된 단위가 60분법이면 답안도 60분법으로, 호도법이면 답안도 호도법으로 나타내는 것이 좋다. 특히, 측량학 부분에서는 60분법으로 나타내므로 호도법으로 표시된 각도는 60분법으로 고쳐야 한다.

전공이론

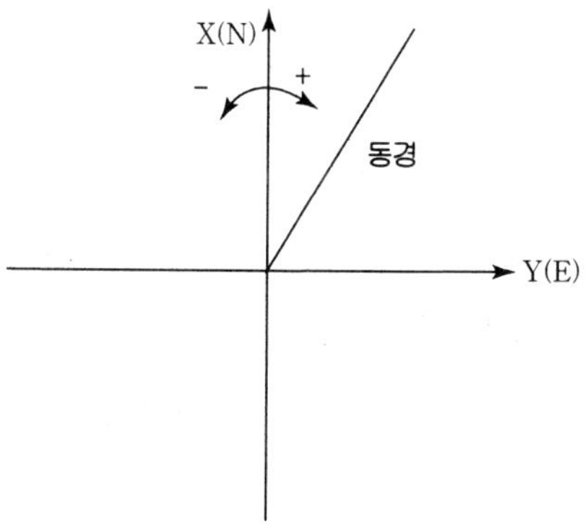

(※ 측량학에서는 좌표축을 위의 그림과 같이 표시하며 동경을 나타내는 방법이 일반적인 경우(수학, 역학)와 틀리므로 주의해야 한다.)

전공문제

방위각 265°에 대한 측선의 방위는?

㉮ S85°W ㉯ E85°W ㉰ N85°E ㉱ E85°N

해설

방위각 265°는 3상한에 위치해 있으므로

방위 = 방위각(α) − 180° = 265° − 180° = S85°W

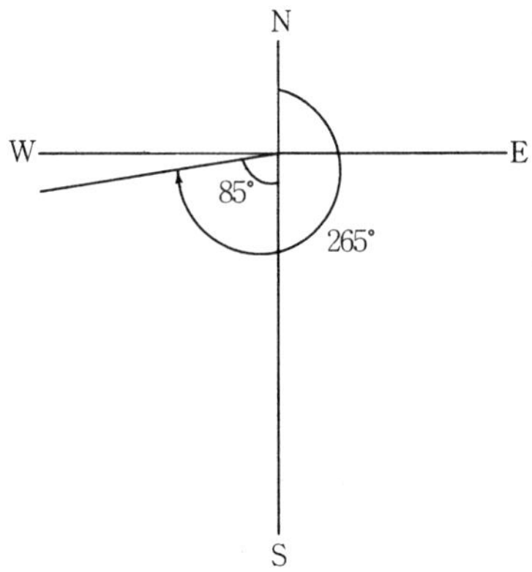

전공문제

평면직각 좌표에서 삼각점의 좌표가 X = −4500.36 m, Y = −654.25 m라 하면 이 삼각점은 좌표 원점을 중심으로 하였을 경우의 방위각 중 옳은 것은?

㉮ 8° 15′　㉯ 81° 44′　㉰ 188° 16′　㉱ 261° 44′

해설

방위 $= \tan^{-1}\dfrac{\Delta Y}{\Delta X} = \tan^{-1}\dfrac{-654.25}{-4500.36} = 8°16'17.6''$

방위각은 3상한에 위치해 있으므로 $180° + 8°16'17.6'' = 188°16'17.6''$

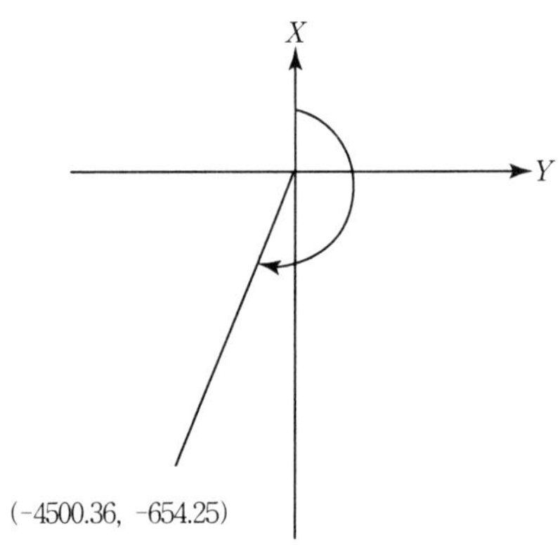

(4) 60분법과 호도법과의 관계

$$\pi\text{rad} = 180° \Rightarrow 1\text{rad} = \frac{180°}{\pi} \fallingdotseq 57°\ 17'\ 45''$$

$$1° = \frac{\pi}{180°}\text{rad} \fallingdotseq 0.01745\ \text{rad}$$

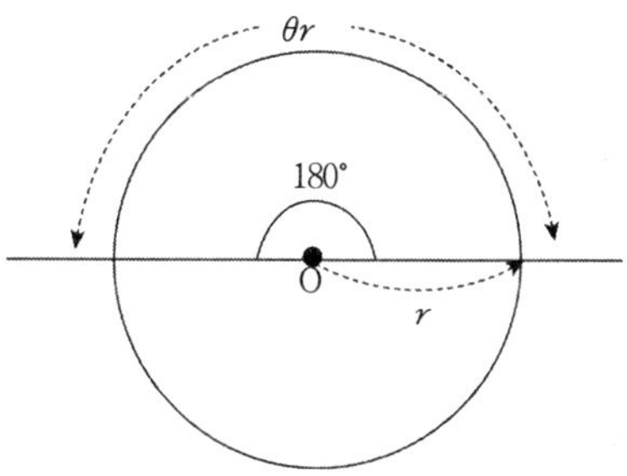

호도법에 사용되는 단위, 즉 호도(radian)는 보통 rad을 생략하고 사용한다.

$\pi\text{rad} = 180° \Rightarrow \pi = 180°$

예제 다음 60분법으로 나타내어진 각은 호도법으로 고치고, 호도법으로 나타내어진 각은 60분법으로 고쳐라.

(1) 36°　(2) 120°　(3) $\frac{\pi}{3}$ rad　(4) 2rad

풀이▶ 60분법과 호도법과의 관계식을 이용한다.

$\pi\text{rad} = 180° \Rightarrow 1\text{rad} = \frac{180°}{\pi}$, $1° = \frac{\pi}{180}$ rad

(1) $36° = \frac{\pi}{180} \times 36 = \frac{\pi}{5}$ (rad)

(2) $120° = \frac{\pi}{180} \times 120 = \frac{2}{3}\pi$ (rad)

(3) $\frac{\pi}{3}\text{rad} = \frac{180°}{\pi} \times \frac{\pi}{3} = 60°$

(4) $2\text{rad} = \frac{180°}{\pi} \times 2 = \frac{360°}{\pi}$

60분법과 호도법과의 관계

60분법	0°	30°	45°	60°	90°	120°	135°	150°	180°	270°	360°
호도법	0	$\frac{\pi}{6}$	$\frac{\pi}{4}$	$\frac{\pi}{3}$	$\frac{\pi}{2}$	$\frac{2}{3}\pi$	$\frac{3}{4}\pi$	$\frac{5}{6}\pi$	π	$\frac{3}{2}\pi$	2π

(5) 피타고라스의 정리

직각삼각형에서 빗변의 길이의 제곱은 직각을 낀 두 변의 길이의 제곱의 합과 같다는 정리

즉, $\angle A = 90°$ 이면

$\therefore\ b^2 + c^2 = a^2 (\overline{CA}^2 + \overline{AB}^2 = \overline{BC}^2)$

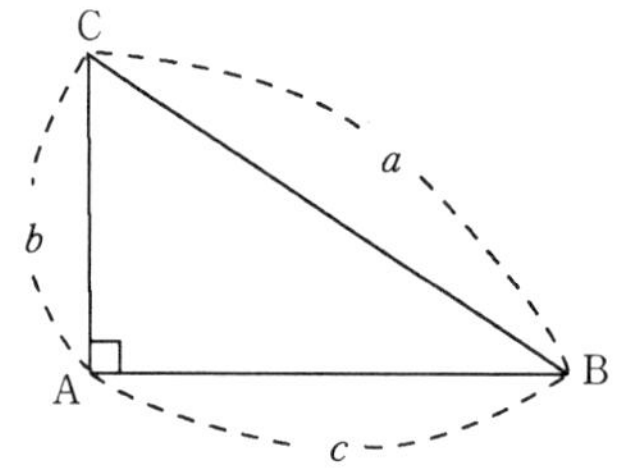

예제 세 변의 길이가 x, $x+3$, $x+6$인 삼각형이 직각삼각형이 되기 위한 x의 값은?

풀이▶ 가장 긴 변의 길이가 $x+6$ 이므로

$(x+6)^2 = x^2 + (x+3)^2$

$x^2 + 12x + 36 = x^2 + x^2 + 6x + 9$

$x^2 - 6x - 27 = 0\ (x-9)(x+3) = 0$

$x=9,\ -3$에서 x는 길이를 나타내므로 $x=9$

즉, 삼각형의 세 변의 길이는 9, 12, 15 이다.

전공문제

삼각형의 세 변의 비로서 직각 삼각형이 아닌 것은?

㉮ 3 : 4 : 5 ㉯ 6 : 8 : 10 ㉰ 8 : 10 : 12 ㉱ 9 : 12 : 15

해설

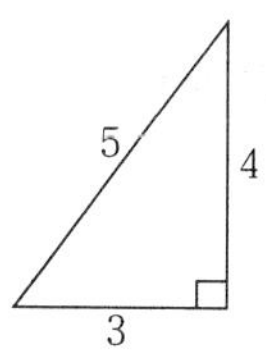

3 : 4 : 5=6 : 8 : 10=9 : 12 : 15 이다.

전공문제

일정한 경사지에서 A, B 두 점간의 사거리를 재었더니 150 m이었다. AB간의 고저차가 20 m 이었다면 수평 거리는?

㉮ 147.8 m ㉯ 148.7 m ㉰ 149.7 m ㉱ 150.0 m

해설

$L^2 = D^2 + H^2$ 이므로

따라서, 수평거리 $D = \sqrt{L^2 - H^2} = \sqrt{150^2 - 20^2} = 148.7\text{ m}$

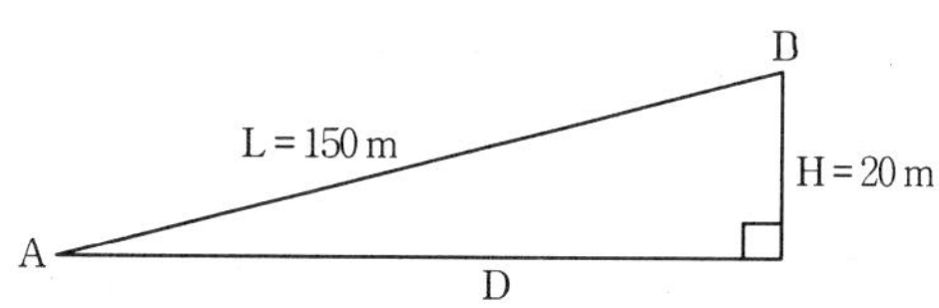

전공문제

다음 그림에서 3.0 t 및 Xt 의 두 힘이 점 0에서 직각으로 작용할 때의 합력이 5.0 t 이었다. X의 크기에 해당하는 값은 어느 것인가?

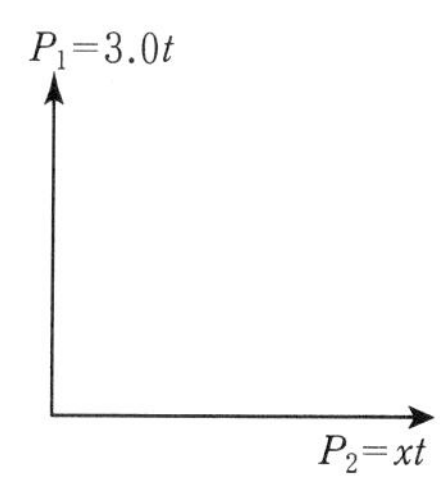

㉮ 4.0 t ㉯ 5.0 t

㉰ 6.0 t ㉱ 7.0 t

해설

그림에서 $R^2 = P_1{}^2 + P_2{}^2$ 이므로

$5.0^2 = 3.0^2 + X^2$ 에서 $X^2 = 16$

$\therefore X = 4.0\,t$

전공문제

다음 그림과 같은 양측면 경사가 같은 사다리꼴 단면의 경심(R), 수리수심(D)을 구하면?

㉮ $R = 2.21$ m, $D = 3.77$ m,

㉯ $R = 2.21$ m, $D = 2.77$ m

㉰ $R = 3.21$ m, $D = 2.77$ m

㉱ $R = 3.21$ m, $D = 3.77$ m

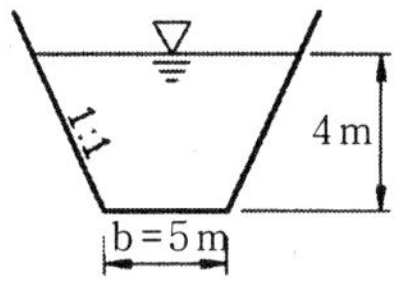

해설

경심 $R = \dfrac{A}{P} = \dfrac{(13+5)/2 \times 4}{5 + 4\sqrt{2} \times 2} = 2.21$ m

수리수심 $D = \dfrac{A}{B} = \dfrac{36}{13} = 2.77$ m

(※ 직각을 낀 두 변의 길이의 비가 1 : 1일 때 빗변의 길이는 변의 길이의 $\sqrt{2}$배이다.)

전공문제

P_1 및 P_2 점의 좌표가 Y_1 = 4,891.49 m, X_1 = -11,328.50 m, Y_2 = -5,240.83 m, X_2 = 11,616.10 m 이면 P_1, P_2의 평면거리 S는?

㉮ S = 549.73 m ㉯ S = 542.45 m ㉰ S = 452.45 m ㉱ S = 495.73 m

해설

두 점 사이의 거리 문제는 피타고라스의 정리를 응용한 문제이다.

$\therefore$ 실제거리 $(\overline{P_1P_2}) = \sqrt{(\Delta X)^2 + (\Delta Y)^2} = \sqrt{(X_2 - X_1)^2 + (Y_2 - Y_1)^2}$

$= \sqrt{[(11616.10) - (-11328.50)]^2 + [(-5240.83) - (4891.49)]^2}$

$= 452.45$ m

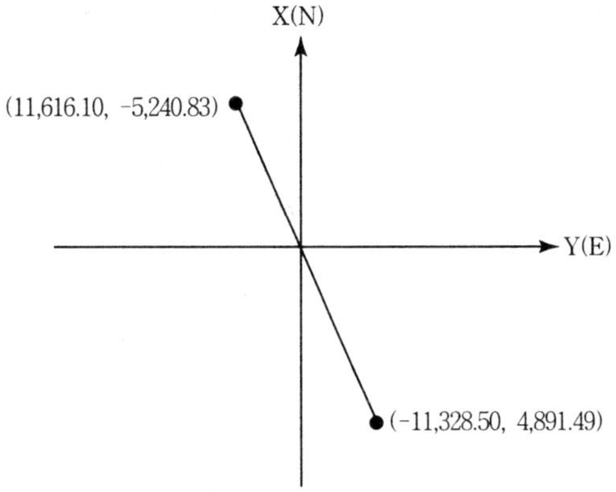

6.2 삼각함수의 정의 및 기본공식

(1) 삼각함수의 정의

원점 O를 중심, 반지름이 r인 원에서 동경 OP가 시초선과 이루는 각을 θ라 하고 P의 좌표를 $(a,\ b)$라 할 때, a, b, r의 비 $\frac{b}{r}$, $\frac{a}{r}$, $\frac{b}{a}$, $\frac{r}{b}$, $\frac{r}{a}$, $\frac{a}{b}$는 θ의 크기에 따라 정해지는 것을 알 수 있다. 이들을 각각 θ의 사인함수, 코사인함수, 탄젠트함수, 코씨컨트 함수, 씨컨트 함수, 코탄젠트 함수라 하며 이들을 통틀어 θ에 관한 삼각함수라 하고 다음과 같이 표현한다.

삼각함수의 정의 및 표현

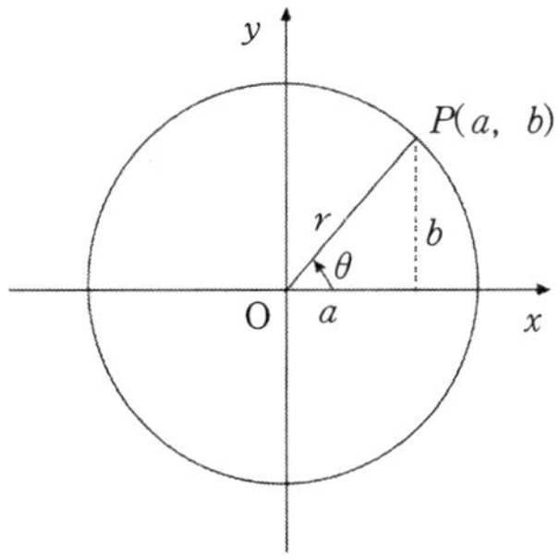

이름	정의	표현	이름	정의	표현
sineθ	b/r	sinθ	cosecantθ	r/b	$\mathrm{cosec}\,\theta=\dfrac{1}{\sin\theta}$
cosineθ	a/r	cosθ	secantθ	r/a	$\sec\theta=\dfrac{1}{\cos\theta}$
tangentθ	b/a	tanθ	cotangentθ	a/b	$\cot\theta=\dfrac{1}{\tan\theta}$

예제 원점과 $P(-3,\ 4)$를 맺는 선분을 동경으로 하는 각을 θ라 할 때 $\sin\theta$, $\cos\theta$, $\tan\theta$의 값을 구하라.

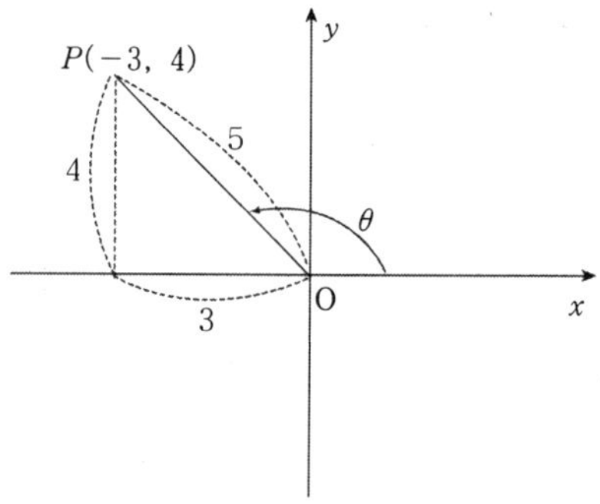

풀이▶ 삼각함수의 정의로부터

$$\therefore\ \sin\theta=\frac{4}{5},\quad \cos\theta=-\frac{3}{5},\quad \tan\theta=-\frac{4}{3}$$

삼각함수의 기본공식

삼각함수의 정의로부터 다음 관계가 성립함을 알 수 있다.

(1) 역수관계

$$\mathrm{cosec}\,\theta=\frac{1}{\sin\theta},\quad \sec\theta=\frac{1}{\cos\theta},\quad \cot\theta=\frac{1}{\tan\theta}$$

(2) 상제(나눗셈) 관계

$$\tan\theta=\frac{\sin\theta}{\cos\theta},\quad \cot\theta=\frac{\cos\theta}{\sin\theta}$$

(3) 제곱관계

$$\sin^2\theta+\cos^2\theta=1,\quad \tan^2\theta+1=\sec^2\theta,\quad 1+\cot^2\theta=\mathrm{cosec}^2\theta$$

위의 관계를 다음과 같은 그림에 의해서 암기하면 쉽게 기억할 수 있다.

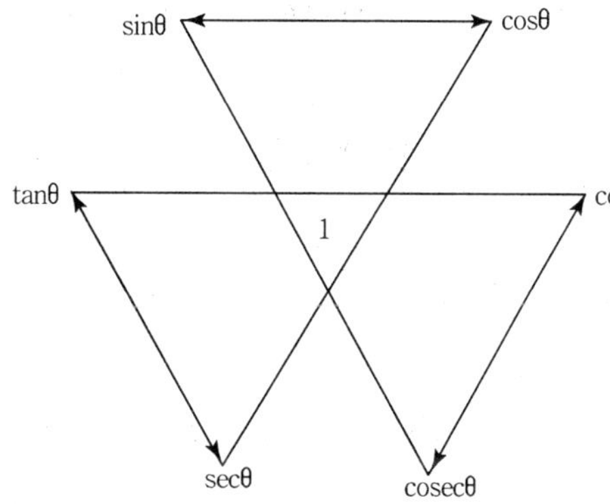

(i) 서로 마주보는 것은 역수관계이다.

$\sin\theta\times \operatorname{cosec}\theta=1$, $\cos\theta\times \sec\theta=1$, $\tan\theta\times \cot\theta=1$

(ii) 시계방향 또는 시계반대방향으로 돌아가면서 상제관계를 이룬다.

$\dfrac{\sin\theta}{\cos\theta}=\tan\theta$, $\dfrac{\tan\theta}{\sin\theta}=\sec\theta$, $\dfrac{\sec\theta}{\tan\theta}=\operatorname{cosec}\theta$

$\dfrac{\cos\theta}{\sin\theta}=\cot\theta$, $\dfrac{\cot\theta}{\cos\theta}=\operatorname{cosec}\theta$, $\dfrac{\operatorname{cosec}\theta}{\cot\theta}=\sec\theta$

(iii) 기역자(ㄱ) 모양으로 제곱관계가 성립한다.

$\sin^2\theta+\cos^2\theta=1$, $\tan^2\theta+1=\sec^2\theta$, $1+\cot^2\theta=\operatorname{cosec}^2\theta$

다음과 같이 9장 미분법과 10장 적분법 단원에서 배울 미분과 적분공식도 이 그림으로 암기할 수 있다.

· 미분공식

$(\sin\theta)'=\cos\theta$, $(\cos\theta)'=-\sin\theta$

$(\tan\theta)'=\sec^2\theta$, $(\cot\theta)'=-\operatorname{cosec}^2\theta$

$(\sec\theta)'=\sec\theta\cdot\tan\theta$, $(\operatorname{cosec}\theta)'=-\operatorname{cosec}\theta\cdot\cot\theta$

· 적분공식

$\int\sin\theta d\theta=-\cos\theta+C$, $\int\cos\theta d\theta=\sin\theta+C$

$$\int \sec^2\theta d\theta = \tan\theta + C,\quad \int \mathrm{cosec}^2\theta d\theta = -\cot\theta + C$$

$$\int \sec\theta \cdot \tan\theta d\theta = \sec\theta + C,\quad \int \mathrm{cosec}\,\theta\cot\theta d\theta = -\mathrm{cosec}\,\theta + C$$

예제 (1) θ가 예각이고, $\cos\theta = \frac{4}{5}$ 일 때 $\sin\theta$, $\tan\theta$의 값을 구하여라.

(2) θ가 제 3사분면의 각이고, $\tan\theta = \frac{5}{12}$ 일 때 $\sin\theta$, $\cos\theta$의 값을 구하여라.

풀이▶ (i) $\sin^2\theta + \cos^2\theta = 1$에서 $\sin^2\theta = 1 - \cos^2\theta = 1 - \left(\frac{4}{5}\right)^2 = \frac{9}{25}$

(1) $\therefore \sin\theta = \frac{3}{5}$ ($\therefore \theta$는 예각) $\tan\theta = \frac{\sin\theta}{\cos\theta} = \frac{\frac{3}{5}}{\frac{4}{5}} = \frac{3}{4}$

(2) $\sec^2\theta = \tan^2\theta + 1 = \left(\frac{5}{12}\right)^2 + 1 = \frac{169}{144}$

$\sec\theta = -\frac{13}{12}$ ($\because \theta$는 제 3사분면의 각) $\therefore \cos\theta = -\frac{12}{13}$

$\sin^2\theta = 1 - \cos^2\theta = 1 - \left(-\frac{12}{13}\right)^2 = \frac{25}{169}$ $\therefore \sin\theta = -\frac{5}{13}$

(ii) 삼각형을 그려서 다음과 같이 $\sin\theta$와 $\tan\theta$의 값을 쉽게 알 수가 있다.

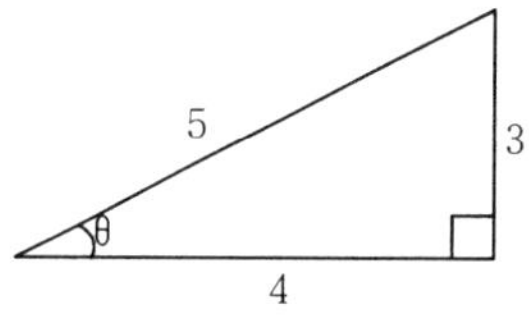

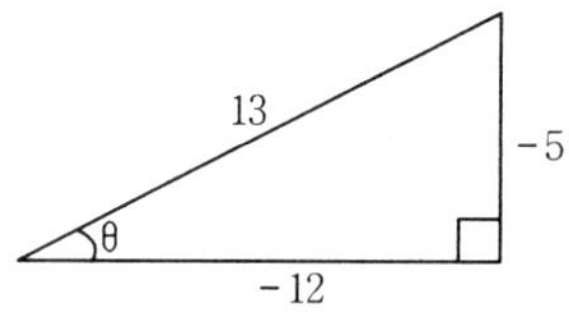

(1) 1사분면의 각이므로 $\sin\theta = \frac{3}{5}$, $\tan\theta = \frac{3}{4}$

(2) 3사분면의 각이므로 $\cos\theta = -\frac{12}{13}$, $\sin\theta = -\frac{5}{13}$

전공문제

다음과 같이 △ABC에서 AC = 3 m, ∠BAC = 20°일 때 BC의 거리는 얼마인가?

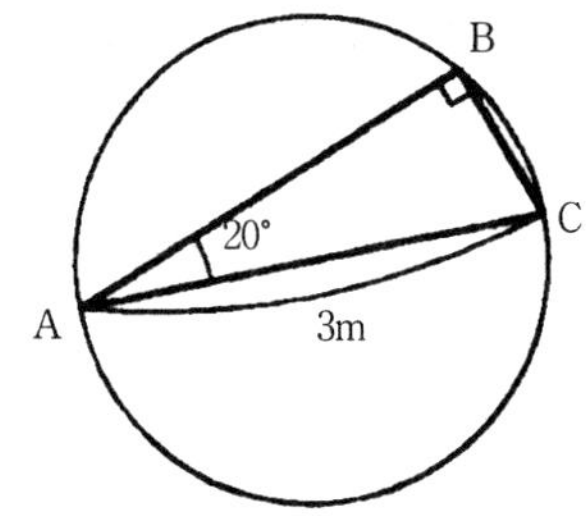

㉮ 0.948 m
㉯ 1.026 m
㉰ 1.427 m
㉱ 2.853 m

해설

$BC = L\sin\theta = 3\sin 20^\circ = 1.026\ \text{m}$

전공문제

그림과 같은 삼각형 단면의 경심은?

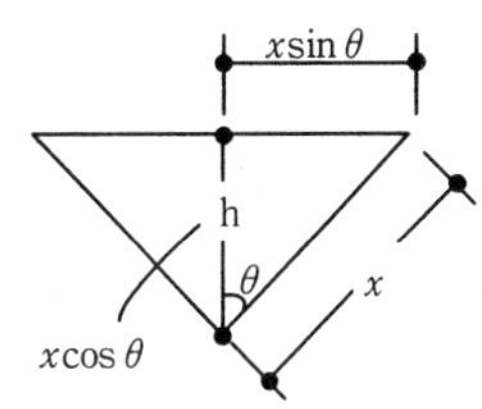

㉮ $R = \dfrac{h\sin\theta}{2\tan\theta}$
㉯ $R = \dfrac{1}{2}\sin\theta \cdot h$
㉰ $R = \sin\theta \cdot h$
㉱ $R = \dfrac{h\sin\theta}{2\cot\theta}$

해설

경심 $R = \dfrac{A}{P} = \dfrac{x\sin\theta \times h}{2x} = \dfrac{1}{2}\sin\theta \cdot h$

전공문제

그림과 같은 테인터 게이트(tainter gate)에 작용하는 수평수압은? (단, 폭은 1.2 m 이다.)

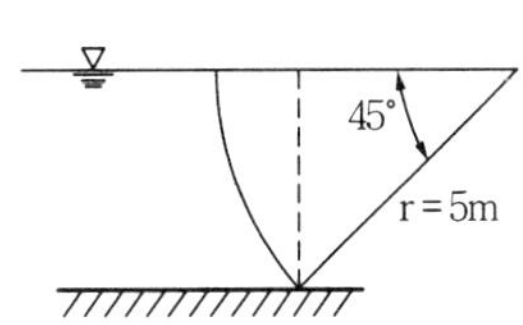

㉮ 12.5 t
㉯ 10.5 t
㉰ 7.5 t
㉱ 5.5 t

해설

tainter gate에 작용하는 수평수압은 곡면에 투영한 연직면에 작용하는 수압과 같으므로

$$P_H = \omega h_G A$$

$$= 1 \times \frac{5\sin 45^\circ}{2} \times (1.2 \times 5\sin 45^\circ) = 7.5\,\mathrm{t}$$

여기서, h_G는 수면에서 압력을 받고 있는 부분의 중심까지의 거리이다.

전공문제

경사지에 있어서 경사면을 따라 측정한 거리가 10 m, 경사각은 30°일 때 수평거리는?

㉮ S≒0.5 m ㉯ S≒5.0 m ㉰ S≒0.866 m ㉱ S≒8.66 m

해설

수평거리 $D = L\cos\theta = 10\cos 30^\circ = 8.66\,\mathrm{m}$

전공문제

기울기 25%의 도로면에서 경사거리가 20 m일 때 수평거리는?

㉮ 197.79 m ㉯ 194.87 m ㉰ 19.40 m ㉱ 4.85 m

해설

① 경사각 $(\theta) = \tan^{-1}\frac{25}{100} = 14^\circ 2' 10.48''$

② 수평거리 $(D) = L\cos\theta = 20\cos 14^\circ 2' 10.48'' = 19.40\mathrm{m}$

전공문제

측선의 방위가 S75°W, 거리가 100 m일 때 경거 및 위거를 계산한 값은?

	경거(m)	위거(m)		경거(m)	위거(m)
㉮	−96.59	−25.88	㉯	−25.88	−96.59
㉰	−96.59	+25.88	㉱	+ 25.88	−96.59

해설

위거 $= L\cos\theta = 100\cos 255^\circ = -25.88\,\mathrm{m}$

경거 $= L\sin\theta = 100\sin 255^\circ = -96.59\,\mathrm{m}$

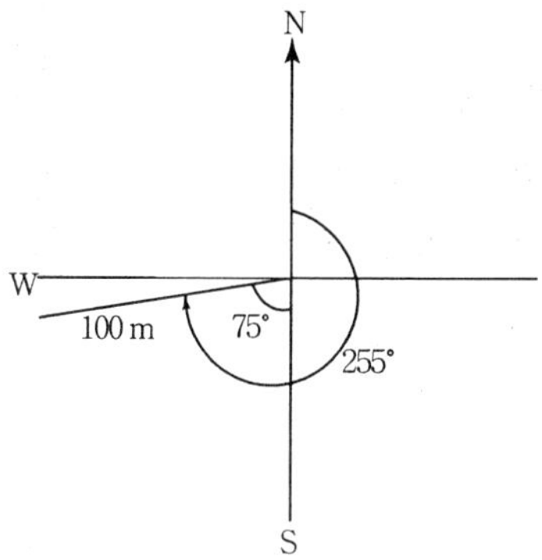

전공문제

A점은 30 m의 등고선 상에 있고 B점은 40 m의 등고선상에 있다. AB의 경사가 25%일 때 AB의 수평거리는 얼마인가?

㉮ 10 m ㉯ 20 m ㉰ 30 m ㉱ 40 m

해설

아래 그림으로부터 $\frac{10}{D}=0.25$ 에서 $\therefore D=40\,\text{m}$

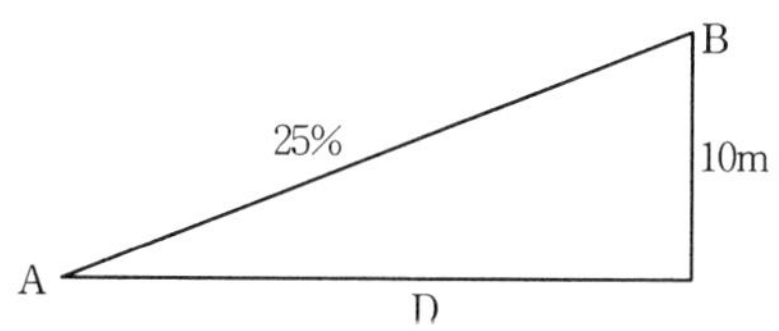

전공문제

수심측량을 하기 위해 그림과 같이 P점으로부터 20 m되는 곳에 Q점을 설치하고 트랜싯을 세웠다. 측량지점이 P점으로부터 50 m라면 트랜싯으로 시준해야 할 각도는?

㉮ 21° 48 ′ 05 ″ ㉯ 72° 08 ′ 45 ″

㉰ 36° 18 ′ 35 ″ ㉱ 68° 11 ′ 55 ″

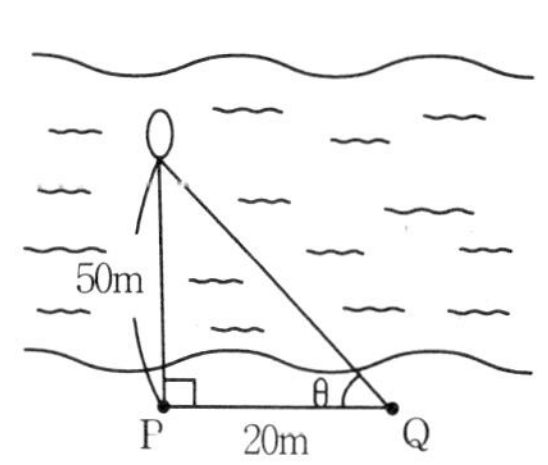

해설

$20\tan\theta=50$ 이므로

$\therefore \theta=\tan^{-1}\frac{50}{20}=68.1986°=68°\ 11'55''$

전공문제

트랜싯으로 길이 2 m인 수평표척(substense bar)의 양끝점을 관측한 결과 20°를 얻었다면 트랜싯을 세운 지점과 표척을 설치한 곳까지의 거리 D는?

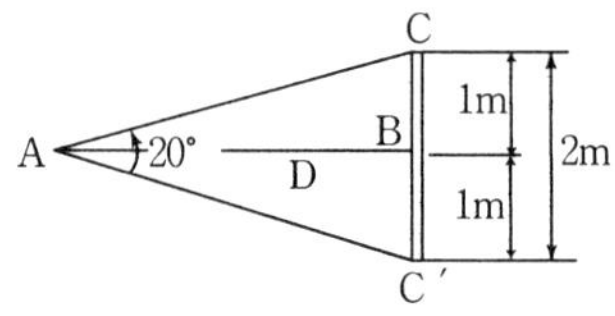

㉮ 약 11.4 m ㉯ 약 9.8 m

㉰ 약 8.3 m ㉱ 약 5.7 m

해설

트랜싯을 세운 지점(A)과 표척을 설치한 곳까지의 거리(B)

$D=\frac{b}{2}\cot\frac{\alpha}{2}$ 이므로

$\therefore D=\frac{b}{2}\cot\frac{\alpha}{2}=\frac{2}{2}\cot 10^\circ=5.67\text{ m}$

전공문제

그림과 같은 사다리꼴 인공수로의 유적 A와 경심 R은?

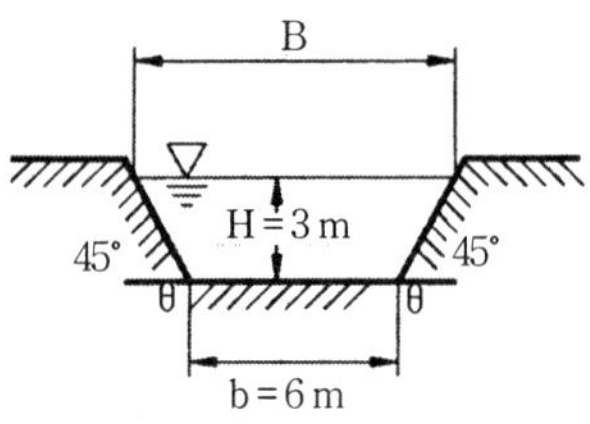

㉮ $A=27\text{ m}^2$, $R\fallingdotseq 0.86\text{ m}$

㉯ $A=27\text{ m}^2$, $R\fallingdotseq 1.86\text{ m}$

㉰ $A=18\text{ m}^2$, $R\fallingdotseq 1.86\text{ m}$

㉱ $A=18\text{ m}^2$, $R\fallingdotseq 2.86\text{ m}$

해설

유적 $A=\frac{1}{2}(6+12)\times 3=27\text{ m}^2$

경심 $R=\frac{A}{P}=\frac{27}{3\operatorname{cosec}45^\circ\times 2+6}=1.864\text{ m}$

전공문제

다음 그림과 같은 수평면과 45°의 경사를 가진 사면(斜面)의 길이 15 m의 토사면(土斜面)이 있다. 이 사면을 30°로 할 때, 사면의 길이를 얼마로 하면 좋은가?

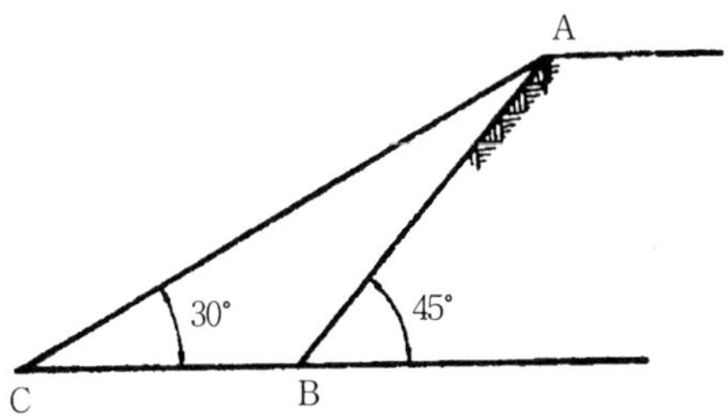

㉮ 17.5 m ㉯ 19.3 m

㉰ 21.2 m ㉱ 23.1 m

해설

$H = L\sin 45^\circ = 15\sin 45^\circ = 10.61\,\text{m}$

$\therefore \overline{AC} = H\,\text{cosec}\,30^\circ = 10.61\,\text{cosec}\,30^\circ = 21.22\,\text{m}$

전공문제

그림과 같이 O점에 여러 힘이 작용할 때 합력은 몇 상한에 위치하는가?

㉮ 1상한 ㉯ 2상한
㉰ 3상한 ㉱ 4상한

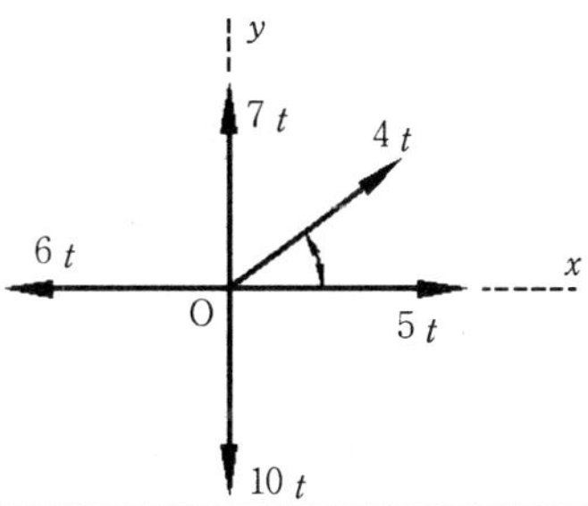

해설

수평분력 $\Sigma H = 5 - 6 + 4\cos 30^\circ = 2.464\,t$

수직분력 $\Sigma V = 7 - 10 + 4\sin 30^\circ = -1t$

∴ 합력은 4상한에 위치해 있다.

전공문제

그림에서와 같이 동일점에 작용하는 여러 힘의 합력 R과 방향을 구하여라.

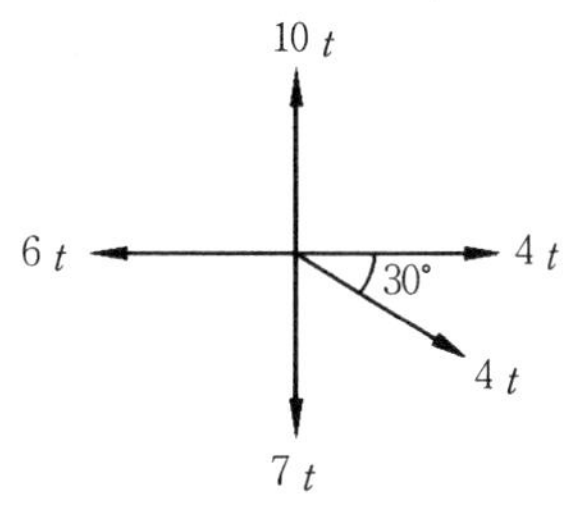

해설

① 합력의 크기

수평력의 총합 $\Sigma H = 4 - 6 + 4\cos 330^\circ = 1.46\,t$

수직력의 총합 $\Sigma V = 10 - 7 + 4\sin 330^\circ = 1\,t$

$R = \sqrt{(\Sigma H)^2 + (\Sigma V)^2} = \sqrt{(1.46)^2 + (1)^2} = 1.77\,t$

∴ 합력은 1상한(1사분면)에 위치해 있다.

② 합력의 방향

$$\tan\theta = \frac{\Sigma V}{\Sigma H},\quad \theta = \tan^{-1}\frac{\Sigma V}{\Sigma H}$$

$$\therefore\ \theta = \tan^{-1}\frac{1}{1.46} = 34.41^\circ = 34^\circ 24' 31''$$

전공문제

그림과 같은 30°경사진 언덕에 4 ton의 물체를 밀어 올릴 때 필요한 힘 P는 얼마 이상이어야 하는가? (단, 마찰계수는 0.3이다.)

㉮ 2.00 t ㉯ 3.04 t

㉰ 3.46 t ㉱ 3.50 t

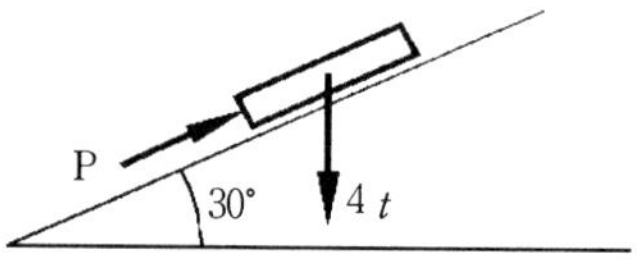

해설

① $P_H = 4\sin 30^\circ = 2\,t$ (경사면 수평)

② $P_V = 4\cos 30^\circ = 3.464\,t$ (경사면 수직 : 수직반력)

③ 마찰력 $F = f \times N = 0.3 \times 3.464 = 1.04t$

$\therefore\ P_H + F = 2 + 1.04 = 3.04\,t$

전공문제

그림과 같이 지름이 20 cm인 노즐에서 20 cm/sec의 유속으로 물이 수직판에 직각으로 충돌할 때 판에 주는 압력은? (단, 수평분력 P_H, 수직분력 P_V 임)

㉮ $P_H = 1.28t,\quad P_V = 0$

㉯ $P_H = 2.28t,\quad P_V = 0$

㉰ $P_H = 1.28t,\quad P_V = 1.0t$

㉱ $P_H = 2.28t,\quad P_V = 1.0t$

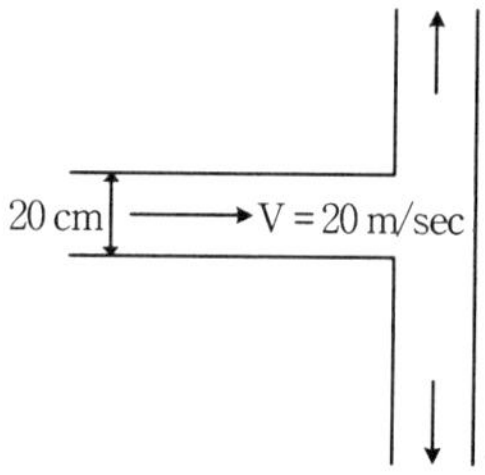

해설

운동량 방정식 $P = \frac{\omega}{g} Q(V_2 - V_1)$에서

$$-P_H = \frac{\omega}{g} Q(V_2 - V_1) = \frac{1}{9.8} \times \frac{\pi \times 0.2^2}{4} \times 20 \times (0 - 20) = -1.286\ t$$

$\therefore\ P_H = 1.286\,t,\quad P_V = 0$

(※ $V_2 = 20\cos 90^\circ = 0,\quad V_1 = 20\cos 0^\circ = 20$ 이다.)

전공문제

그림과 같은 곡면의 A에 1 m^3/s의 유량이 2 m/s의 유속으로 곡면을 따라 흘러서 B에서 반대 방향으로 유출할 때 곡면이 받는 힘은?

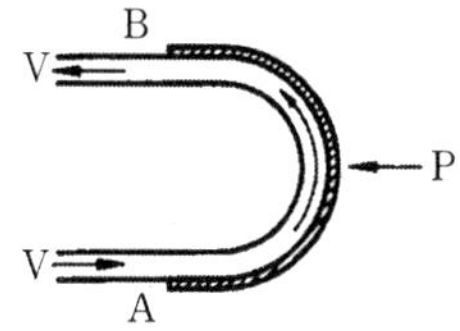

해설

운동량 방정식 $P = \frac{\omega}{g} Q(V_2 - V_1)$에서

$$-P = \frac{\omega}{g} Q(V_2 - V_1) = \frac{1}{9.8} \times 1 \times (-2-2) = -0.408 \text{ ton}$$

$\therefore P = 0.408\ t$

(※ $V_2 = 2\cos 180^\circ = -2$, $V_1 = 2\cos 0^\circ = 2$ 이다.)

전공문제

지름 4cm의 원형단면의 수맥(水脈)이 그림과 같이 구부러질 때, 곡면을 지지하는 데 필요한 힘 P_x와 P_y는? (단, 수맥의 속도는 15 m/sec이고, 마찰은 무시한다.)

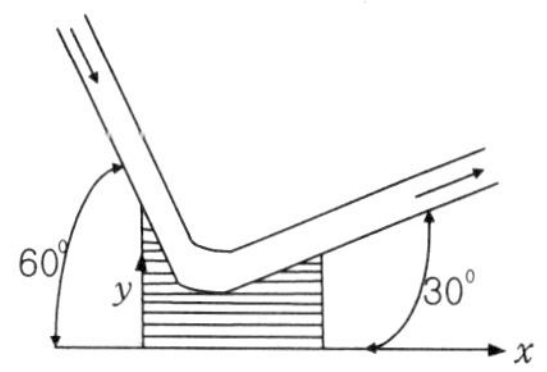

㉮ $P_x = 0.01055\ t$, $P_y = 0.03939\ t$

㉯ $P_x = 0.01055\ t$, $P_y = 0.01055\ t$

㉰ $P_x = 0.01055\ t$, $P_y = 0.02055\ t$

㉱ $P_x = 0.1055\ t$, $P_y = 0.3939\ t$

해설

$$P_x = \frac{\omega}{g} Q(V_2 - V_1) = \frac{\omega}{g} Q(V_2 \cos 30^\circ - V_1 \cos 300^\circ)$$

$$= \frac{1}{9.8} \times \frac{\pi \times 0.04^2}{4} \times 15 \times (15\cos 30^\circ - 15\cos 300^\circ) = 0.01056\ t$$

$$P_y = \frac{\omega}{g} Q(V_2 - V_1) = \frac{\omega}{g} Q(V_2 \sin 30^\circ - V_1 \sin 300^\circ)$$

$$= \frac{1}{9.8} \times \frac{\pi \times 0.04^2}{4} \times 15 \times (15\sin 30^\circ - 15\sin 300^\circ) = 0.03940\ t$$

전공문제

원형 단면의 수맥이 그림과 같이 곡면을 따라 유량 0.018 m^3/sec가 흐를 때 x 방향의 분력은? (단, 관내의 유속은 0.8 m/sec, 마찰은 무시한다.)

㉮ −18 kg
㉯ 9 kg
㉰ −6.588 kg
㉱ 0.1764 kg

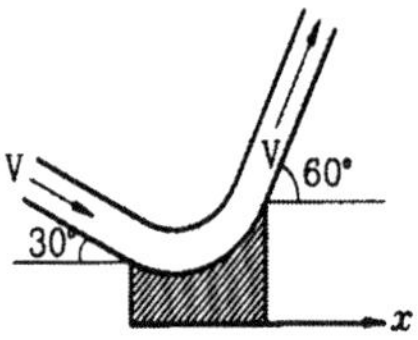

해설

$$F_x = \frac{1,000}{9.8} \times 0.018 \times (9.8\cos 60^\circ - 9.8\cos 330^\circ)$$
$$= -6.588 \text{ kg}$$

(참고 : $F_y = \frac{1,000}{9.8} \times 0.018 \times (9.8\sin 60^\circ - 9.8\sin 330^\circ) = 24.59 \text{ kg}$)

※ 특수각의 삼각함수 값

함수	0°	30°	45°	60°	90°
$\sin\theta$	0	$\frac{1}{2}$	$\frac{1}{\sqrt{2}}$	$\frac{\sqrt{3}}{2}$	1
$\cos\theta$	1	$\frac{\sqrt{3}}{2}$	$\frac{1}{\sqrt{2}}$	$\frac{1}{2}$	0
$\tan\theta$	0	$\frac{1}{\sqrt{3}}$	1	$\sqrt{3}$	$\pm\infty$

아래 그림과 같은 모양의 정삼각형과 정사각형을 기억하고 있으면 특수각의 삼각함수의 값을 기억하기 쉽다.

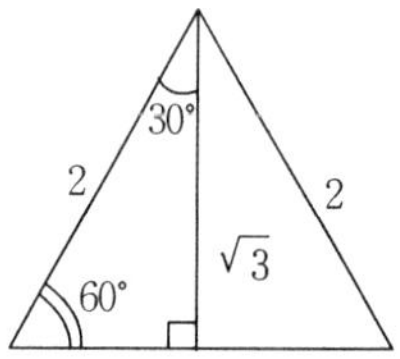

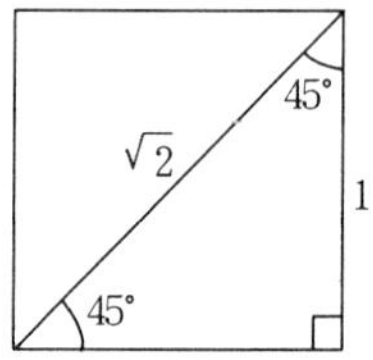

전공문제

지반내 한 점에서 최대 및 최소 주응력이 각각 2.0 kg/cm^2 1.0 kg/cm^2 일 때 이 점을 지나는 최대 주응력면과 30°를 이루는 면상의 전단응력은 몇 kg/cm^2 인가?

㉮ $\frac{\sqrt{3}}{4}$ ㉯ $\frac{3}{4}$ ㉰ $\frac{{}^{3}\sqrt{3}}{4}$ ㉱ $\frac{1}{4}$

해설

전단응력 $\tau = \frac{\sigma_1 - \sigma_3}{2}\sin 2\theta$

$$= \frac{2.0 - 1.0}{2}\sin 60^\circ = \frac{1}{2}\times\frac{\sqrt{3}}{2} = \frac{\sqrt{3}}{4}$$

(※ sin60°의 값을 암기하고 있어야 문제를 해결할 수 있다.)

(3) 여각과 보각 공식

90° n± θ의 삼각함수의 공식

모든 실수 θ에 대하여 항상 다음 공식이 성립한다. 여기서 부호는 복호동순(復號同順)이다.

주기공식

$\sin(360°\ n\pm\theta) = \pm\sin\theta$, $\cos(360°\ n\pm\theta) = \pm\cos\theta$

$\tan(180°\ n\pm\theta) = \pm\tan\theta$(단, n=0, ±1, ±2,……)

음각공식

$\sin(-\theta) = -\sin\theta$, $\cos(-\theta) = \cos\theta$, $\tan(-\theta) = -\tan\theta$

여각공식

$\sin(90°\pm\theta) = \cos\theta$, $\cos(90°\pm\theta) = \mp\sin\theta$, $\tan(90°\pm\theta) = \mp\cos\theta$

보각공식

$\sin(180°\pm\theta) = \mp\sin\theta$, $\cos(180°\pm\theta) = -\cos\theta$, $\tan(180°\pm\theta) = \pm\tan\theta$

$\sin(270°\pm\theta) = -\cos\theta$, $\cos(270°\pm\theta) = \pm\sin\theta$, $\tan(270°\pm\theta) = \mp\cot\theta$

90°n ± θ 공식의 암기요령

(1) n 이 짝수이면 ⇒그대로 즉, sin은 sin, cos은 cos, tan는 tan 그대로 쓴다.

㉠ $\sin(180^\circ - \theta) = \sin\theta \leftarrow 180^\circ - \theta = 90^\circ \times 2 - \theta$이므로 n이 짝수이다.

$\cos(360^\circ - \theta) = \cos\theta \leftarrow 360^\circ + \theta = 90^\circ \times 2 + \theta$이므로 n이 짝수이다.

n이 홀수이면 ⇒바뀐다. 즉, sin은 cos, cos은 sin, tan는 cot로 바뀐다.

㉠ $\cos(270^\circ + \theta) = \sin\theta \leftarrow 270^\circ + \theta = 90^\circ \times 3 + \theta$이므로 n이 홀수이다.

$\tan(270^\circ - \theta) = \cot\theta \leftarrow 270^\circ + \theta = 90^\circ \times 3 - \theta$이므로 n이 홀수이다.

(2) 부호의 결정에서 θ를 제 1사분면으로 생각하여라.

㉠ $\sin(270^\circ - \theta)$에서는 n이 홀수이므로 □ $\cos\theta$가 되고 $(270^\circ - \theta)$는 3사분면이므로 sin의 부호는 "−" 따라서, □의 부호는 "−" 즉, $\sin(270^\circ - \theta) = -\cos\theta$

$\cos(270^\circ - \theta)$에서는 n이 홀수이므로 □$\sin\theta$가 되고 $(270^\circ - \theta)$는 3사분면이므로 cos의 부호는 "−" 따라서, □의 부호는 "−" 즉, $\cos(270^\circ - \theta) = -\sin\theta$

예제 (1) $\sin 1560^\circ \times \tan 210^\circ \times \cot 495^\circ + \cos 1770^\circ \times \tan 1110^\circ$의 값을 간단히 하여라.

(2) $\dfrac{\sin(\pi - \theta)}{\sin(\theta - 2\pi)} - \dfrac{\tan\left(\theta - \dfrac{\pi}{2}\right)}{\cot(\theta - \pi)} + \dfrac{\sin\left(\theta - \dfrac{3}{2}\pi\right)}{\cos(\theta - \pi)}$를 간단히 하여라.

풀이▶ (1) $\sin 1560^\circ = \sin(90^\circ \times 17 + 30^\circ) = \cos 30^\circ = \dfrac{\sqrt{3}}{2}$

$\tan 210^\circ = \tan(90^\circ \times 2 + 30^\circ) = \tan 30^\circ = \dfrac{1}{\sqrt{3}}$

$\cot 495^\circ = \cot(90^\circ \times 5 + 45^\circ) = -\tan 45^\circ = -1$

$\cos 1770^\circ = \cos(90^\circ \times 19 + 60^\circ) = \sin 60^\circ = \dfrac{\sqrt{3}}{2}$

$\tan 1110^\circ = \tan(90^\circ \times 12 + 30^\circ) = \tan 30^\circ = \dfrac{1}{\sqrt{3}}$

준식 $= \dfrac{\sqrt{3}}{2} \times \dfrac{1}{\sqrt{3}} \times (-1) + \dfrac{\sqrt{3}}{2} \times \dfrac{1}{\sqrt{3}} = -\dfrac{1}{2} + \dfrac{1}{2} = 0$

(2) (준식) $= \dfrac{\sin\theta}{-\sin(2\pi - \theta)} + \dfrac{\cot\theta}{\cot\theta} + \dfrac{-\sin\left(\dfrac{3}{2}\pi - \theta\right)}{\cos(\pi - \theta)}$

$= \dfrac{\sin\theta}{\sin\theta} + \dfrac{\cot\theta}{\cot\theta} - \dfrac{\cos\theta}{\cos\theta} = 1$

전공문제

삼변측량에서 장애물이 있는 관계로 기선을 직선으로 설치 및 측정할 수 없어 그림과 같이 절선 AC, BC를 설치하고 a와 BC, AC의 거리 a, b를 측정하여 기선 AB의 직선거리를 구하였다. 이때 기선 AB의 거리를 구하는 식 중 옳은 것은? ['92]

㉮ $\overline{AB} = \sqrt{a^2 + b^2 - 2ab\cos\alpha}$

㉯ $\overline{AB} = \sqrt{a^2 + b^2 + 2ab\cos\alpha}$

㉰ $\overline{AB} = \sqrt{a^2 + b^2 - 2ab\sin\alpha}$

㉱ $\overline{AB} = \sqrt{a^2 + b^2 + 2ab\sin\alpha}$

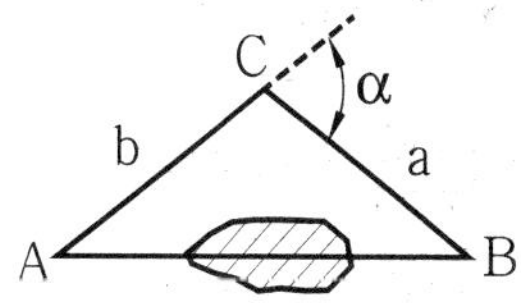

해설

$\overline{AB} = \sqrt{a^2 + b^2 - 2ab\cos C} = \sqrt{a^2 + b^2 + 2ab\cos\alpha}$

(※ $\angle C = \cos(180 - \alpha) = -\cos\alpha$)

전공문제

그림과 같이 유량이 Q, 유속이 V인 유관이 받는 외력 중에서 y축방향의 힘(Fy)에 대한 계산식으로 맞는 것은? (단, ρ : 단위밀도, θ_1 및 $\theta_2 \leq 90°$, 마찰력은 무시함)

㉮ $Fy = \rho QV(\sin\theta_2 - \sin\theta_1)$

㉯ $Fy = -\rho QV(\sin\theta_2 - \sin\theta_1)$

㉰ $Fy = \rho QV(\sin\theta_2 + \sin\theta_1)$

㉱ $Fy = -\rho QV(\sin\theta_2 + \sin\theta_1)$

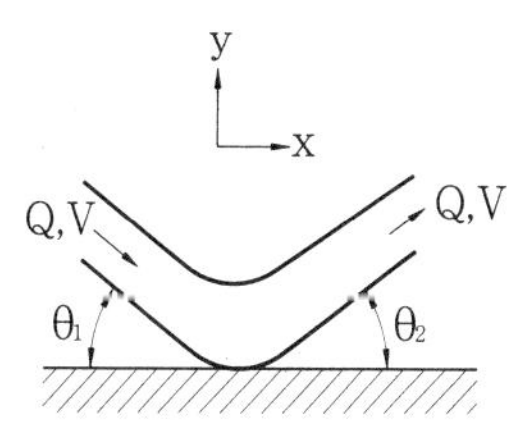

해설

$F_y = \rho Q(V_2 - V_1)$ 에서

$F_y = \rho Q[V_2 \sin\theta_2 - V_1 \sin(2\pi - \theta_1)]$ 이고 $V_1 = V_2$ 이므로

$\therefore F_y = \rho QV(\sin\theta_2 + \sin\theta_1)$

(※ $\sin(2\pi - \theta_1) = -\sin\theta_1$)

(4) 부채꼴의 호의 길이와 넓이

부채꼴의 호의 길이와 넓이는 중심각의 크기에 비례하므로 이를 적용하면 다음 공식을 유도할 수 있다. 그림과 같이 반지름 r, 중심각 θrad에 대한 부채꼴의 호의 길이를 l, 넓이를 S라 하면

$\dfrac{l}{2\pi r} = \dfrac{\theta \text{rad}}{2\pi \text{rad}}$ 으로부터 $l = r\theta$ ·························· ①

$\dfrac{S}{\pi r^2} = \dfrac{\theta \text{rad}}{2\pi \text{rad}}$ 으로부터 $S = \dfrac{1}{2} r^2 \theta$ ························ ②

또, ①을 ②에 대입하면 $S=\dfrac{1}{2} r^2\theta=\dfrac{1}{2} r\cdot r\theta=\dfrac{1}{2} rl$ 이 된다.

따라서, 반지름 r, 호의길이 l, 중심각 θ(rad)라 하면

호의 길이 $l = r\theta$이고, 넓이 $S = \dfrac{1}{2} r^2 \theta = \dfrac{1}{2} r\,l$ 이다.

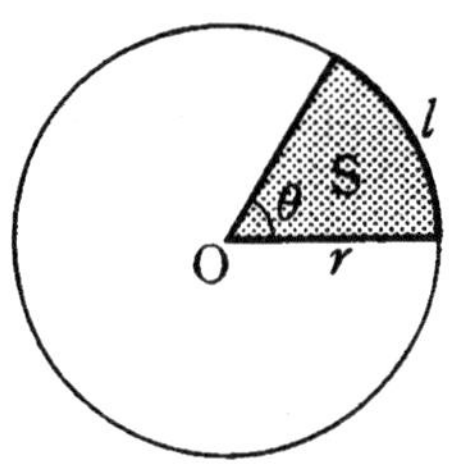

예제 아래 그림의 부채꼴에서

(1) r=2 cm, θ=2(rad) 일 때, l과 S를 구하라.

(2) r=3 cm, l=6 cm 일 때, θ와 S를 구하라.

(3) θ=30°, $S=3\pi(\text{cm}^2)$ 일 때, r과 l을 구하라.

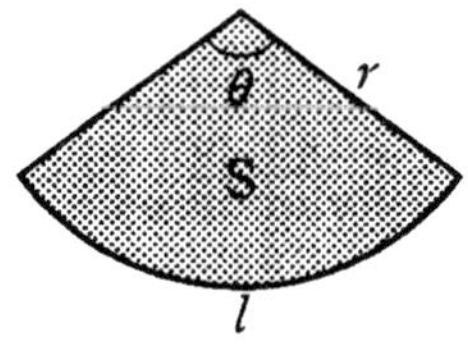

풀이▶ (1) $l = r\theta$에서 $l = 2\times2 = 4\,\text{cm}$, $S = \frac{1}{2}r^2\theta$에서

$S = \frac{1}{2}\times2^2\times2 = 4\,\text{cm}^2$

(2) $l = r\theta$에서 $6 = 3\times\theta$

$\therefore\ \theta = 2\,\text{rad}$, $S = \frac{1}{2}rl$ 에서

$S = \frac{1}{2}\times3\times6 = 9\,\text{cm}^2$

(3) $S = \frac{1}{2}r^2\theta$에서, $\theta = \frac{\pi}{6}$, $S = 3\pi$를 대입하면

$3\pi = \frac{1}{2}r^2\times\frac{\pi}{6}$

$\therefore\ r = 6\,\text{cm}$

$\theta = \frac{\pi}{6}$, $r = 6$을 $l = r\theta$에 대입하면

$l = 6\times\frac{\pi}{6} = \pi\,\text{cm}$

전공이론

※ 단곡선

단곡선에 관한 접선길이(접선장), 곡선길이(곡선장), 외할(외선장), 중앙종거, 현의길이 등의 명칭을 그림을 보고 기하학적으로 이해하도록 한다.

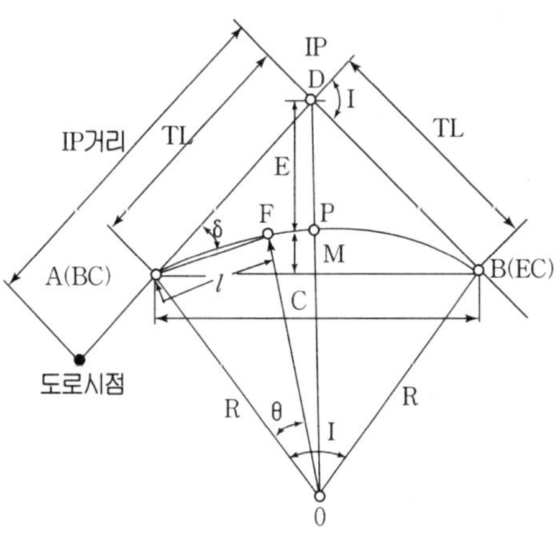

단곡선의 기호

명 칭	공 식
① 접선길이(TL)	$R\tan\frac{I}{2}$
② 곡선길이(CL)	$RI - \frac{\pi}{180°}RI = 0.01745RI$
③ 외할(E 또는 SL)	$R\left(\sec\frac{I}{2} - 1\right)$
④ 중앙종거(M)	$R\left(1 - \cos\frac{I}{2}\right)$
⑤ 현길이(C)	$2R\sin\frac{I}{2}$

전공문제

반경이 150 m, 교각이 57° 36′ 일 때 접선장(T.L)과 곡선장(C.L)은 얼마인가?

㉮ $C.L = 130.52$ m, $T.L = 70.25$ m ㉯ $C.L = 140.25$ m, $T.L = 76.20$ m
㉰ $C.L = 150.80$ m, $T.L = 82.46$ m ㉱ $C.L = 160.28$ m, $T.L = 88.27$ m

해설

곡선장에서 $CL = RI = 150 \times 57°36' \times \frac{\pi}{180°} = 150.80$ m

따라서, 접선장 $TL = R\tan\frac{I}{2} = 150 \times \tan\frac{57°36'}{2} = 150 \times \tan 28°48' = 82.46$ m

(※ 접선장 $CL = RI$ 에서 I는 radian이므로 $\frac{\pi}{180°}$를 곱해 준다.)

전공문제

원곡선에서 곡선장이 150.36 m, 곡선반경이 200 m일 때 교각은 얼마인가?

㉮ 68° ㉯ 43° ㉰ 30° ㉱ 52°

해설

접선장 $CL = RI$ 에서 $150.36 = 200\,I \times \frac{\pi}{180°}$

따라서, 교각 $I = \frac{150.36}{200} \times \frac{180°}{\pi} = 43.07°$

(※ 교각 I는 radian이므로 degree로 고쳐주기 위해 $\frac{180°}{\pi}$를 곱해 준다.)

전공문제

노선설치에서 단곡선을 설치할 때 곡선의 중앙종거(M)를 구하는 식은? (07기)

㉮ $M = R \times \left(1 - \cos\frac{I}{2}\right)$

㉯ $M = R\tan\left(\frac{I}{2}\right)$

㉰ $M = 2R\sin\frac{I}{2}$

㉱ $M = R \times \left(\sec\frac{I}{2} - 1\right)$

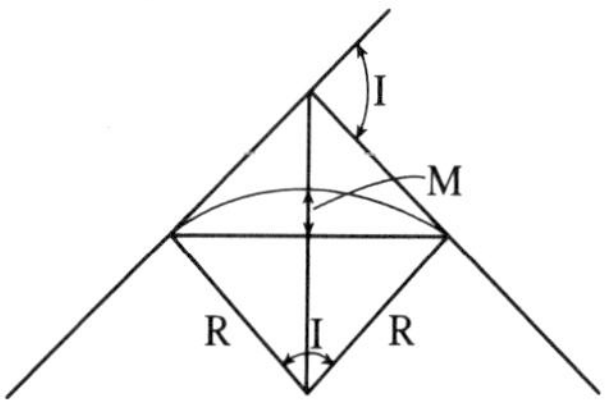

해설

① 중앙종거 $(M) = R\left(1-\cos\frac{I}{2}\right)$

② 접선길이 $(TL) = R\tan\frac{I}{2}$

③ 현의길이 $(C) = 2R\sin\frac{I}{2}$

④ 외선장 $(E) = R\left(\sec\frac{I}{2}-1\right)$

전공문제

단곡선을 설치하기 위하여 교각 I=80°를 측정하고 외선장 SL(E)=10 m로 하고 싶다. 이 때의 곡선장은? (단, ρ °= 57°로 한다.)

㉮ 23 m ㉯ 46 m ㉰ 74 m ㉱ 117 m

해설

외할 $E = R\left(\sec\frac{I}{2}-1\right)$ 에서 $10 = R\left(\sec\frac{80^\circ}{2}-1\right)$ 이므로

반경 $R = \frac{10}{(\sec 40^\circ - 1)} = 32.74\text{ m}$

따라서, 접선장 $CL = RI = 32.74 \times 80^\circ \times \frac{\pi}{180^\circ} = 45.71\text{ m}$

전공문제

노선측량에서 단곡선을 설치할 때 교각 I=45°, 반경 R=120 m인 경우 맞는 것만 묶어 놓은 것은?

① 접선길이 = 49.71 m ② 중앙종거 = 18.27 m

③ 곡선길이 = 101.80 m ④ 현장(현길이) = 91.84 m

㉮ ②, ③ ㉯ ②, ④ ㉰ ①, ③ ㉱ ①, ④

해설

① $TL = R\tan\frac{I}{2} = 120\times\tan\frac{45^o}{2} = 49.71\text{ m}$

② $M = R\left(1-\cos\frac{I}{2}\right) = 120(1-\cos\frac{45^\circ}{2}) = 9.13\text{ m}$

③ $CL = \frac{\pi}{180}RI = \frac{\pi}{180}\times120\times45^o = 94.23\text{ m}$

④ $C = 2R\sin\frac{I}{2} = 2\times120\times\sin\frac{45^\circ}{2} = 91.84\text{ m}$

6.3 삼각함수 그래프

아래 그림과 같이 단위원을 그리고 각도 x 의 동경을 OP라 하면 $\sin x$, $\cos x$, $\tan x$는

$$\sin x = \frac{MP}{OP} = \frac{MP}{1} = MP$$ (P 의 y 좌표)

$$\cos x = \frac{OM}{OP} = \frac{OM}{1} = OM$$ (P 의 x 좌표)

$$\tan x = \frac{AT}{OA} = \frac{AT}{1} = AT$$

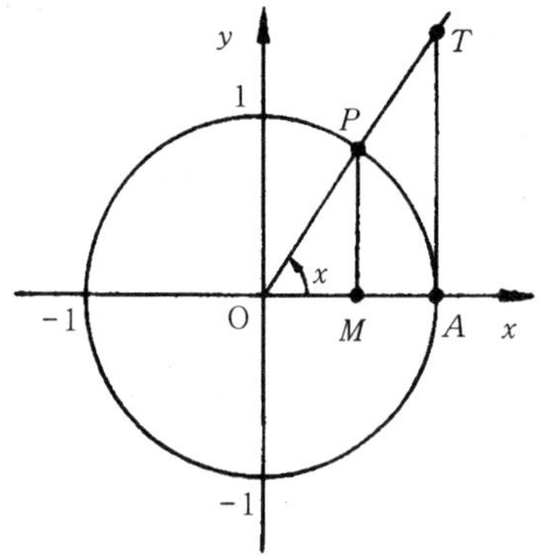

여기서, x의 값의 변화에 따른 MP, OM, AT 의 변화를 조사하면 다음과 같은 그래프를 얻게 된다.

(1) y = sin x 의 그래프 : 아래 그림과 같은 단위원에서 sin x = MP

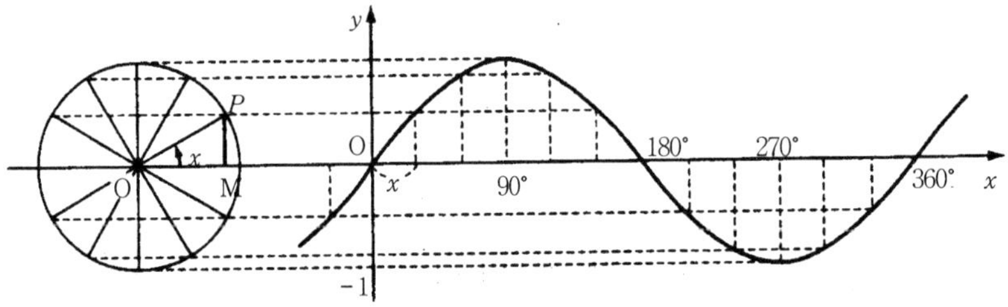

최대값 1, 최소값 -1, 범위 : $-1 \le \sin x \le 1$, 주기 : 360° ($=2\pi$)

(2) y=cos x 의 그래프 : 아래 그림과 같은 단위원에서 cos x=OM

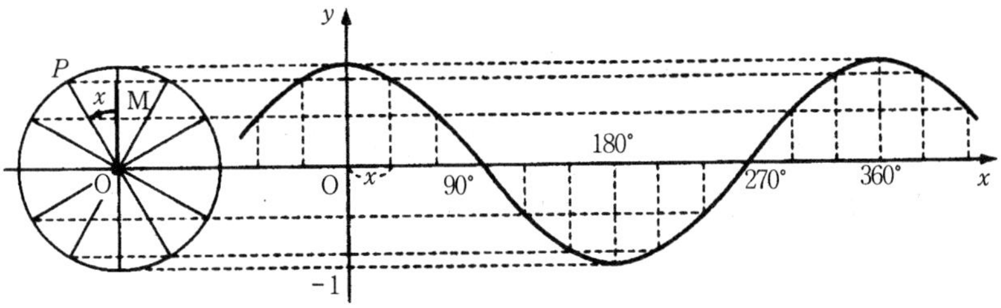

최대값 1, 최소값 −1, 범위 : $-1 \le \cos x \le 1$, 주기 : 360°(=2π)

(3) y=tan x 의 그래프 : 아래 그림과 같은 단위원에서 tan x=AT

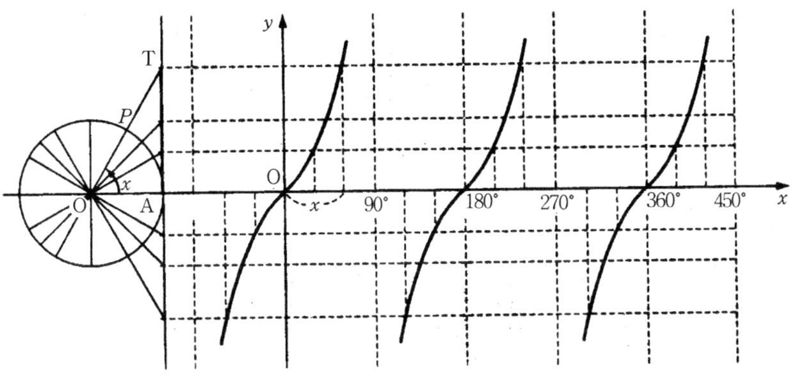

최대값, 최소값은 없다, 주기 : 180° (=π)

삼각함수의 그래프의 성질

삼각함수의 그래프를 살펴보면 다음과 같은 성질을 알 수 있다.

정의역 : $y=\sin x$, $y=\cos x$: $\{x \mid x$는 실수$\}$

$y=\tan x$: $\{x \mid x$는 실수, $x \ne 180°n+90°\}$

치 역 : $y=\sin x$, $y=\cos x$: $\{y \mid -1 \le y \le 1\}$

$y=\tan x$: $\{y \mid y$는 실수$\}$

주 기 : $y=\sin x$, $y=\cos x$: 360° (=2π)

$y=\tan x$: 180° (=π)

대칭성 : $y=\sin x$, $y=\tan x$의 그래프는 원점에 관하여 대칭이다. (기함수)

$y=\cos x$의 그래프는 y축에 관하여 대칭이다. (우함수)

(4) $y=r\sin(\omega x+\alpha)$의 성질

1) r의 값이 변함에 따라 최대값, 최소값이 변한다.

최대값 : $|r|$, 최소값 : $-|r|$

그러나 r의 값이 변하더라도 주기는 변화하지 않는다.

2) ω의 값이 변함에 따라 주기가 변한다.

주기 : $\dfrac{360^\circ}{|\omega|}$

그러나 ω의 값이 변하더라도 최대값, 최소값에는 관계가 없다.

3) $|r|$을 진폭이라고 한다.

진폭= $\dfrac{\text{함수값의 범위}}{2}$ 이고, 마찬가지로,

$y=r\cos(\omega x+\alpha)$: 최대값 : $|r|$, 최소값 : $-|r|$, 주기 : $\dfrac{360^\circ}{\omega}$

$y=r\tan(\omega x+\alpha)$: 최대값, 최소값은 없다. 주기 : $\dfrac{180^\circ}{\omega}$

(5) 주기함수와 주기

함수 $f(x)$에서 a를 0이 아닌 상수라 할 때, 임의의 x의 값에 대해서 $f(x+a)=f(x)$가 성립하면 함수 $f(x)$는 주기함수라 하고 최소의 양수 a를 주기라 한다.

예제 다음 함수의 그래프를 그리고 최대값, 최소값 및 주기를 구하라.

(1) $y=3\cos 2x$ (2) $y=\sin x+2$

풀이▶ (1)

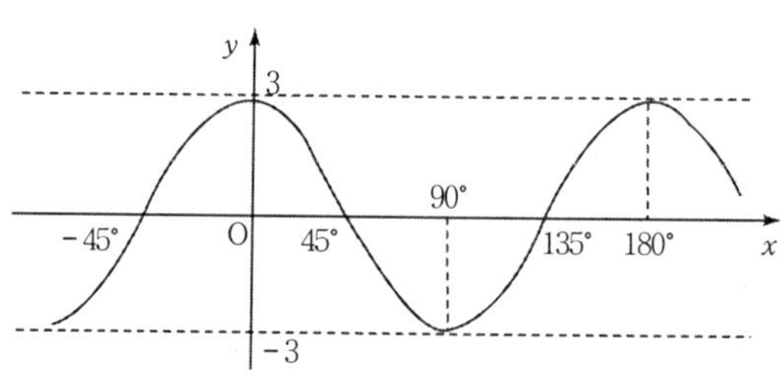

$\therefore$ 최대값 : 3, 최소값 : -3, 주기 : $\dfrac{2\pi}{2}=\pi$

(2)

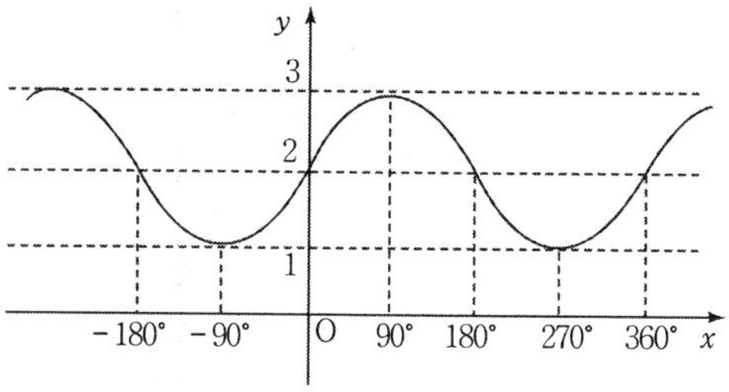

최대값 : 3, 최소값 : 1, 주기 : $\frac{2\pi}{1} = 2\pi$

6.4 sine, cosine 법칙 및 삼각형의 면적

(1) sine 법칙(정현법칙)

삼각형 ABC의 세 각을 각각 A, B, C라 하고 이들의 대변의 길이를 각각 a, b, c 및 외접원의 반지름을 R이라 할 때 이들 사이에는 다음 관계가 성립한다. 여기서, 각 A, B, C와 변 a, b, c를 삼각형의 6요소라 한다.

$$\frac{a}{\sin A} = \frac{b}{\sin B} = \frac{c}{\sin C} = 2R$$

sine 법칙은 두 변과 사이에 있지 않은 한 각, 두 각과 사이에 있지 않은 한 변이 주어졌을 경우 나머지 요소를 구할 때 사용한다.

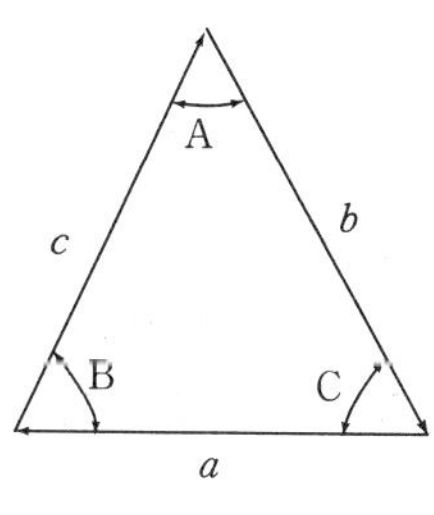

예제 △ ABC에서 $A=60°$, $B=45°$, $a=10$일 때 b를 구하라.

풀이▶ sine 법칙을 적용하여 풀면 $\frac{a}{\sin A} = \frac{b}{\sin B}$ 에서 $\frac{10}{\sin 60°} = \frac{b}{\sin 45°}$

$$\therefore\ b = 10 \times \frac{\sin 45°}{\sin 60°} = 10 \times \frac{\sqrt{2}/2}{\sqrt{3}/2} = \frac{10\sqrt{6}}{3}$$

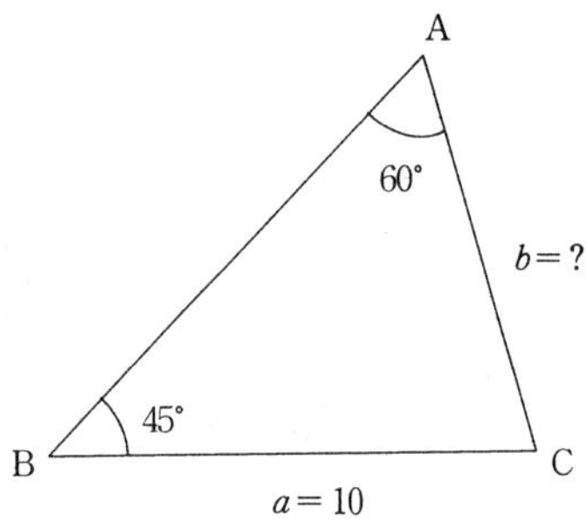

전공문제

다음 삼각형 AB의 변장은 얼마인가? (단, AC = 1,500 m, ∠A = 68°23′ 22″ , ∠B = 55°52′ 36″ , ∠C = 55°44′ 02″

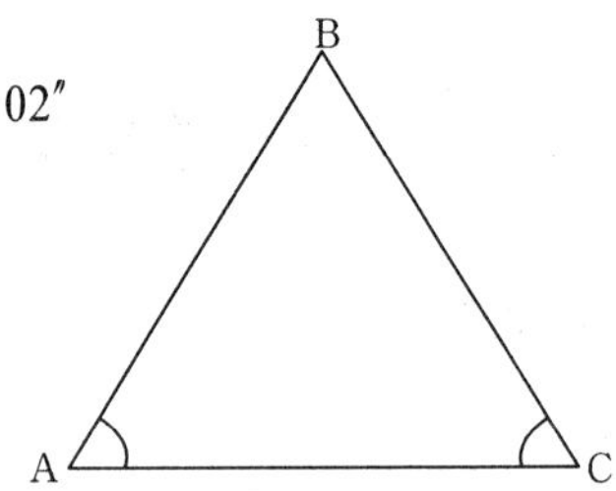

㉮ 1239.64 m
㉯ 1497.46 m
㉰ 1502.54 m
㉱ 1620.55 m

해설

sine 법칙을 적용하여 풀면

$$\frac{\overline{AB}}{\sin 55°44'02''} = \frac{1,500}{\sin 55°52'36''} \text{ 에서}$$

$$\therefore \ \overline{AB} = 1,500 \times \frac{\sin 55°44'02''}{\sin 55°52'36''} = 1497.46\text{ m}$$

전공문제

어떤 하천에서 BC직선에 따라 심천측량을 실시할 때 A점을 CB에 직각으로 AB = 100 m로 하였다. 지금 배 P에서 육분의로 ∠APB를 측정하여 43°40′ 을 얻었다. BP의 거리는 얼마인가?

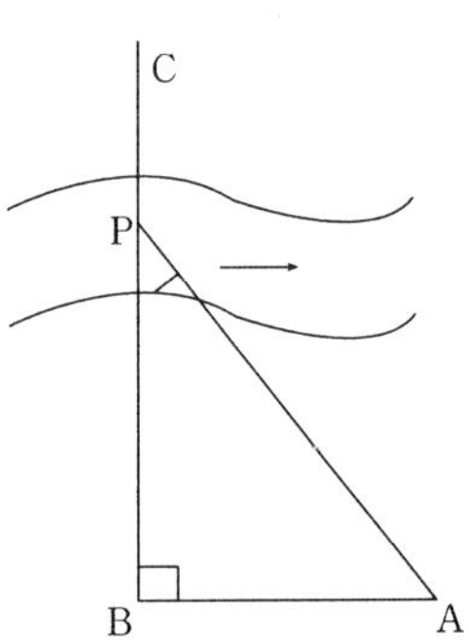

㉮ 약 101.1 m
㉯ 약 104.8 m
㉰ 약 106.1 m
㉱ 약 109.2 m

해설

(i) $BP = AB\cot 43°40' = 100\cot 43°40' = 104.77$ m

(ii) sine 법칙을 적용하여 풀면

$$\frac{BP}{\sin 46°20'} = \frac{100}{\sin 43°40'}$$ 에서

$$\therefore\ BP = 100 \times \frac{\sin 46°20'}{\sin 43°40'} = 104.8 \text{ m}$$

전공문제

그림에서 $\alpha_1 = 62°8'$, $\alpha_2 = 56°27'$, $V_1 = 20°46'$, B = 95.00 m 로 점 P_1으로부터 P까지의 높이 H는?

㉮ 30.014 m
㉯ 31.940 m
㉰ 33.904 m
㉱ 34.190 m

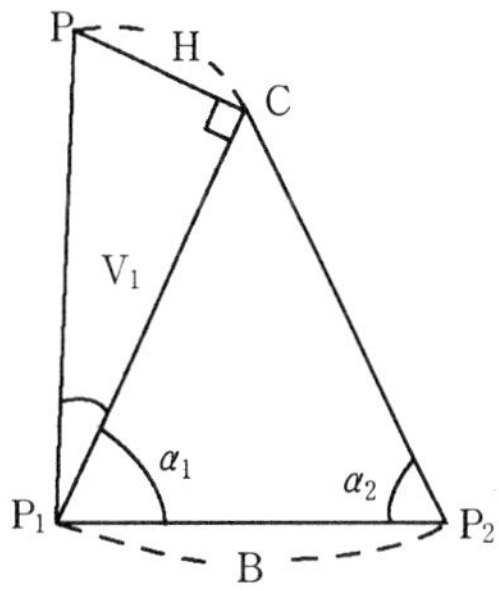

해설

sine 법칙 $\frac{B}{\sin\angle C} = \frac{P_1C}{\sin\angle\alpha_2}$ 에서 $\frac{95}{\sin(180° - (62°8' + 56°27'))} = \frac{P_1C}{\sin 56°27'}$

$$\therefore\ P_1C = 95 \times \frac{\sin 56°27'}{\sin(180° - (62°8' + 56°27'))} = 90.162 \text{ m}$$

$$\therefore\ H = P_1C\tan V_1 = 90.162\tan 20°46' = 34.189 \text{ m}$$

전공문제

기선 D = 20 m, 수평각 $\alpha = 80°$ $\beta = 70°$ 연직각 V = 40°를 측정하였다. 높이 H는? (단, A, B, C점은 동일평면이다.)

㉮ 31.54 m
㉯ 32.42 m
㉰ 32.63 m
㉱ 33.56 m

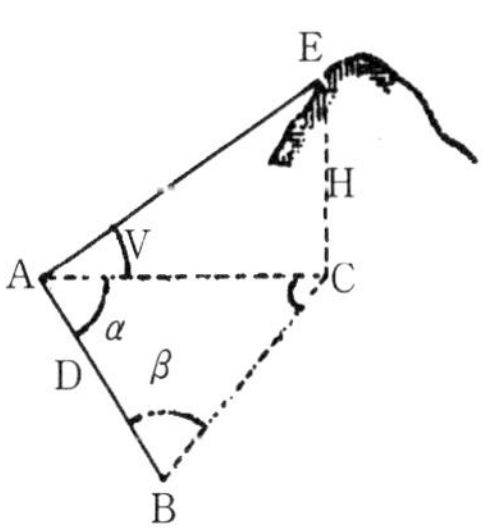

해설

sine 법칙 $\frac{AC}{\sin 70°} = \frac{20}{\sin 30°}$ 에서

$$AC = 20\times\frac{\sin 70^\circ}{\sin 30^\circ} = 37.588\ \text{m}$$

$$\therefore\ H = AC\tan V = 37.588\times\tan 40^\circ = 31.54\ \text{m}$$

전공문제

20t의 힘을 다음과 같이 두 힘 P_1과 P_2로 분해할 때 각각의 분력을 구하시오.

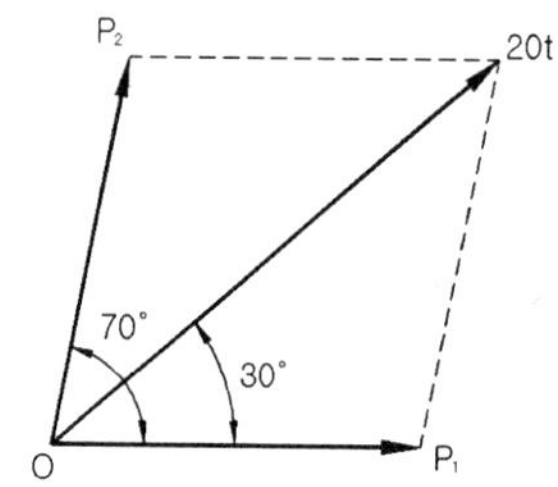

해설

sine 법칙 $\dfrac{P_1}{\sin(70^\circ - 30^\circ)} = \dfrac{20}{\sin(180^\circ - 70^\circ)}$ 에서

$$\therefore\ P_1 = 20\times\frac{\sin 40^\circ}{\sin 110^\circ} = 13.68\ t$$

sine 법칙 $\dfrac{P_2}{\sin 30^\circ} = \dfrac{20}{\sin(180^\circ - 70^\circ)}$ 에서

$$\therefore\ P_2 = 20\times\frac{\sin 30^\circ}{\sin 110^\circ} = 10.64\ t$$

전공이론

라미(Lami)의 정리(Sine 법칙, 정현 비례법)

한 점에 작용하는 3 힘이 평형을 이루고 있을 때, 이 3힘이 동일평면에 있고, 한 점에서 만나면 각각의 힘은 다른 2힘의 사이각의 sin값에 정비례한다. Bow의 기호를 써서 폐합 삼각형을 그리면 아래 오른쪽의 삼각형과 같이 되며 이 때 sine 법칙을 이용하여 나타내면

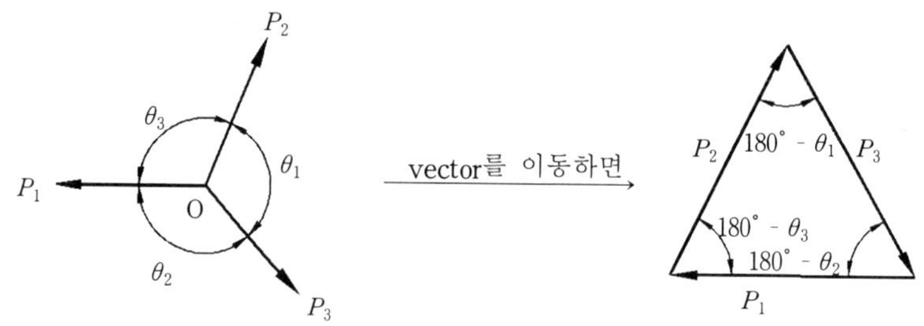

$$\frac{P_1}{\sin(180^\circ - \theta_1)} = \frac{P_2}{\sin(180^\circ - \theta_2)} = \frac{P_3}{\sin(180^\circ - \theta_3)}$$

$$\therefore \frac{P_1}{\sin\theta_1} = \frac{P_2}{\sin\theta_2} = \frac{P_3}{\sin\theta_3}$$

(※ 보각 공식에서 $\sin(180^\circ - \theta) = \sin\theta$ 이다.)

전공문제

그림과 같이 무게 1000 kg을 C점에 매달 때 줄 AC와 BC에 작용하는 장력을 구하시오.

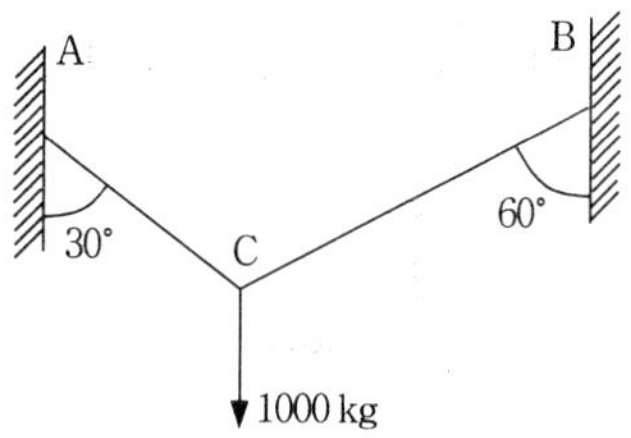

해설

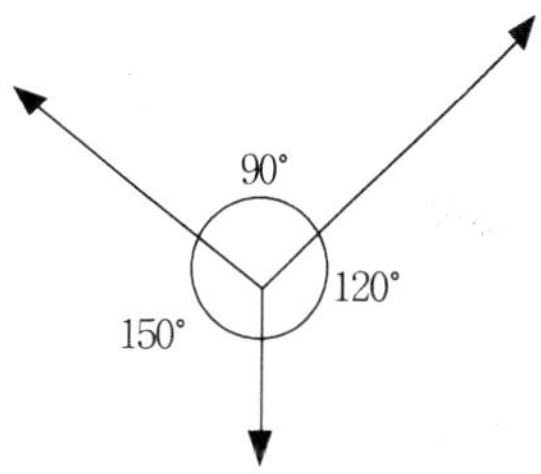

한 점을 중심으로 3힘이 작용하며 평형 상태에 있으므로 라미의 정리를 이용한다.

sine 법칙 $\frac{1000}{\sin 90^\circ} = \frac{AC}{\sin 120^\circ} = \frac{BC}{\sin 150^\circ}$ 에서

$$\therefore AC = 1000 \times \frac{\sin 120^\circ}{\sin 90^\circ} = 866 \text{ kg}$$

$$\therefore BC = 1000 \times \frac{\sin 150^\circ}{\sin 90^\circ} = 500 \text{ kg}$$

전공문제

다음 그림과 같은 단소성 재료로 만들이진 두 개의 강선 AB 및 CB에 대한 항복하중 Py는 얼마인가? (단, 두 개의 강선은 단면적이 모두 0.25 cm^2 이고, 항복 응력은 모두 2500 kg/cm^2 이다.)

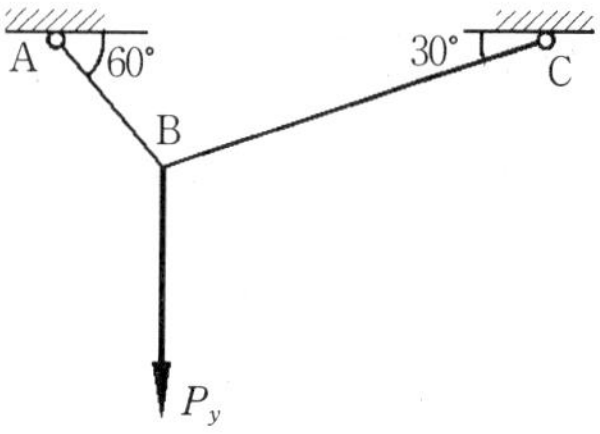

㉮ $P_y = 427.5$ kg ㉯ $P_y = 526.8$ kg

㉰ $P_y = 647.2$ kg ㉱ $P_y = 721.7$ kg

해설

강선이 받는 하중 $P_{AB} = P_{BC} = 2,500 \times 25 = 625$ kg이다.

한 점을 중심으로 3힘이 작용하며 평형 상태에 있으므로 라미의 정리를 이용한다.

sine 법칙 $\dfrac{P_y}{\sin 90^\circ} = \dfrac{625}{\sin 120^\circ} = \dfrac{625}{\sin 150^\circ}$ 에서

$\therefore$ $P_y = 721.7$ kg 또는 1,250 kg (작은값 사용)

전공문제

다음 그림과 같이 부양력(部陽力) 300 kg인 기구가 수평선과 60° 의 각을 이루고 정지상태에 있을 때 기구가 받는 풍압 W 및 루우프(rope)에 작용하는 장력 T를 구하시오.

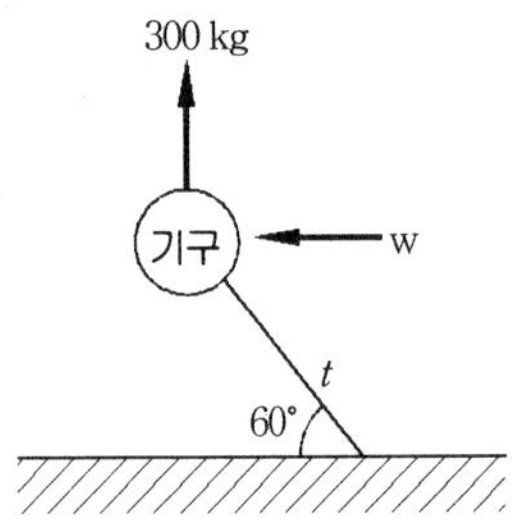

해설

한 점을 중심으로 3힘이 작용하며 평형 상태에 있으므로 라미의 정리를 이용한다.

sine 법칙 $\dfrac{300}{\sin 120^\circ} = \dfrac{W}{\sin 150^\circ} = \dfrac{T}{\sin 90^\circ}$ 에서

$\therefore$ 풍압 $(W) = 300 \times \dfrac{\sin 150^\circ}{\sin 120^\circ} = 173.2$ kg

$\therefore$ 장력 $(t) = 300 \times \dfrac{\sin 90^\circ}{\sin 120^\circ} = 346.4$ kg

(2) cosine 법칙

(i) cosine 제 1 법칙

$a = b\cos C + c\cos B$

$b = c\cos A + a\cos C$

$c = a\cos B + b\cos A$

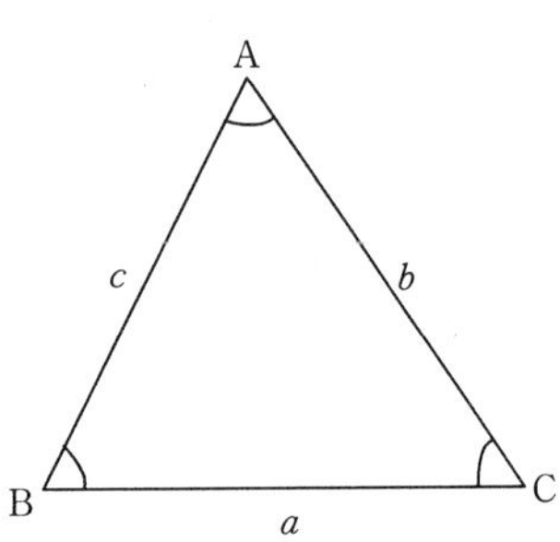

(ii) cosine 제 2 법칙

$$a^2 = b^2 + c^2 - 2bc\cos A$$
$$b^2 = c^2 + a^2 - 2ca\cos B$$
$$c^2 = a^2 + b^2 - 2ab\cos C$$

cosine 제2법칙은 두 변과 사이에 있는 한 각, 세 변의 길이가 주어졌을 경우 나머지 요소를 구할 때 사용한다.

예제 △ ABC에서 다음에 주어진 나머지 각과 변의 길이를 구하라.

(1) $b = 3$, $c = 4$, $A = 60^\circ$
(2) $a=\sqrt{6}$, $b=2\sqrt{3}$, $c=3+\sqrt{3}$

풀이▶ (1) cosine 제 2 법칙으로부터

$$a^2 = 3^2 + 4^2 - 2\times3\times4\times\cos 60^\circ = 13$$
$$\therefore\ a = \sqrt{13}$$

(2) cosine 제 2 법칙으로부터

$$\cos A = \frac{(2\sqrt{3})^2+(3+\sqrt{3})^2-(\sqrt{6})^2}{2\cdot2\sqrt{3}\cdot(3+\sqrt{3})} = \frac{\sqrt{3}}{2}$$
$$\cos B = \frac{(\sqrt{6})^2+(3+\sqrt{3})^2-(2\sqrt{3})^2}{2\cdot\sqrt{6}\cdot(3+\sqrt{3})} = \frac{\sqrt{2}}{2}$$
$$\therefore\ A=30^\circ,\ B=45^\circ,\ \therefore C=180^\circ-(A+B)=180-(30^\circ+45^\circ)=105^\circ$$

전공문제

삼변측량에서 $\cos\angle A$를 구하는 식으로 맞는 것은?

㉮ $\dfrac{a^2+c^2-b^2}{2ac}$

㉯ $\dfrac{b^2+c^2-a^2}{2bc}$

㉰ $\dfrac{a^2+b^2-c^2}{2bc}$

㉱ $\dfrac{a^2-c^2+b^2}{2ac}$

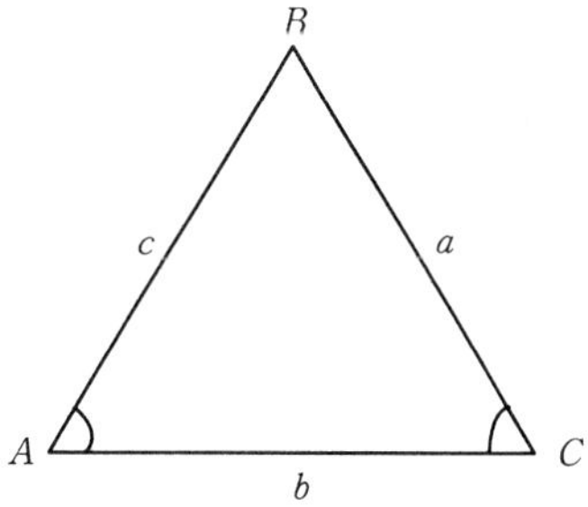

해설

cosine 제 2 법칙 $a^2 = b^2 + c^2 - 2bc\cos A$ 에서

$$\therefore \cos A = \frac{b^2 + c^2 - a^2}{2bc}$$

전공문제

한 힘 R이 두 성분 P_1, P_2로 분해되었을 때 cosine 법칙으로 α를 구할 수 있는 식이 맞는 것은?

㉮ $\cos\alpha = \dfrac{P_1^2 + R^2 + P_2^2}{2RP_2}$

㉯ $\cos\alpha = \dfrac{P_1^2 + R^2 + P_2^2}{2RP_1}$

㉰ $\cos\alpha = \dfrac{P_1^2 + R^2 - P_2^2}{2RP_1}$

㉱ $\cos\alpha = \dfrac{P_1^2 + R^2 - P_2^2}{2RP_2}$

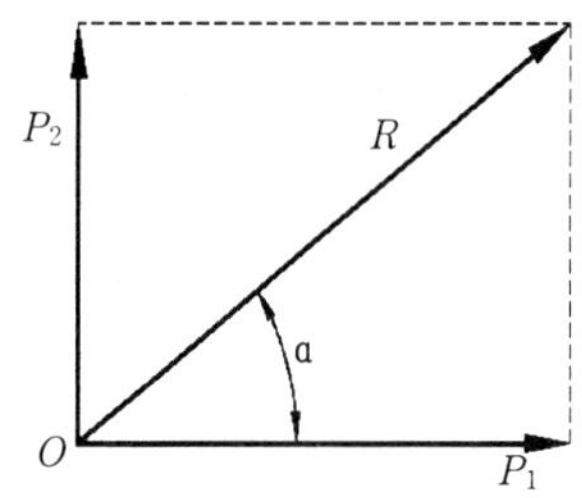

해설

cosine 제 2 법칙 $P_2{}^2 = P_1{}^2 + R^2 - 2P_1R\cos\alpha$ 에서

$$\therefore \cos\alpha = \frac{P_1{}^2 + R^2 - P_2{}^2}{2RP_1}$$

전공문제

그림은 3변 측량의 결과이다. 여기서 A점의 내각을 구하면 다음 중 어느 것인가?

㉮ 51° 19′ 14″ ㉯ 55° 02′ 47″

㉰ 73° 34′ 26″ ㉱ 74° 32′ 42″

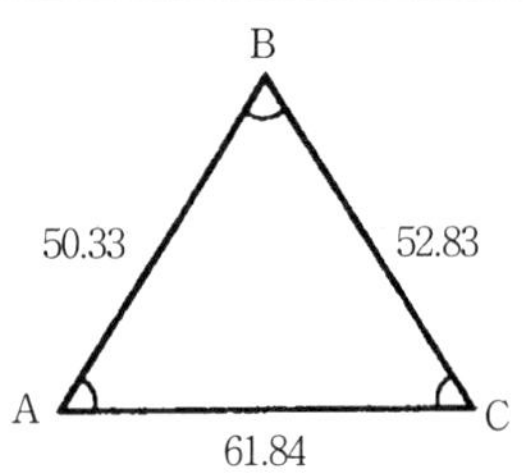

해설

cosine 제 2 법칙에서 $\cos\angle A = \dfrac{b^2 + c^2 - a^2}{2bc}$ 이므로

$$\therefore \angle A = \cos^{-1}\frac{61.84^2 + 50.33^2 - 52.83^2}{2\times61.84\times50.33} = 55.046° = 55°02'47''$$

전공문제

삼변측량에서 장애물이 있는 관계로 기선을 직선으로 설치 및 측정할 수 없어 그림과 같이 절선 AC, BC를 설치하고 α와 BC, AC의 거리 a, b를 측정하여 기선 AB의 직선거리를 구하였다. 이때 기선 AB의 거리를 구하는 식 중 옳은 것은?

㉮ $\overline{AB} = \sqrt{a^2 + b^2 - 2ab\cos\alpha}$

㉯ $\overline{AB} = \sqrt{a^2 + b^2 + 2ab\cos\alpha}$

㉰ $\overline{AB} = \sqrt{a^2 + b^2 - 2ab\sin\alpha}$

㉱ $\overline{AB} = \sqrt{a^2 + b^2 + 2ab\sin\alpha}$

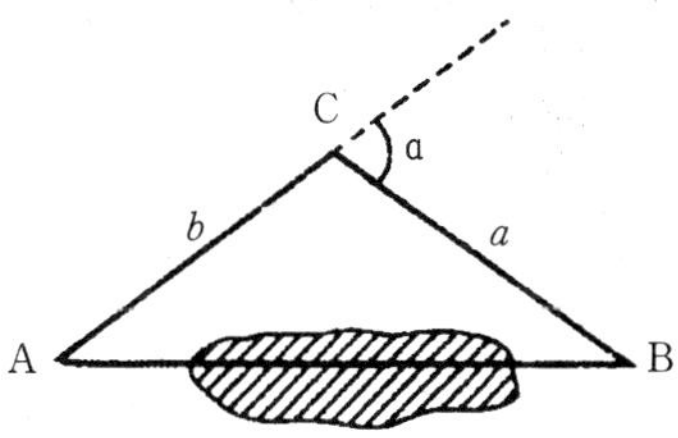

해설

cosine 제 2 법칙에서

$$\overline{AB} = \sqrt{a^2 + b^2 - 2ab\cos C}$$
$$= \sqrt{a^2 + b^2 - 2ab\cos(180^\circ - \alpha)}$$
$$= \sqrt{a^2 + b^2 + 2ab\cos\alpha}$$

(※ 보각공식에서 $\cos(180^\circ - \alpha) = -\cos\alpha$ 이다.)

전공문제

다음과 같은 DATA를 현장에서 얻었다. 나무와 나무와의 거리 CD의 값은? (여기서, $\angle BAC = 26°32'\ 10''$, $AC = 32.80$ m, $\angle BAD = 38°15'\ 18''$ $AD = 28.74$ m)

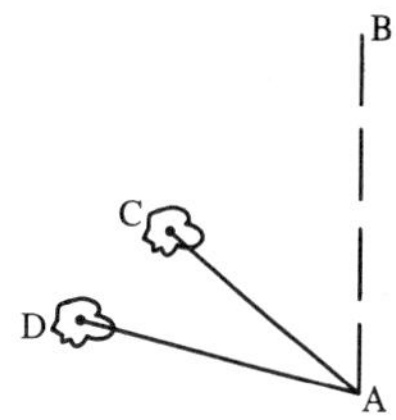

㉮ 7.47 m ㉯ 10.48 m

㉰ 15.81 m ㉱ 30.97 m

해설

cos 제2법칙으로부터

$$\overline{CD} = \sqrt{AC^2 + AD^2 - 2\times AC\times AD\times\cos(\angle BAD - \angle BAC)}$$
$$= \sqrt{32.80^\circ + 28.74^2 - 2\times 32.80\times 28.74\times\cos(38°\ 15'\ 18'' - 26°\ 32'\ 12'')}$$
$$= 7.47\text{m}$$

전공이론

※ 동일점에 작용하는 두 개의 힘의 합성

(1) 도해적 방법 : 평행사변형법, 삼각형법을 이용한다.

(2) 해석적 방법 : cosine 법칙을 이용한다.

① 합력의 크기 : $R = \sqrt{P_1^{\,2} + P_2^{\,2} - 2P_1P_2\cos(180° - \alpha)}$

② 합력의 방향 : $\tan\theta = \dfrac{P_2 \sin\alpha}{P_1 + P_2\cos\alpha}$,

$$\therefore\ \theta = \tan^{-1}\frac{P_2\sin\alpha}{P_1 + P_2\cos\alpha}$$

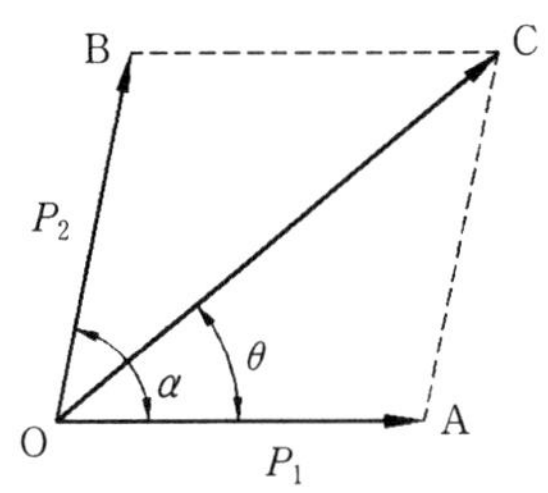

전공문제

다음 그림에서 두 힘에 대한 합력(R)의 크기와 합력의 방향(θ) 값은?

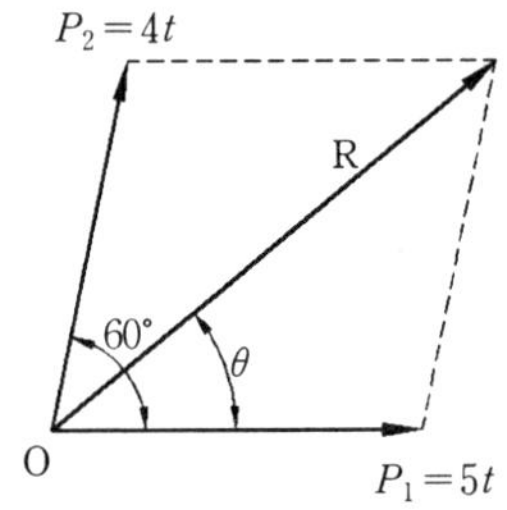

㉮ $R = 8t,\ \ \theta = 27°19'10''$

㉯ $R = 7.88t,\ \ \theta = 26°25'30''$

㉰ $R = 7.85t,\ \ \theta = 26°20'50''$

㉱ $R = 7.81t,\ \ \theta = 26°19'51''$

해설

합력 $R = \sqrt{P_1^2 + P_2^2 - 2P_1P_2\cos(180° - \alpha)}$

$= \sqrt{5^2 + 4^2 - 2\cdot 5\cdot 4\cos(180° - 60°)} = 7.81\,t$

$$\tan\theta = \frac{P_2\sin\alpha}{P_1 + P_2\cos\alpha} = \frac{4\cdot\sin 60°}{5 + 4\cos 60°} = 0.4949$$

$\therefore\ \theta = 26.33° = 26°19'51''$

전공문제

한 점에 $F_1 = 3{,}000$ kg, $F_2 = 4{,}000$ kg 이 30° 의 각을 이루고 다음과 같은 힘이 작용할 때 합력의 크기는?

㉮ 4,800 kg　　㉯ 5,400 kg
㉰ 6,800 kg　　㉱ 5,200 kg

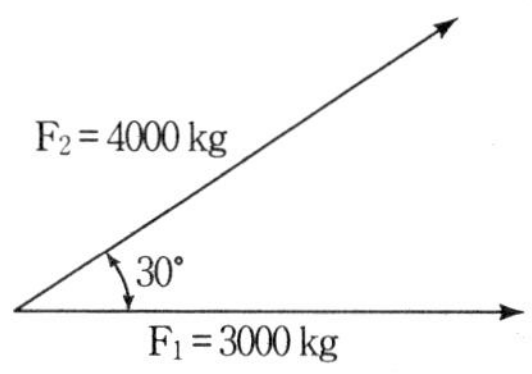

해설

$$\text{합력 } R = \sqrt{P_1^{\,2} + P_2^{\,2} - 2P_1P_2\cos(180° - \alpha)}$$
$$= \sqrt{3000^2 + 4000^2 - 2 \times 3000 \times 4000 \times \cos(180° - 30°)}$$
$$= 6766.43 \text{ kg}$$

(3) 삼각형의 면적

1. △ABC에서 밑변 a와 수직인 높이 h가 주어질 때(삼사법)

$$S = \frac{1}{2}ah$$

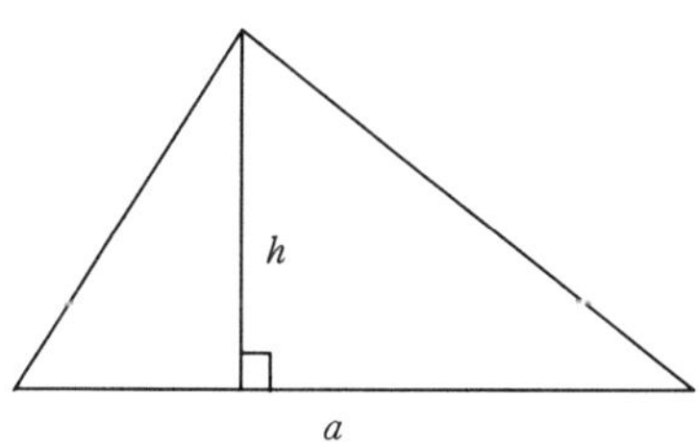

2. △ABC에서 두 변 a, b와 사잇각 θ가 주어질 때(이변법)

$$S = \frac{1}{2}ah = \frac{1}{2}ab\sin\theta$$

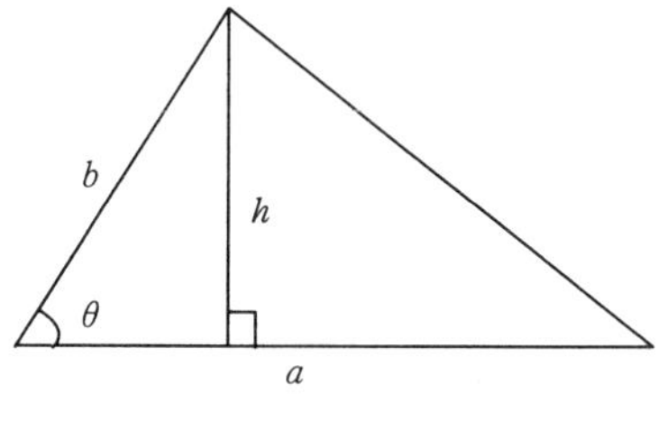

예제 두 변이 3 cm, 6 cm이고, 그 사이각이 $60°$ 인 삼각형의 면적 S를 구하여라.

풀이▶ 삼각형의 넓이 $S = \frac{1}{2} \times 3 \times 6 \times \sin 60° = \frac{9\sqrt{3}}{2}$ cm^2

전공문제

삼각측량에서 삼각형의 두 변의 거리가 a = 30 km, b = 25 km 그 사이각이 $30°$일 때 이 삼각형의 넓이를 구하시오.

해설

두 변의 거리와 사이각이 주어졌을 때의 삼각형의 넓이

$$S = \frac{1}{2} ab \sin\alpha = \frac{1}{2} \times 30 \times 25 \times \sin 30° = 375 \text{ km}^2$$

전공문제

삼각형의 면적을 구하고자 할 때 두 변의 길이가 각각 60.35 m, 120.82 m이고, 그 사이의 각이 80°45′ 이었다면 삼각형의 면적은?

㉮ 3598.34 m^2　㉯ 4826.42 m^2　㉰ 3465.34 m^2　㉱ 5027.22 m^2

해설

두 변의 거리와 사이각이 주어졌을 때의 삼각형의 넓이

$$S = \frac{1}{2} ab \sin\alpha = \frac{1}{2} \times 60.35 \times 120.82 \times \sin 80°45' = 3598.34 \text{ m}^2$$

전공문제

유량 $10 \text{ m}^3/\text{sec}$의 물을 유속 2 m/sec 로 흐르게 하려할 때 정삼각형 단면의 수로를 이용한다고 하면 적당한 1면의 길이는?

㉮ 약 2.4 m　㉯ 약 3.4 m　㉰ 약 4.4 m　㉱ 약 5.4 m

해설

유량 $Q = AV$에서, 횡단면적 $A = \frac{Q}{V} = \frac{10}{2} = 5 \text{ m}^2$ 이다.

따라서, $A = \frac{1}{2} x^2 \sin 60° = 5 \text{ m}^2$ 이므로

$\therefore x = 3.4 \text{ m}$

3. △ABC에서 세변의 길이가 주어질 때(삼변법) (Heron의 공식)

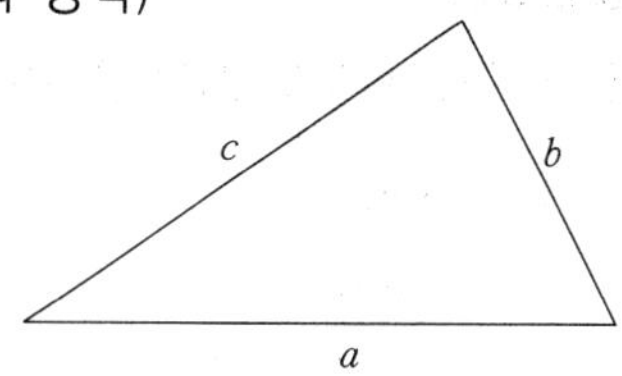

$$S=\sqrt{s(s-a)(s-b)(s-c)}$$

여기서, $s=\dfrac{a+b+c}{2}$

예제 세 변의 길이가 7, 8, 9인 삼각형의 면적 S를 구하여라.

풀이▶ $2s=7+8+9=24$ 이므로 $s=12$

$\therefore S=\sqrt{12(12-7)(12-8)(12-9)}=\sqrt{12\cdot5\cdot4\cdot3}=12\sqrt{5}$

전공문제

삼각형의 3변의 길이가 다음과 같을 때 면적을 구한 값은? (단, 세변의 길이 a = 32 m, b = 16 m, c = 20 m 이다.)

㉮ $2{,}016\ m^2$ ㉯ $1{,}309\ m^2$ ㉰ $20.16\ m^2$ ㉱ $130.9\ m^2$

해설

세변의 길이가 주어졌으므로 Heron의 공식을 적용하여 푼다.

$\therefore s=\dfrac{1}{2}(a+b+c)=\dfrac{1}{2}(32+16+20)=34$이므로

$\therefore S=\sqrt{s(s-a)(s-b)(s-c)}$

$=\sqrt{34(34-32)(34-16)(34-20)}=130.9\ m^2$

전공문제

삼각형 면적을 계산하기 위해 변길이를 관측한 결과가 그림과 같을 때 이 삼각형의 면적은?

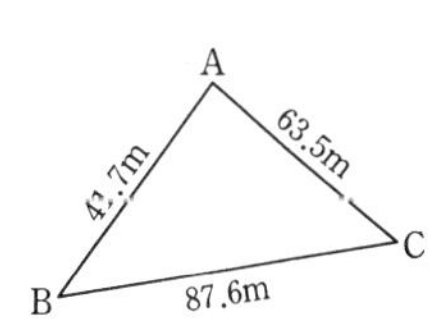

㉮ $1{,}072.7m^2$ ㉯ $1{,}126.2m^2$

㉰ $1{,}235.6m^2$ ㉱ $1{,}357.9m^2$

해설

$s=\dfrac{a+b+c}{2}=\dfrac{4.17+63.5+87.6}{2}=96.4\,m$ 이므로

$\therefore S=\sqrt{s(s-a)(s-b)(s-c)}=\sqrt{96.4(96.4-41.7)(96.4-63.5)(96.4-87.6)}=1235.6\,m^2$

전공문제

다음과 같은 지역의 단면적은 얼마인가?

㉮ 782.36m² ㉯ 1132.62m²
㉰ 1782.36m² ㉱ 2132.62m²

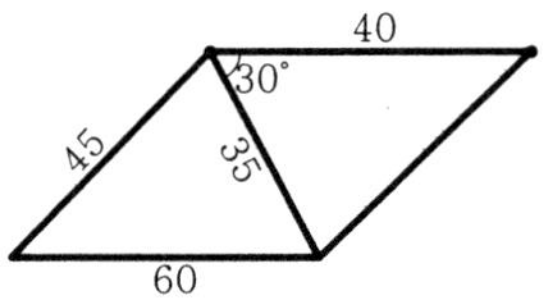

해설

① $S=\sqrt{s(s-a)(s-b)(s-c)}=\sqrt{70(70-45)(70-60)(70-35)}=782.62\text{m}^2$

여기서, $s=\frac{1}{2}(a+b+c)=\frac{1}{2}(45+60+35)=70$

② 이변법 $=\frac{1}{2}ab\sin\alpha=\frac{1}{2}\times 35\times 40\times\sin 30°=350\text{m}^2$

$\therefore$ ① + ② = $782.62+350=1132.62\text{m}^2$

4. △ABC 에서 외접원의 반지름 R이 주어질 때

(ⅰ) 세 변과 외접원의 반지름 R이 주어질 때

$$S=\frac{abc}{4R}$$

5. △ABC 에서 내접원의 반지름 r이 주어질 때

$$S=rs$$

여기서, $s=\frac{a+b+c}{2}$

예제 △ABC 의 면적을 S, 외접원의 반지름을 R, 내접원의 반지름을 r이라 한다. $a=5$, $b=6$, $c=7$일 때 S, r, R을 구하여라.

풀이▶ $2s=5+6+7=18$ 이므로 $\therefore\ s=9$

$\therefore\ S=\sqrt{9(9-5)(9-6)(9-7)}=\sqrt{9\cdot 4\cdot 3\cdot 2}=6\sqrt{6}$

$S=rs$ 이므로

$6\sqrt{6}=r\times 9$ 에서 $\therefore\ r=\frac{2\sqrt{6}}{3}$

외접원의 반지름 $R=\frac{abc}{4S}=\frac{5\times 6\times 7}{4\times 6\sqrt{6}}=\frac{35\sqrt{6}}{24}$

6. 좌표평면에서 좌표가 주어질 때(행렬식에 의한 방법)

$$S = \frac{1}{2}\begin{vmatrix} a & b \\ c & d \end{vmatrix} = \frac{1}{2}|ad - bc|$$

삼각형이 아닌 다각형에도 적용가능한 방법이다.

※ 다각형의 면적계산(행렬식에 의한 방법)

$$S = \frac{1}{2}\begin{vmatrix} x_1 & x_2 & x_3 & x_4 & x_1 \\ y_1 & y_2 & y_3 & y_4 & y_1 \end{vmatrix}$$

$$= \frac{1}{2}|(x_1 \times y_2 - x_2 \times y_1) + (x_2 \times y_3 - x_3 \times y_2) + (x_3 \times y_4 - x_4 \times y_3) + (x_4 \times y_1 - x_1 \times y_4)|$$

(※ 마지막에 처음 좌표값을 기록한다.)

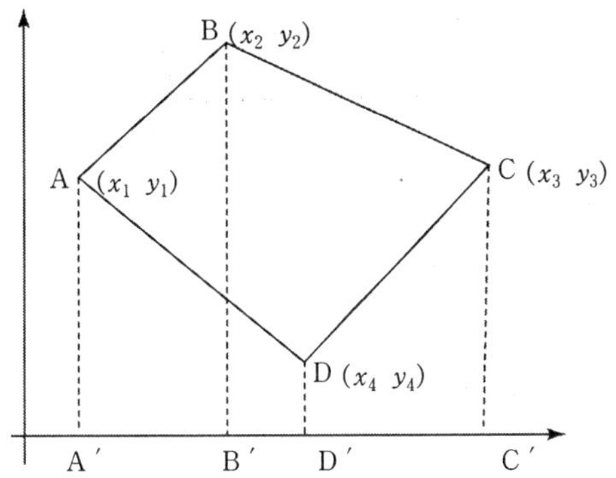

행렬시에 외한 면적 게산

예제 다음과 같이 세 개의 점 A(0, 0), B(4, 1), C(2, 3)으로 이루어진 삼각형의 면적은?

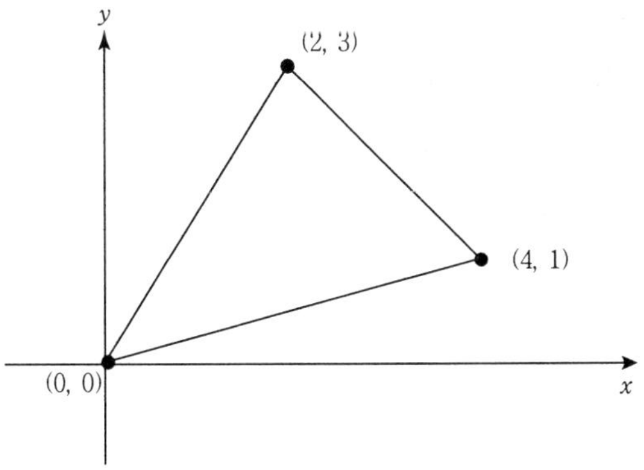

풀이▶ $S = \frac{1}{2}\begin{vmatrix} 0 & 4 & 2 & 0 \\ 0 & 1 & 3 & 0 \end{vmatrix} = \frac{1}{2}|4 \times 3 - 2 \times 1| = 5$

주어진 좌표를 차례로 표시하고 맨 앞의 좌표를 한 번 더 표시한 다음 순서대로 행렬식을 풀이하면 다각형의 면적이 된다.

전공문제

다음과 같은 단면에서 토공량을 구하기 위한 절토 단면적은?

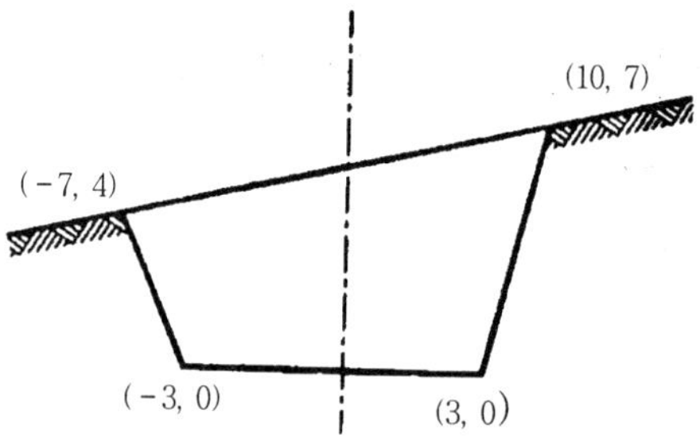

㉮ $141\ m^2$ ㉯ $161\ m^2$ ㉰ $61\ m^2$ ㉱ $67\ m^2$

해설

행렬식에 의한 방법으로 면적을 구한다.

$$\therefore S = \frac{1}{2}\begin{vmatrix} 3 & 10 & -7 & -3 & 3 \\ 0 & 7 & 4 & 0 & 0 \end{vmatrix}$$

$$= \frac{1}{2}|(21-0)+(40+49)+(0+12)+(0-0)|$$

$$= \frac{1}{2}|122| = 61\ m^2$$

전공문제

4각형 ABCD 의 각 꼭지점의 좌표는 다음 그림과 같다.
4각형 ABCD 의 면적은 다음 어느 것인가?

㉮ $4.5\ m^2$ ㉯ $5.0\ m^2$
㉰ $5.5\ m^2$ ㉱ $4.0\ m^2$

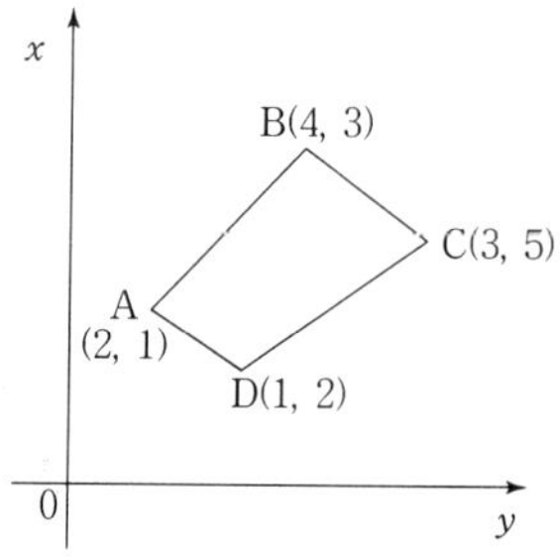

해설

행렬식에 의한 방법으로 면적을 구한다.

$$\therefore S = \frac{1}{2}\begin{vmatrix} 2 & 4 & 3 & 1 & 2 \\ 1 & 3 & 5 & 2 & 1 \end{vmatrix}$$

$$= \frac{1}{2}|(6-4)+(20-9)+(6-5)+(1-4)|$$

$$= \frac{1}{2}|2+11+1-3| = \frac{1}{2}|11| = 5.5\ \text{m}^2$$

전공문제

다음 그림과 같이 도로의 횡단면도에서 절토 단면적은?
(단, 0을 원점으로 하는 좌표(X, Y)의 단위 : [m])

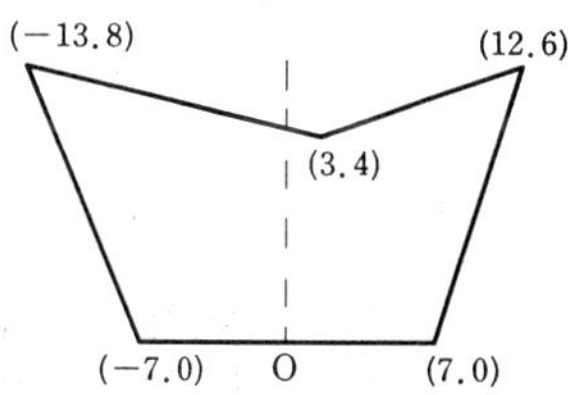

㉮ 94 m ㉯ 98 m
㉰ 102 m ㉱ 106 m

해설

$$S = \frac{1}{2}\begin{vmatrix} 7 & -7 & -13 & 3 & 12 & 7 \\ 0 & 0 & 8 & 4 & 6 & 0 \end{vmatrix}$$

$$= \frac{1}{2}|(0-0)+(-56-0)+(-52-24)+(18-48)+(0-42)| = \frac{1}{2}|204| = 102\ \text{m}^2$$

전공문제

다각 측량을 하여 다음의 값을 얻었다면 다각형의 면적은?
(단, 좌표원점은 (0, 0) 이다.)

㉮ 467.23 m² ㉯ 493.67 m²
㉰ 501.63 m² ㉱ 535.71 m²

측 점	합위거	합경거
A	0	0
B	20.31	40.36
C	−14.51	20.57

해설

(i) Heron의 공식 이용

① 실제거리 $= \sqrt{\Delta X^2 + \Delta Y^2}$

AB 거리 $= \sqrt{(X_B - X_A)^2 + (Y_B - Y_A)^2}$

$= \sqrt{(20.31-0)^2 + (40.36-0)^2} = 45.18\ \text{m}$

$$BC \text{ 거리} = \sqrt{(X_C - X_B)^2 + (Y_C - Y_B)^2}$$
$$= \sqrt{(-14.51 - 20.31)^2 + (20.57 - 40.36)^2} = 40.05 \text{ m}$$
$$CA \text{ 거리} = \sqrt{(X_A - X_C)^2 + (Y_A - Y_C)^2}$$
$$= \sqrt{(0 - (-14.51))^2 + (0 - 20.57)^2} = 25.17 \text{ m}$$

② 삼변법에 의한 면적계산

$$s = \frac{1}{2}(a+b+c) = \frac{1}{2}(45.18 + 40.05 + 25.17) = 55.2$$
$$\therefore S = \sqrt{s(s-a)(s-b)(s-c)}$$
$$= \sqrt{55.2(55.2 - 45.18)(55.2 - 40.05)(55.2 - 25.17)} = 501.63 \text{ m}^2$$

(ii) 행렬식에 의한 방법

$$\therefore S = \frac{1}{2}\begin{vmatrix} 0 & 20.31 & 14.51 & 0 \\ 0 & 40.36 & 20.57 & 0 \end{vmatrix}$$
$$= \frac{1}{2}|(0\times40.36 - 0\times20.31) + (20.31\times20.57 - 40.36\times - 14.51)$$
$$+ (-14.51\times0 - 20.57\times0)|$$
$$= \frac{1}{2}|0 + 1003.401 + 0| = 501.700 \text{ m}^2$$

전공문제

다음은 다각측량 결과 얻어진 좌표의 값이다. 합위거, 합경거의 방법으로 면적을 계산하면? (단, 단위는 m임)

측점	합위거(m)	합경거(m)
1	0.000	0.000
2	21.267	16.498
3	6.168	36.720
4	−19.694	36.537
5	−23.678	12.315

㉮ 441.23m²　　㉯ 882.46m²
㉰ 1125.14m²　　㉱ 2250.28m²

해설

$$S = \frac{1}{2}\begin{vmatrix} 0 & 21.617 & 6.168 & -19.694 & -23.678 & 0 \\ 0 & 16.498 & 36.720 & 36.537 & 12.315 & 0 \end{vmatrix}$$
$$= \frac{1}{2}|21.267\times36.720 - 6.168\times16.498| + (6,168\times36,537 - (-19.694)\times36.720)$$
$$+ (-19.694\times12.315 - (-23.678)\times36.537)| = 1125.14 \text{ m}^2$$

7. 좌표공간에서 좌표가 주어질 때

외적(Vector product)을 이용한다.

$$S = \triangle \mathrm{OAB} = \frac{1}{2}|\overrightarrow{\mathrm{OA}} \times \overrightarrow{\mathrm{OB}}|$$

예제 $A(2,\ 1,\ 1)$, $B(1,\ 0,\ -1)$, $C(3,\ 2,\ 1)$일 때 삼각형이 이루는 면적은?

풀이▶ $\overrightarrow{AB} = \overrightarrow{OB} - \overrightarrow{OA} = (-1,\ -1,\ -2)$ $\overrightarrow{AC} = \overrightarrow{OC} - \overrightarrow{OA} = (1,\ 1,\ 0)$

$$\overrightarrow{AB} \times \overrightarrow{AC} = \begin{vmatrix} \vec{i} & \vec{j} & \vec{k} \\ -1 & -1 & -2 \\ 1 & 1 & 0 \end{vmatrix} = 2\vec{i} - 2\vec{j} + 0\vec{k} = (2,\ -2,\ 0)$$

$\therefore$ 삼각형 면적 $S = \frac{1}{2}|\overrightarrow{AB} \times \overrightarrow{AC}| = \frac{1}{2}\sqrt{4+4+0} = \sqrt{2}$ 이다.

(※ 외적의 계산은 8장 벡터단원에서 다룬다.)

6.5 삼각함수의 덧셈정리 및 유도되는 공식

(1) 삼각함수의 덧셈정리

$$\sin(\alpha \pm \beta) = \sin\alpha\cos\beta \pm \cos\alpha\sin\beta$$

$$\cos(\alpha \pm \beta) = \cos\alpha\cos\beta \mp \sin\alpha\sin\beta$$

$$\tan(\alpha \pm \beta) = \frac{\tan\alpha \pm \tan\beta}{1 \mp \tan\alpha\tan\beta} \text{ (복호동순)}$$

예제 $\sin 75^\circ$, $\cos 75^\circ$, $\tan 75^\circ$의 값을 각각 구하라.

풀이▶ $\sin 75^\circ = \sin(45^\circ + 30^\circ) = \sin 45^\circ \cos 30^\circ + \cos 45^\circ \cos 30^\circ$

$$= \frac{1}{\sqrt{2}} \cdot \frac{\sqrt{3}}{2} + \frac{1}{\sqrt{2}} \cdot \frac{1}{2} = \frac{\sqrt{6}+\sqrt{2}}{4}$$

$\cos 75^\circ = \cos(45^\circ + 30^\circ) = \cos 45^\circ \cos 30^\circ + \sin 45^\circ \sin 30^\circ$

$$= \frac{1}{\sqrt{2}} \cdot \frac{\sqrt{3}}{2} - \frac{1}{\sqrt{2}} \cdot \frac{1}{2} = \frac{\sqrt{6}-\sqrt{2}}{4}$$

$$\tan 75^\circ = \tan(45^\circ + 30^\circ) = \frac{\tan 45^\circ + \tan 30^\circ}{1 - \tan 45^\circ \tan 30^\circ} = 2 + \sqrt{3}$$

(2) 덧셈정리로부터 유도되는 공식

[2배각의 공식]

(i) $\sin 2\alpha = 2\sin\alpha\cos\alpha$

(ii) $\cos 2\alpha = \cos^2\alpha - \sin^2\alpha = 2\cos^2\alpha - 1 = 1 - 2\sin^2\alpha$

(iii) $\tan 2\alpha = \dfrac{2\tan\alpha}{1-\tan^2\alpha}$

[3배각의 공식]

(i) $\sin 3\alpha = 3\sin\alpha - 4\sin^3\alpha$

(ii) $\cos 3\alpha = 4\cos^3\alpha - 3\cos\alpha$

[반각의 공식]

(i) $\sin^2\dfrac{\alpha}{2} = \dfrac{1-\cos\alpha}{2}$

(ii) $\cos^2\dfrac{\alpha}{2} = \dfrac{1+\cos\alpha}{2}$

(iii) $\tan^2\dfrac{\alpha}{2} = \dfrac{1-\cos\alpha}{1+\cos\alpha}$

전공문제

그림과 같이 다른 3개의 힘과 함께 교량트러스 joint(Bridge truss joint)의 부재에 작용하고 있는 힘 C와 T를 구하라.

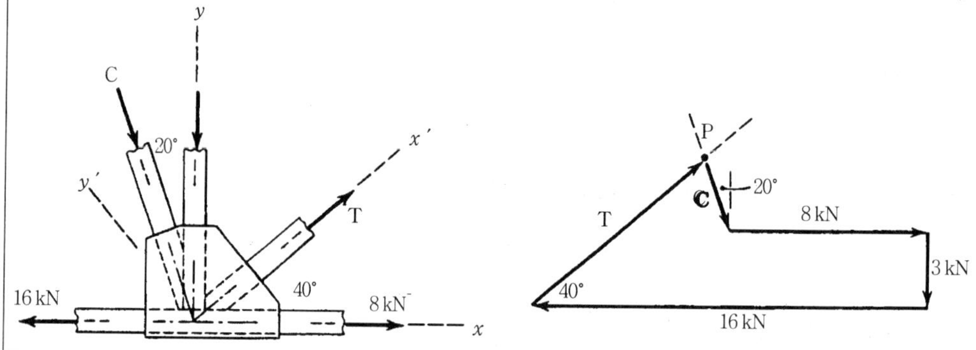

해설

(i) 그림과 같이 $x-y$ 축에 대하여 다음과 같이 쓸 수 있다.

$\sum F_x = 0$로부터 $8+T\cos 40^\circ + C\sin 20^\circ - 16 = 0$

정리하면 $0.766T+0.342C=8$ ……①

$\sum F_y = 0$로부터 $T\sin 40^\circ - C\cos 20^\circ - 3 = 0$

정리하면 $0.643T-0.940C=3$ ……②

식 ①과 식 ②를 Cramer 공식으로 풀면(161p 참고)

$$T=\frac{0.342\times(-3)-(-8)\times(-0.940)}{0.766\times(-0.940)-0.342\times0.643}=\frac{-8.546}{-0.949}=9\text{ kN}$$

$$C=\frac{0.643\times(-8)-(-3)\times(-0.766)}{0.766\times(-0.940)-0.342\times0.643}=\frac{-2.846}{-0.949}=3\text{ kN}$$

$\therefore\ T=9\text{ kN},\ \ C=3\text{ kN}$

(ii) 위의 풀이를 역행렬을 적용하여 풀이할 수도 있다.

식 ①과 식 ②를 행렬(Matrix) 형태로 나타내면 다음과 같다.

$$\begin{bmatrix}\cos 40^\circ & \sin 20^\circ\\ \sin 40^\circ & -\cos 20^\circ\end{bmatrix}\begin{pmatrix}T\\C\end{pmatrix}=\begin{pmatrix}8\\3\end{pmatrix}$$

$$\therefore\ \begin{pmatrix}T\\C\end{pmatrix}=\begin{bmatrix}\cos 40^\circ & \sin 20^\circ\\ \sin 40^\circ & -\cos 20^\circ\end{bmatrix}^{-1}\begin{pmatrix}8\\3\end{pmatrix}$$

$$=\frac{1}{-\cos 40^\circ\cos 20^\circ-\sin 40^\circ\sin 20^\circ}\begin{bmatrix}-\cos 20^\circ & -\sin 20^\circ\\ -\sin 40^\circ & \cos 40^\circ\end{bmatrix}\begin{pmatrix}8\\3\end{pmatrix}$$

$$=\frac{1}{-\cos(40^\circ-20^\circ)}\begin{bmatrix}-\cos 20^\circ & -\sin 20^\circ\\ -\sin 40^\circ & \cos 40^\circ\end{bmatrix}\begin{pmatrix}8\\3\end{pmatrix}$$

($\because$ 덧셈정리에서 $\cos(\alpha\pm\beta)=\cos\alpha\cos\beta\pm\sin\alpha\sin\beta$ 이다.)

$$\begin{pmatrix}T\\C\end{pmatrix}=\begin{pmatrix}\dfrac{-8\cos 20^\circ-3\sin 20^\circ}{-\cos 20^\circ}\\[2ex] \dfrac{-8\cos 40^\circ+3\sin 40^\circ}{-\cos 20^\circ}\end{pmatrix}$$

$$\therefore\ \begin{pmatrix}T\\C\end{pmatrix}=\begin{pmatrix}9\text{ kN}\\3\text{ kN}\end{pmatrix}$$

(iii) 벡터방정식을 이용한 풀이

x와 y의 단위벡터 $\vec{i}$와 $\vec{j}$를 사용하면 평형상태를 유지하기 위해 힘의 합이 0이 되는 벡터방정식이 성립한다.

$\sum F = 0$ 에서

$8\vec{i} + (T\cos 40^\circ)\vec{i} + (T\sin 40^\circ)\vec{j} - 3\vec{j} + (C\sin 20^\circ)\vec{i} - (C\cos 20^\circ)\vec{j} - 16\vec{i} = 0$ 이므로

$(8 + T\cos 40^\circ + C\sin 20^\circ - 16)\vec{i} + (T\sin 40^\circ - C\cos 20^\circ - 3)\vec{j} = 0$ 이다.

위 식을 $\vec{i}$와 $\vec{j}$에 관하여 상등을 적용하면

$8 + T\cos 40^\circ + C\sin 20^\circ - 16 = 0$

$T\sin 40^\circ - C\cos 20^\circ - 3 = 0$

위 식을 연립하여 풀면

$\therefore\ T = 9\,\text{kN},\ C = 3\,\text{kN}$

2배각 공식과 반각공식을 이용한 다음의 공식들도 적분단원에서 필요하므로 숙지하고 있어야 한다.

$\sin 2\alpha = 2\sin\alpha\cos\alpha$ 에서 $\sin\alpha = 2\sin\frac{\alpha}{2}\cos\frac{\alpha}{2}$

$\cos 2\alpha = \cos^2\alpha - \sin^2\alpha = 2\cos^2\alpha - 1 = 1 - 2\sin^2\alpha$ 에서

$\cos\alpha = \cos^2\frac{\alpha}{2} - \sin^2\frac{\alpha}{2} = 2\cos^2\frac{\alpha}{2} - 1 = 1 - 2\sin^2\frac{\alpha}{2}$

$\sin^2\frac{\alpha}{2} = \frac{1-\cos\alpha}{2}$ 에서 $\sin^2\alpha = \frac{1-\cos 2\alpha}{2}$

$\cos^2\frac{\alpha}{2} = \frac{1+\cos\alpha}{2}$ 에서 $\cos^2\alpha = \frac{1+\cos 2\alpha}{2}$

예제 $\sin\theta = \frac{4}{5}\left(\frac{\pi}{2} < \theta < \pi\right)$일 때, 다음 각 값을 구하여라.

(1) $\sin 2\theta$　　(2) $\cos 2\theta$　　(3) $\tan 2\theta$

풀이▶ (i) $\sin^2\theta + \cos^2\theta = 1$에서

$\cos^2\theta - 1 - \sin^2\theta = 1 - \left(\frac{4}{5}\right)^2 = \frac{9}{25}$ $\therefore\ \cos\theta = -\frac{3}{5}$ $\left(\because\ \frac{\pi}{2} < \theta < \pi\right)$

$\therefore\ \tan\theta = \frac{\sin\theta}{\cos\theta} = \frac{4/5}{-3/5} = -\frac{4}{3}$

(ii) 삼각형을 그려서 다음과 같이 cosθ와 tanθ의 값을 쉽게 알 수가 있다.

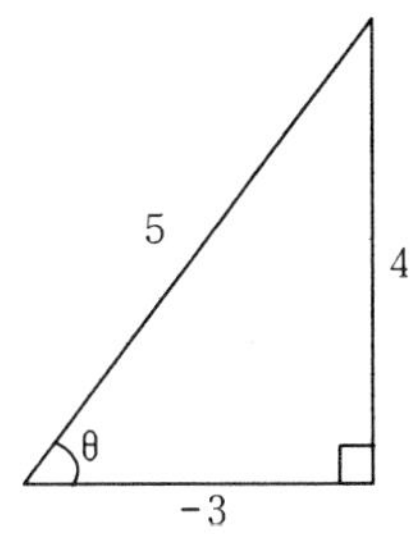

2사분면의 각이므로 $\cos\theta = -\frac{3}{5}$ $\tan\theta = -\frac{4}{3}$

(1) $\sin 2\theta = 2\sin\theta\cos\theta = 2\times\frac{4}{5}\times\left(-\frac{3}{5}\right) = -\frac{24}{25}$

(2) $\cos 2\theta = 1-\sin^2\theta = 1-2\times\left(\frac{4}{5}\right)^2 = -\frac{7}{25}$

(3) $\tan 2\theta = \frac{2\tan\theta}{1-\tan^2\theta} = \frac{2\times(-4/3)}{1-(-4/3)^2} = \frac{24}{7}$

전공이론

※ 주응력과 Mohr 원

어떤 요소가 응력을 받는다고 하면 그 요소에는 전단응력이 0인 3개의 직교하는 평면이 존재한다. 이와 같은 면들을 주응력면이라 부르고, 이 면에 작용하는 법선방향의 응력을 주응력이라 부른다. 이 응력중에서 그 값이 최대인 것을 최대주응력 σ_1, 최소인 것을 최소주응력 σ_3, 중간을 중간주응력 σ_2 라고 한다.

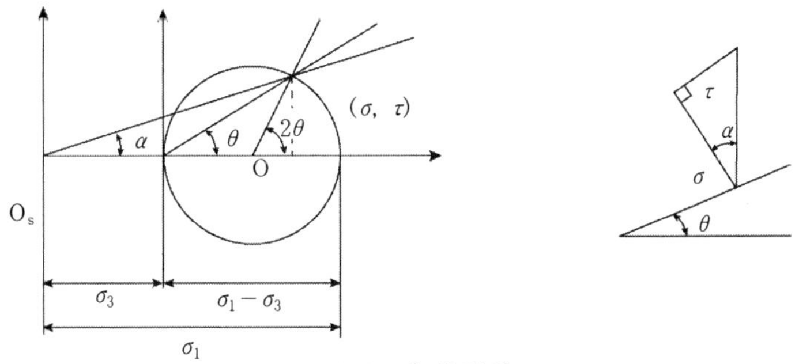

Mohr의 응력원

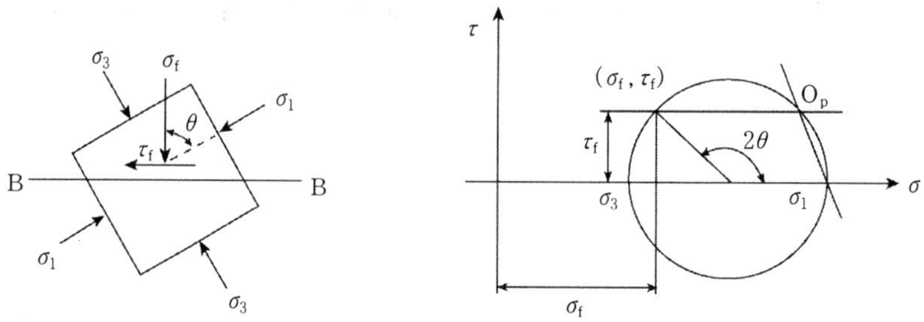

수직응력과 전단응력

그림에서 알 수 있는 바와 같이 Mohr의 응력원에서 최소 주응력면과 점 O와의 거리는 $\frac{\sigma_1 - \sigma_3}{2}$가 되므로 전단응력 $\tau = \frac{\sigma_1 - \sigma_3}{2} \sin 2\theta$가 되고, 수직응력은 $\sigma_3 + \frac{\sigma_1 - \sigma_3}{2} + \frac{\sigma_1 - \sigma_3}{2} \cos 2\theta$의 합이 되므로 수직응력 $\sigma = \frac{\sigma_1 + \sigma_3}{2} + \frac{\sigma_1 - \sigma_3}{2} \cos 2\theta$ 이 된다.

∴ 수직응력 $\sigma = \frac{\sigma_1 + \sigma_3}{2} + \frac{\sigma_1 - \sigma_3}{2} \cos 2\theta$ 이고

∴ 전단응력 $\tau = \frac{(\sigma_1 - \sigma_3)}{2} \sin 2\theta$가 된다.

전공문제

최대 주응력이 $10\ t/m^2$ 최소 주응력이 $4\ t/m^2$일 때 최소 주응력면과 45°를 이루는 평면에 일어나는 수직응력은?

㉮ $7\ t/m^2$ ㉯ $3\ t/m^2$
㉰ $6\ t/m^2$ ㉱ $4\sqrt{2}\ t/m^2$

해설

수직응력 $\sigma = \frac{\sigma_1 + \sigma_3}{2} + \frac{\sigma_1 - \sigma_3}{2} \cos 2\theta$

$= \frac{10+4}{2} + \frac{10-4}{2} \cos 90^o = 7\ t/m^2$

전공문제

흙 중의 한 점에서 최대 및 최소 주응력이 각각 $1\,kg/cm^2$ 및 $0.6\,kg/cm^2$ 일 때 이 점을 지나 최소 주응력면과 60° 를 이루는 면상의 전단응력은?

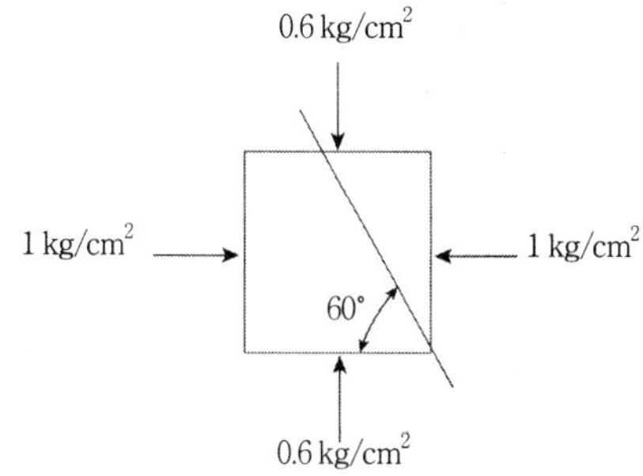

㉮ $0.10\,kg/cm^2$ ㉯ $0.17\,kg/cm^2$
㉰ $0.40\,kg/cm^2$ ㉱ $0.69\,kg/cm^2$

해설

전단응력 $\tau = \dfrac{\sigma_1 - \sigma_3}{2}\sin 2\theta = \dfrac{1-0.6}{2}\sin 120^\circ = 0.173\,kg/cm^2$

전공문제

그림과 같이 한 탄성체 내의 한 점 A에서 응력이 $\sigma_x = -400\,kg/cm^2$(압축), $\sigma_y = 400\,kg/cm^2$(인장), $\tau_{xy} = 0$ 이다. x축에서 그림과 같이 θ = 45°기울어진 단면에서의 수직응력 σ_θ 와 전단응력 τ_θ 은?

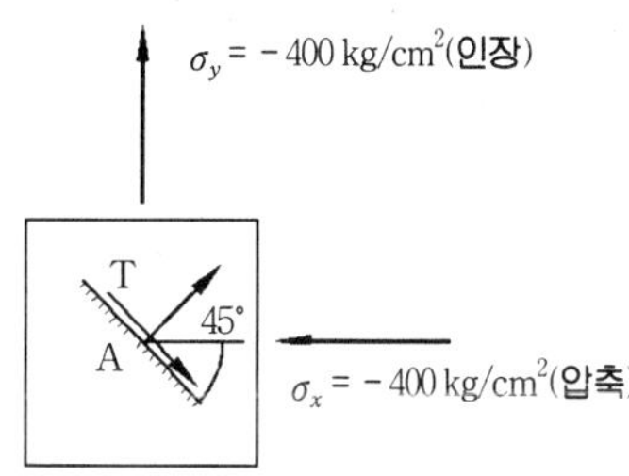

㉮ $\sigma_\theta = 0 \quad \tau_\theta = 400\,kg/cm^2$
㉯ $\sigma_\theta = 0 \quad \tau_\theta = -400\,kg/cm^2$
㉰ $\sigma_\theta = 400\,kg/cm^2 \quad \tau_\theta = 0$
㉱ $\sigma_\theta = -400\,kg/cm^2 \quad \tau_\theta = 0$

해설

수직응력 $\sigma_\theta = \dfrac{-400+400}{2} + \dfrac{-400-400}{2}\cos 90^\circ = 0$

전단응력 $\tau_\theta = \dfrac{-400-400}{2}\sin 90^\circ = -400\,kg/cm^2$

예제 $\cos\theta = \dfrac{3}{5}$ (단, $\left(0<\theta<\dfrac{\pi}{2}\right)$일 때 $\sin 3\theta$, $\cos 3\theta$의 값을 각각 구하시오.

풀이▶ (i) $\sin^2\theta + \cos^2\theta = 1$에서

$$\sin^2\theta = 1 - \cos^2\theta = 1 - \left(\frac{3}{5}\right)^2 = \frac{16}{25} \quad \therefore \sin\theta = \frac{4}{5} \quad \left(\because 0<\theta<\frac{\pi}{2}\right)$$

(ii) 삼각형을 그려서 다음과 같이 $\sin\theta$와 $\tan\theta$의 값을 쉽게 알 수가 있다.

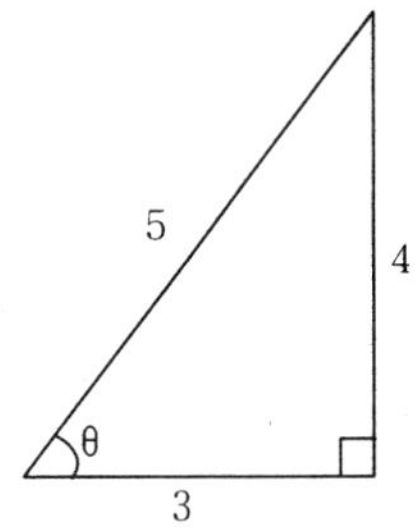

※ 1사분면의 각이므로 $\sin\theta=\frac{4}{5}$, $\tan\theta=\frac{4}{3}$

$$\sin 3\theta=3\sin\theta-4\sin^3\theta=3\times\frac{4}{5}-4\times\left(\frac{4}{5}\right)^3=\frac{44}{125}$$

$$\cos 3\theta=4\cos^3\theta-3\cos\theta=4\times\left(\frac{3}{5}\right)^3-3\times\frac{3}{5}=-\frac{117}{125}$$

예제 $\sin 22°30'$, $\cos 22°30'$, $\tan 22°30'$의 값을 각각 구하여라.

풀이▶ $\sin^2 22°30' = \sin^2\frac{45°}{2}=\frac{1-\cos 45°}{2}=\frac{2-\sqrt{2}}{4}$

$\cos^2 22°30' = \cos^2\frac{45°}{2}=\frac{1+\cos 45°}{2}=\frac{2+\sqrt{2}}{4}$

$\tan^2 22°30' = \tan^2\frac{45°}{2}=\frac{1-\cos 45°}{1+\cos 45°}=\frac{2-\sqrt{2}}{2+\sqrt{2}}$

그런데, $\sin 22°30'$, $\cos 22°30'$, $\tan 22°30'$ 은 1사분면의 각이므로

$\sin 22°30'=\frac{\sqrt{2-\sqrt{2}}}{2}$, $\cos 22°30'=\frac{\sqrt{2+\sqrt{2}}}{2}$

$\tan 22°30'=\sqrt{\frac{2-\sqrt{2}}{2+\sqrt{2}}}=\sqrt{\frac{(2-\sqrt{2})^2}{4-2}}=\frac{2-\sqrt{2}}{\sqrt{2}}=\sqrt{2}-1$

곱을 합 또는 차로 고치는 공식

(i) $\sin\alpha\cos\beta=\frac{1}{2}\{\sin(\alpha+\beta)+\sin(\alpha-\beta)\}$

(ii) $\cos\alpha\sin\beta=\frac{1}{2}\{\sin(\alpha+\beta)-\sin(\alpha-\beta)\}$

(iii) $\cos\alpha\cos\beta=\frac{1}{2}\{\cos(\alpha+\beta)+\cos(\alpha-\beta)\}$

(iv) $\sin\alpha\sin\beta=\frac{1}{2}\{\cos(\alpha+\beta)-\cos(\alpha-\beta)\}$

합 또는 차를 곱으로 고치는 공식

(i) $\sin A+\sin B=2\sin\dfrac{A+B}{2}\cos\dfrac{A-B}{2}$

(ii) $\sin A-\sin B=2\cos\dfrac{A+B}{2}\sin\dfrac{A-B}{2}$

(iii) $\cos A+\cos B=2\cos\dfrac{A+B}{2}\cos\dfrac{A-B}{2}$

(iv) $\cos A+\cos B=2\sin\dfrac{A+B}{2}\sin\dfrac{A-B}{2}$

예제 다음 각 값을 구하시오.

(1) $\sin 80^\circ-\sin 40^\circ-\sin 20^\circ$ (2) $\dfrac{\sin 55^\circ\sin 35^\circ}{\cos 80^\circ+\cos 40^\circ}$

풀이▶ (1) $\sin 80^\circ-\sin 40^\circ-\sin 20^\circ$

$=(\sin 80^\circ-\sin 40^\circ)-\sin 20^\circ$

$=2\cos 60^\circ\sin 20^\circ-\sin 20^\circ$

$=2\times\dfrac{1}{2}\times\sin 20^\circ-\sin 20^\circ=0$

(2) $\dfrac{\sin 55^\circ\sin 35^\circ}{\cos 80^\circ+\cos 40^\circ}=-\dfrac{1}{2}\dfrac{(\cos 90^\circ-\cos 20^\circ)}{2\cos 60^\circ\cos 20^\circ}=\dfrac{\frac{1}{2}\cos 20^\circ}{\cos 20^\circ}=\dfrac{1}{2}$

6.6 삼각함수의 합성

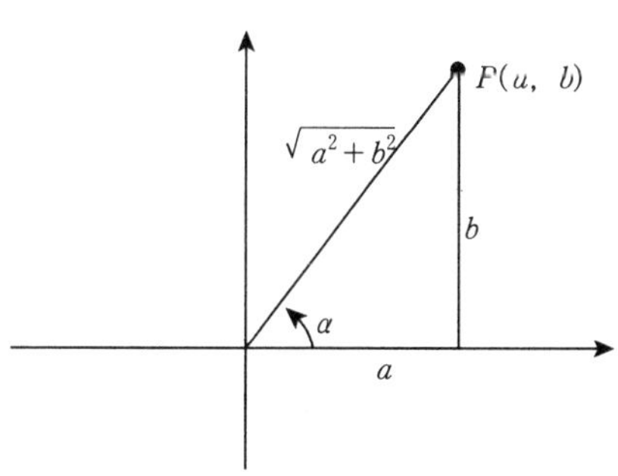

sine, cosine 의 합성

$a\sin\theta \pm b\cos\theta = \sqrt{a^2+b^2}\sin(\theta \pm \alpha)$ ($\tan\alpha = \frac{b}{a}$)

$a\cos\theta + b\sin\theta = \sqrt{a^2+b^2}\cos(\theta - \alpha)$ ($\tan\alpha = \frac{b}{a}$)

여기서, α의 값을 정할 때에는 a, b의 양, 음의 부호를 고려하여 α가 제 몇 사분면의 각인가를 결정하고, 이에 의해서 간단한 α를 정하면 된다.

예제 다음 각 식을 $r\sin(\theta+\alpha)$의 꼴로 변형하라.

(1) $\sqrt{3}\sin\theta - \cos\theta$ (2) $3\sin\theta + 4\cos\theta$

풀이▶ (1) 준식 $= \sqrt{a^2+b^2}\sin(\theta \pm \alpha) = 2\sin(\theta - 30^\circ)$

여기서, $\tan\alpha = \frac{b}{a} = -\frac{1}{\sqrt{3}}$

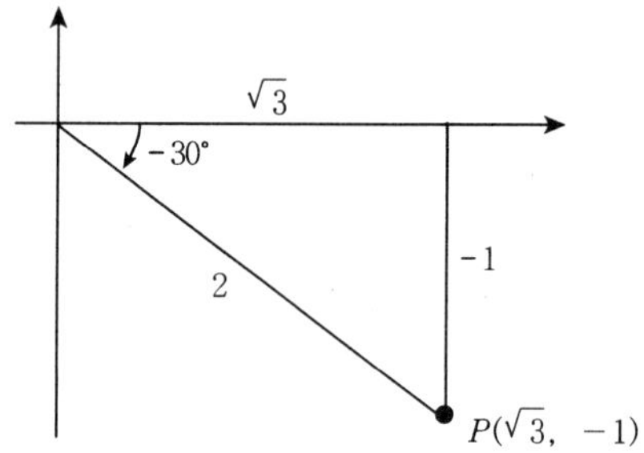

(2) 준식 $= 3\sin\theta + 4\cos\theta$

$= \sqrt{a^2+b^2}\sin(\theta + \alpha) = 5\sin(\theta + \alpha)$

여기서, $\tan\alpha = \frac{b}{a} = \frac{4}{3}$

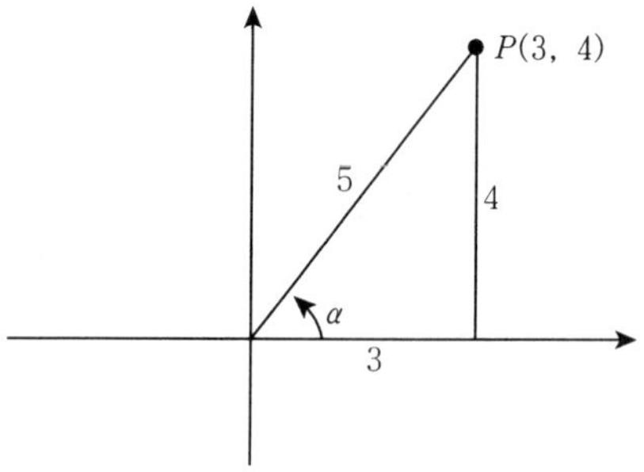

연습문제

1. 다음 그림과 같이 직경 8 cm인 분류가 35 m/sec의 속도로 관의 벽면에 부딪힌 후 최초 흐름 방향에서 150° 수평방향 변화를 하였다. 관의 벽면이 최초의 흐름방향으로 10 m/sec의 속도로 이동할 때 관 벽면에 작용하는 힘은?

㉮ $-0.35\ t$
㉯ $0.62\ t$
㉰ $-0.18\ t$
㉱ $0.75\ t$

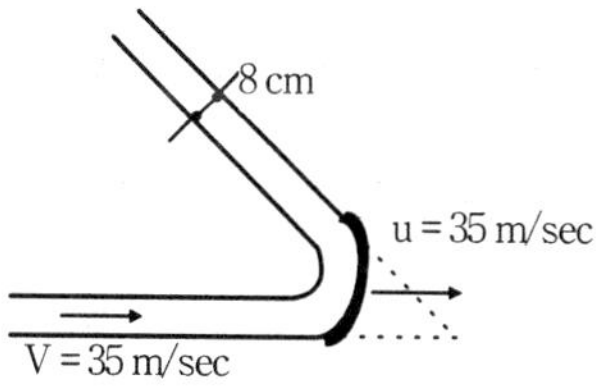

해설

$$-F_x = \frac{1}{9.8} \times \frac{\pi \times 0.08^2}{4} \times (35-10) \times [(35-10)\cos 150^\circ - (35-10)\cos 0^\circ]$$

$$= -0.598\ t$$

$$\therefore\ F_x = 0.598\ t$$

$$F_y = \frac{1}{9.8} \times \frac{\pi \times 0.08^2}{4} \times (35-10) \times [(35-10)\sin 150^\circ - (35-10)\sin 0^\circ] = 0.160\ t$$

$$\therefore\ F_y = 0.160\ t$$

$$\therefore\ F = \sqrt{F_x^2 + F_y^2} = \sqrt{0.598^2 + 0.160^2} = 0.619\ t$$

2. 그림의 AC, BC에 작용하는 힘 P_{AC}, P_{BC}의 크기를 구한 값은?

㉮ $P_{AC} = 10t,\ P_{BC} = 8.66\,t$
㉯ $P_{AC} = 8.66t,\ P_{BC} = 5\,t$
㉰ $P_{AC} = 5t,\ P_{BC} = 8.66\,t$
㉱ $P_{AC} = 5t,\ P_{BC} = 17.32\,t$

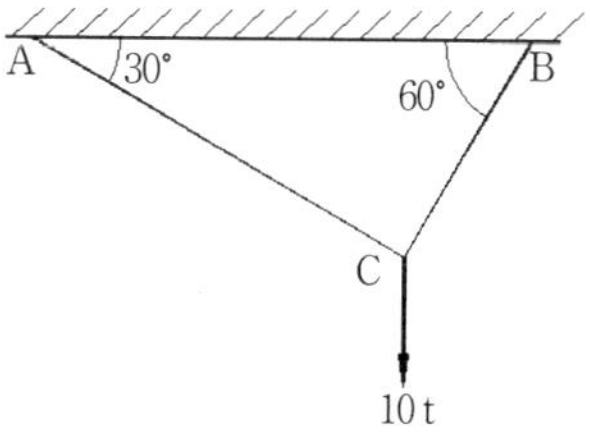

해설

한 점을 중심으로 3힘이 작용하며 평형 상태에 있으므로 라미의 정리를 이용한다.

sine 법칙 $\dfrac{10}{\sin 90^\circ} = \dfrac{AC}{\sin 120^\circ} = \dfrac{BC}{\sin 150^\circ}$ 에서

$$\therefore P_{AC} = 10 \times \frac{\sin 120^\circ}{\sin 90^\circ} = 8.66\ t$$

$$\therefore P_{BC} = 10 \times \frac{\sin 150^\circ}{\sin 90^\circ} = 5\ t$$

3. Bracket을 그림과 같이 볼트접합으로 설계하고자 한다. 이 bracket에 5 ton의 하중을 가할 때 안전한지 검토하시오. (볼트의 직경은 20 mm, 허용전단응력(τ_a)은 1,500 kg/cm^{2}이라고 한다.)

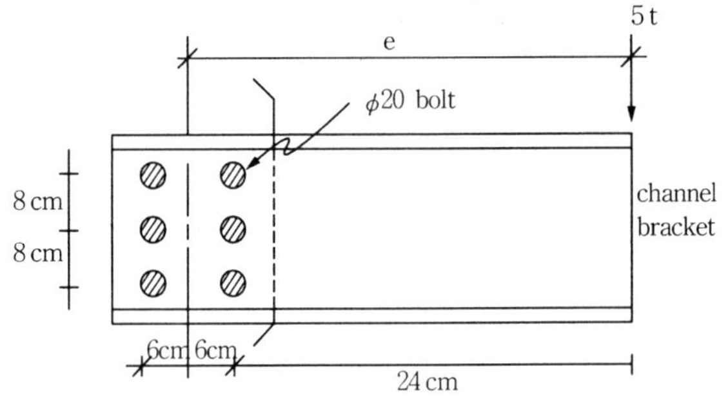

해설

Design Procedure

1. 볼트군에 작용하는 단면력 산정

 –볼트군에 작용하는 전단력

 : $V = 5t = 5,000\,\text{kg}$

 –비틀림 모멘트

 : $T = 5,000(24+6) = 150,000\,\text{kg}\cdot\text{cm}$

2. 볼트군의 단면 성질

 –볼트군 중심에 대한 볼트의 극관성 2차 모멘트(J)를 산정한다.

$$J = I_x + I_y = \frac{\pi \times 2^2}{4}(\Sigma x^2 + \Sigma y^2)$$

$$\pi\{2(3\text{EA}\times 6^2) + 2(2\text{EA}\times 8^2)\} = 472\,\pi\,\text{cm}^2$$

3. 전단력에 의한 전단응력 (τ_s) 산정

$$\tau_s = \frac{V}{n \times \left(\frac{\pi \cdot 2^2}{4}\right)} = \frac{5,000}{6 \times \frac{4\pi}{4}} = \frac{2,500}{3\pi}\ (\mathrm{kg/cm^2})$$

4. 비틀림에 의한 비틀림 전단응력 (τ_t) 산정

–비틀림에 의한 전단응력은 볼트 중심군에서 가장 먼거리에 있는 볼트가 제일 큰 비틀림을 받는다.

$$\tau_t = \frac{T}{J} r_{\max} = \frac{150,000}{472\pi}\sqrt{6^2+8^2}$$

$$= \frac{27,500}{59\pi}\ (\mathrm{kg/cm^2})$$

5. 합성응력에 의한 허용재하 하중(그림에서 $\cos\theta = \frac{6}{10}$ 이다.)

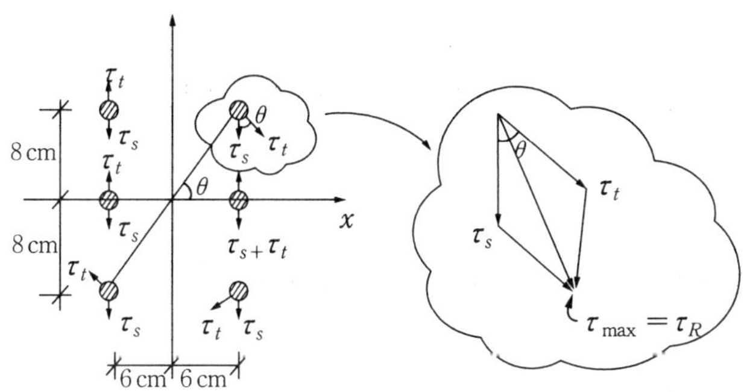

$$\tau_R = \sqrt{\tau_s^{\,2} + \tau_t^{\,2} - 2\tau_s\tau_t\cos(180^\circ - \theta)}$$

$$= \sqrt{\left(\frac{2,500}{3\pi}\right)^2 + \left(\frac{37,500}{59\pi}\right)^2 + 2\left(\frac{2,500}{3\pi}\right)\left(\frac{37,500}{59\pi}\right)\left(\frac{6}{10}\right)}$$

$$= 419.157 \le \tau_a (= 1,500\ \mathrm{kg/cm^2})$$

∴ 5t의 하중에 대하여 각 bolt는 안전하다.

4. 흙 속에 있는 한 점에 최대 주응력과 최소 주응력이 각각 3.0 kg/cm^2, 1.0 kg/cm^{2}가 작용한다. 최대 주응력면과 30° 를 이루는 평면에 작용하는 수직응력 σ와 전단응력 τ를 구한 값은?

해설

수직응력 $\sigma = \dfrac{\sigma_1+\sigma_3}{2} + \dfrac{\sigma_1-\sigma_3}{2}\cos 2\theta$

$= \dfrac{3.0+1.0}{2} + \dfrac{3.0-1.0}{2}\cos 60^\circ = 2.5\,\mathrm{kg/cm^2}$

전단응력 $\tau = \dfrac{\sigma_1-\sigma_2}{2}\sin 2\theta$

$= \dfrac{3.0-1.0}{2}\sin 60^\circ = 0.866\,\mathrm{kg/cm^2}$

5. 그림과 같이 4점을 측정하였다. 면적은 얼마인가?

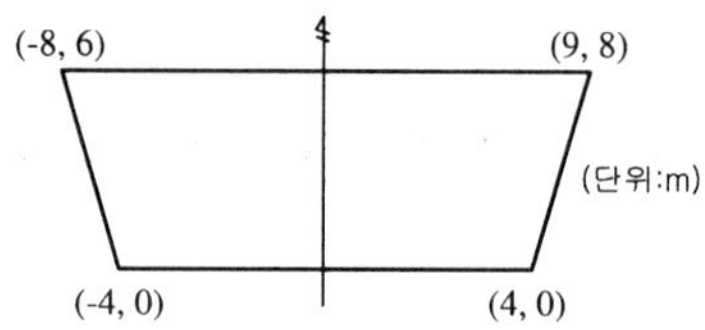

㉮ $87\mathrm{m}^2$ ㉯ $100\mathrm{m}^2$
㉰ $174\mathrm{m}^2$ ㉱ $192\mathrm{m}^2$

해설

$S=\dfrac{1}{2}\begin{vmatrix} 4 & -4 & -8 & 9 & 4 \\ 0 & 0 & 6 & 8 & 0 \end{vmatrix} = \dfrac{1}{2} \mid (-24)-0)+(-64-54)+(0-32) \mid = 87\mathrm{m}^2$

6. 두 직선의 교각이 60°이다. E = 20 m 이상인 이 두 직선 사이에 곡선을 설치할 경우, R을 얼마 이상으로 하여야 하는가?

㉮ 120 m ㉯ 125 m ㉰ 130 m ㉱ 135 m

해설

$E(SL) = R\left(\sec\dfrac{I}{2} - 1\right)$ 에서

$R = \dfrac{E(SL)}{\left(\dfrac{1}{\cos\dfrac{I}{2}} - 1\right)} = \dfrac{20}{\left(\dfrac{1}{\cos\dfrac{60^\circ}{2}} - 1\right)} = 130\mathrm{m}$

7 행렬과 행렬식

7.1 행렬의 정의와 분류

(1) 행렬의 정의

mn개의 수 $a_{ij}(i=1,\ 2,\cdots,\ m;\ j=1,\ 2,\ \cdots,\ n)$를

$$A = \begin{vmatrix} a_{11} & a_{12} & \cdots & a_{1n} \\ a_{21} & a_{22} & \cdots & a_{2n} \\ \cdots & \cdots & \cdots & \cdots \\ a_{m1} & a_{m2} & \cdots & a_{mn} \end{vmatrix}$$ 의 형으로

나열한 것을 $m \times n$ 행렬(m by n matrix) 혹은 $(m,\ n)$행렬($(m,\ n)$-matrix)이라 하고 간단히 $A=(a_{ij})(i=1,\ 2,\ \cdots,\ m;\ j=1,\ 2,\ \cdots,\ n)$로 표시한다. 행렬의 가로줄을 행(row), 세로줄을 열(column)이라 한다. 행렬을 구성하는 각 성분 a_{ij}를 A의 $(i,\ j)$원소(elemant)라 하며 여기서 i는 주어진 원소가 위치하는 행을 나타내며 j는 주어진 원소가 위치히는 열을 나타낸다. 행의 수와 열의 수가 같은 행렬을 성방행렬(square matrix)이라 하고, 이 때 그 행의 수를 그 행렬의 차수(order)라 한다. 한편, 1개의 행으로 구성된 행렬을 행벡터라 하고 1개의 열만으로 구성된 행렬을 열벡터라 한다.

예제 다음 행렬을 $m \times n$행렬로 나타내어라.

$[1\ 2\ 3]$: 1×3 행렬 또는 (1, 3)행렬 혹은 행벡터

$\begin{bmatrix} 3 & 1 & -4 \\ 2 & 0 & 4 \end{bmatrix}$: 2×3 행렬 또는 (2, 3)행렬

$\begin{bmatrix} a & b & c \\ d & e & f \\ g & h & i \end{bmatrix}$: 3차의 정방행렬 또는 3×3 행렬

$\begin{bmatrix} 2 & 3 \\ -4 & 0 \\ 2 & -3 \end{bmatrix}$: 3×2 행렬 또는 (3, 2)행렬

$\begin{bmatrix} 2 \\ 1 \\ -3 \\ 0 \end{bmatrix}$: 4×1 행렬 또는 (4, 1)행렬 또는 열벡터

(2) 행렬의 분류

n차의 정방행렬 $A=(a_{ij})$에서 $a_{11}, a_{22}, \cdots, a_{nn}$을 포함하는 대각선을 주대각선(principal diagonal)이라 한다.

1) 대각행렬(diagonal matrix)

정방행렬이 $A=\begin{bmatrix} a_{11} & 0 & \cdots & 0 \\ 0 & a_{22} & \cdots & 0 \\ \cdots & \cdots & \cdots & \cdots \\ 0 & 0 & \cdots & a_{nn} \end{bmatrix}$ 인 형을 하고 있을 때, 즉, 대각선 이외의 원소가 모두 0일 때, A를 대각행렬이라 한다.

2) 단위행렬(unit matrix 또는 identity matrix)

대각행렬의 대각원소가 모두 1일 때, n 차의 정방행렬을 n 차의 단위행렬이라 하고, E_n 또는 I_n으로 나타낸다. 그러나 특별히 차수를 나타낼 필요가 없을 때는 E 또는 I를

쓴다. 즉,

$$E_n = \begin{bmatrix} 1 & 0 & \cdots & 0 \\ 0 & 1 & \cdots & 0 \\ \cdots & \cdots & \cdots & \cdots \\ 0 & 0 & \cdots & 1 \end{bmatrix}$$

$\delta_{ij} = \begin{cases} 1 & (i=j) \\ 0 & (i \neq j) \end{cases}$에 의하여 정의되는 수 δ_{ij}를 kronecker의 delta라 한다.

이것을 사용하면, 단위행렬 $E=(\delta_{ij})$라고 나타낼 수 있다.

3) Scalar 행렬

대각원소 이외의 원소는 모두 0이며, 대각원소는 0과 1이외의 원소로써 모두 같은 대각행렬 $\begin{bmatrix} a & 0 & \cdots & 0 \\ 0 & a & \cdots & 0 \\ \cdots & \cdots & \cdots & \cdots \\ 0 & 0 & \cdots & a \end{bmatrix}$를 scalar 행렬이라고 한다.

4) 영행렬(zero matrix)

모든 원소가 0인 $m \times n$ 행렬

$\begin{bmatrix} 0 & 0 & \cdots & 0 \\ 0 & 0 & \cdots & 0 \\ \cdots & \cdots & \cdots & \cdots \\ 0 & 0 & \cdots & 0 \end{bmatrix}$을 $m \times n$ 영행렬(m by n zero matrix)이라 하고 $0_{m \times n}$으로 표시한다.

그러나, 영행렬의 형을 명시할 필요가 없을 때는 영행렬을 간단히 기호 0으로 표시한다.

5) 삼각행렬(triangular matrix)

정방행렬 $A=(a_{ij})$의 주대각선의 상부(또는 하부)에 있는 원소가 모두 0인 행렬을 삼각행렬이라 한다.

$$\begin{bmatrix} a_{11} & a_{12} & a_{13} \\ 0 & a_{22} & a_{23} \\ 0 & 0 & a_{33} \end{bmatrix} \qquad \begin{bmatrix} a_{11} & 0 & 0 \\ a_{21} & a_{22} & 0 \\ a_{31} & a_{32} & a_{33} \end{bmatrix}$$

6) 전치행렬(transposed matrix)

$(m,\ n)$행렬 A에 대해서 행과 열을 바꾸어서 만들어진 $(n,\ m)$ 행렬을 A의 전치행렬이라 하고 A^T라 쓴다. 즉,

$$A=\begin{bmatrix} a_{11} & a_{12} & \cdots & a_{1n} \\ a_{21} & a_{22} & \cdots & a_{2n} \\ \cdots & \cdots & \cdots & \cdots \\ a_{m1} & a_{m2} & \cdots & a_{mn} \end{bmatrix} \quad A^T=\begin{bmatrix} a_{11} & a_{21} & \cdots & a_{m1} \\ a_{12} & a_{22} & \cdots & a_{m2} \\ \cdots & \cdots & \cdots & \cdots \\ a_{1n} & a_{2n} & \cdots & a_{mn} \end{bmatrix}$$

1. A가 $m\times n$ 행렬이면 A^T는 $n\times m$ 행렬이다.
2. A의 $(i,\ j)$-원소가 a_{ij}일 때, A^T의 $(j,\ i)$-원소를 b_{ji}라고 하면 $b_{ji}=a_{ij}$가 성립

7) 대칭 행렬(symmetric matrix)

정방행렬 $A=(a_{ij})$에서 $a_{ij}=a_{ji}$인 행렬, 즉, $A=A^T$인 행렬 A를 대칭행렬이라 한다.

㉠ $\begin{bmatrix} a & b & c \\ b & d & e \\ c & e & f \end{bmatrix}$ 행렬과 $\begin{bmatrix} a & x & y \\ x & b & z \\ y & z & c \end{bmatrix}$ 행렬은 대칭행렬이다.

8) 교대행렬(alternating matrix, 왜(歪) 대칭행렬 : skew symetrix matrix)

정방행렬 $A=(a_{ij})$에서 $a_{ij}=-a_{ji}$인 행렬, 즉, $A=-A^T$인 행렬 A를 교대행렬이라 한다.

교대행렬에서는 $a_{ij}=-a_{ji}$에서 $i=j$이면 $a_{ij}=-a_{ji}$이므로 $a_{ij}=0$이다

㉠ $\begin{bmatrix} 0 & a & -b \\ -a & 0 & c \\ b & -c & 0 \end{bmatrix}$ 행렬과 $\begin{bmatrix} 0 & -x & y \\ x & 0 & -z \\ -y & z & 0 \end{bmatrix}$ 행렬은 교대행렬이다.

7.2 행렬의 연산(operating of matrix)

(1) 행렬의 상등(equal)

2개의 $m \times n$ 행렬 $A=(a_{ij})$, $B=(b_{ij})$에 대하여 대응하는 모든 원소가 같을 때, 즉 모든 i, j에 대하여 $a_{ij}=b_{ij}$일 때 A와 B는 같다고 하고 $A=B$로 쓴다.

예제 다음을 만족하는 x, y, a, b의 값을 구하라.

$$\begin{pmatrix} x+y & x-y \\ -4 & 1 \end{pmatrix} = \begin{pmatrix} 5 & -1 \\ 2a & a-b \end{pmatrix}$$

풀이▶ $x+y=5$, $x-y=-1$, $-4=2a$, $1=a-b$

$\therefore x=2$, $y=3$, $a=-2$, $b=-3$

(2) 행렬의 연산

1) 행렬의 덧셈, 뺄셈은 대응하는 원소끼리만 더하고 뺀다.

예제 다음에서 두 행렬의 연산이 가능한 것은 이를 계산하여라.

(1) $(1\ \ 2)+(3\ \ 4)$　　(2) $(-2\ \ 3)+(4\ \ -1\ \ 0)$

(3) $\begin{pmatrix} 5 & 0 & 3 & 2 \\ 4 & 1 & 7 & 5 \end{pmatrix} - \begin{pmatrix} 1 & 2 & 3 & 4 \\ 5 & 3 & 0 & 7 \end{pmatrix}$　　(4) $2\begin{pmatrix} 4 & -3 \\ 2 & 1 \end{pmatrix} - 3\begin{pmatrix} -1 & 3 \\ -2 & 1 \end{pmatrix}$

풀이▶ (1) 준식 $=(1+3\ \ 2+4)-(4\ \ 6)$

(2) 1×2 행렬과 1×3 행렬의 연산으로서 그 꼴이 같지 않으므로 덧셈을 할 수 없다.

(3) 준식 $=\begin{pmatrix} 5-1 & 0-2 & 3-3 & 2-4 \\ 4-5 & 1-3 & 7-0 & 5-7 \end{pmatrix} = \begin{pmatrix} 4 & -2 & 0 & -2 \\ -1 & -2 & 7 & -2 \end{pmatrix}$

(4) 준식 $=\begin{pmatrix} 8 & -6 \\ 4 & 2 \end{pmatrix} + \begin{pmatrix} -3 & 9 \\ -6 & 3 \end{pmatrix} = \begin{pmatrix} 5 & 3 \\ -2 & 5 \end{pmatrix}$

2) 행렬을 k 배한 것은 각각의 원소를 k 배 한다.

$$k\begin{pmatrix} a & b \\ c & d \end{pmatrix} = \begin{pmatrix} ka & kb \\ kc & kd \end{pmatrix}$$

3) 행렬 A, B의 곱셈에서 곱 $A \cdot B$는 A의 i행의 원소에다 B의 j열의 대응하는 원소를 차례로 곱하여 더한 것이다. 이 때 A의 열의 개수와 B의 개수가 같을 때만 곱할 수 있다.

예제 다음 두 행렬의 곱을 계산하여라.

(1) $(5 \ \ 7)\begin{pmatrix} 3 \\ 2 \end{pmatrix}$ (2) $\begin{pmatrix} 4 & 5 \\ 6 & 8 \end{pmatrix}\begin{pmatrix} 2 & 3 & 6 \\ 4 & 1 & 7 \end{pmatrix}$

풀이▶ (1) 준식 $= (15+14) = (29)$

(2) 준식 $= \begin{pmatrix} 8+20 & 12+5 & 24+35 \\ 12+32 & 18+8 & 36+56 \end{pmatrix} = \begin{pmatrix} 28 & 17 & 59 \\ 44 & 26 & 92 \end{pmatrix}$

2개의 m×n 행렬을

$$A = \begin{vmatrix} a_{11} & a_{12} & \cdots & a_{1n} \\ a_{21} & a_{22} & \cdots & a_{2n} \\ \cdots & \cdots & \cdots & \cdots \\ a_{m1} & a_{m2} & \cdots & a_{mn} \end{vmatrix} = (a_{ij}), \qquad B = \begin{vmatrix} b_{11} & b_{12} & \cdots & b_{1n} \\ b_{21} & b_{22} & \cdots & b_{2n} \\ \cdots & \cdots & \cdots & \cdots \\ b_{m1} & b_{m2} & \cdots & b_{mn} \end{vmatrix} = (b_{ij})$$

라고 할 때

(i) 덧셈법

행렬 A와 B의 합을 $A+B$라 쓰고 다음과 같이 정의한다.

$$A+B = \begin{vmatrix} a_{11}+b_{11} & a_{12}+b_{12} & \cdots & a_{1n}+b_{1n} \\ a_{21}+b_{21} & a_{22}+b_{22} & \cdots & a_{2n}+b_{2n} \\ \cdots & \cdots & \cdots & \cdots \\ a_{m1}+b_{m1} & a_{m2}+b_{m2} & \cdots & a_{mn}+b_{mn} \end{vmatrix}$$

즉, $A+B = (a_{ij}+b_{ij})$

(ii) 실수와 행렬의 곱

$$\alpha A = \begin{vmatrix} \alpha a_{11} & \alpha a_{12} & \cdots & \alpha a_{1n} \\ \alpha a_{21} & \alpha a_{22} & \cdots & \alpha a_{2n} \\ \cdots & \cdots & \cdots & \cdots \\ \alpha a_{m1} & \alpha a_{m2} & \cdots & \alpha a_{mn} \end{vmatrix}$$

즉, $\alpha A = (a_{ij})$

1. 특히 $\alpha = -1$이면 $(-1)A = (-a_{ij}) = -A$로 표시하고 $A+(-B) = A-B$로 표시한다. 이것을 A에서 B의 뺄셈으로 정의한다. 따라서, $A-B = A+(-B) = (a_{ij})+(-b_{ij}) = (a_{ij}+(-b_{ij})) = (a_{ij}-b_{ij})$
2. $1A=A$, $0A=0$, $A+0=A$, $A-A=0$이다.

행렬의 성질

임의의 $m \times n$ 행렬 A, B, C와 임의의 수 α, β에 대하여 다음의 성질이 성립한다.

(i) $A+B=B+A$ (교환법칙)
(ii) $(A+B)+C=A+(B+C)$ (결합법칙)
(iii) $A+O=O+A=A$ (O는 영행렬)
(iv) $A+(-A)=(-A)+A=O$
(v) $\alpha(\beta A)=(\alpha\beta)A$
(vi) $(\alpha+\beta)\mathrm{A}=\alpha A+\beta A$
(vii) $\alpha(\mathrm{A}+B)=\alpha A+\beta A$
(viii) $1A=A$

예제 $A = \begin{pmatrix} -1 & 3 \\ 4 & -2 \end{pmatrix}$, $B = \begin{pmatrix} 0 & -1 \\ 2 & 0 \end{pmatrix}$일 때, 다음 행렬을 계산하여라.

(1) $2(A-B)+A+B$ (2) $4(A+B)-2(A+4B)$

풀이▶ (1) $2(A-B)+A+B=2A-2B+A+B=3A-B$

$$= 3\begin{pmatrix} -1 & 3 \\ 4 & -2 \end{pmatrix} - \begin{pmatrix} 0 & -1 \\ 2 & 0 \end{pmatrix} = \begin{pmatrix} -3 & 9 \\ 12 & -6 \end{pmatrix} - \begin{pmatrix} 0 & -1 \\ 2 & 0 \end{pmatrix} = \begin{pmatrix} -3 & 10 \\ 10 & -6 \end{pmatrix}$$

(2) $4(A+B)-2(A+4B)=4A+4B-2A-8B=2A-4B$

$$= 2\begin{pmatrix} -1 & 3 \\ 4 & -2 \end{pmatrix} - 4\begin{pmatrix} 0 & -1 \\ 2 & 0 \end{pmatrix} = \begin{pmatrix} -2 & 6 \\ 8 & -4 \end{pmatrix} - \begin{pmatrix} 0 & -4 \\ 8 & 0 \end{pmatrix} = \begin{pmatrix} -2 & 10 \\ 0 & -4 \end{pmatrix}$$

(iii) 행렬의 곱셈법(Product of Matrix)

$m\times l$ 행렬 $A=(a_{ij})$와 $l\times n$ 행렬 $B=(b_{ij})$가 주어져 있을 때, $c_{ij}=a_{i1}a_{1j}+a_{i2}b_{2j}+\cdots+a_{il}b_{lj})=\sum_{k=1}^{l} a_{ik}b_{kj}$ $(i=1,\ 2,\ \cdots,\ m:\ j=1,\ 2,\ \cdots,\ n)$를 $(i,\ j)$성분으로 하는 $m\times n$ 행렬 $C=(c_{ij})$를 A와 B의 곱이라 하고 $A\cdot B$로 나타낸다. 따라서 $A\cdot B=(c_{ij})$이다. $A\cdot A$ 대신 간단히 A^2으로 쓴다.

1. 두 행렬 A와 B의 곱 $A\cdot B$는 A의 열의 개수와 B의 행의 개수가 같을 때만 정의된다.
2. $m\times l$ 행렬 A와 $l\times n$ 행렬 B가 주어지면 $A\cdot B$는 $m\times n$ 행렬이다.
3. 곱 $A\cdot B$의 $(i,\ j)$원소는 A의 제 i 행의 원소에다 B의 제 j 열의 대응하는 원소를 차례로 곱하여 더한 것이다.

예제 다음 행렬에서 $A\cdot B$ 행렬, $B\cdot C$ 행렬, $A\cdot C$ 행렬을 구하라.

$$A=\begin{bmatrix} 2 & 1 & 3 \\ -1 & 2 & 4 \end{bmatrix} \quad B=\begin{bmatrix} 1 & 4 \\ -3 & 5 \\ 2 & 1 \end{bmatrix} \quad C=\begin{bmatrix} 1 & 1 \\ 2 & 3 \end{bmatrix}$$

풀이▶ $$A\cdot B=\begin{bmatrix} 2 & 1 & 3 \\ -1 & 2 & 4 \end{bmatrix}\begin{bmatrix} 1 & 4 \\ -3 & 5 \\ 2 & 1 \end{bmatrix}=\begin{bmatrix} 2\cdot 1+1\cdot(-3)+3\cdot 2 & 2\cdot 4+1\cdot 5+3\cdot 1 \\ (-1)\cdot 1+2(-3)+4\cdot 2 & (-1)\cdot 4+2\cdot 5+4\cdot 1 \end{bmatrix}$$

$$=\begin{bmatrix} 5 & 16 \\ 1 & 10 \end{bmatrix}$$

$$B\cdot C=\begin{bmatrix} 1 & 4 \\ -3 & 5 \\ 2 & 1 \end{bmatrix}\begin{bmatrix} 1 & 1 \\ 2 & 3 \end{bmatrix}=\begin{bmatrix} 9 & 13 \\ 7 & 12 \\ 4 & 5 \end{bmatrix}$$

$A\cdot C$는 정의되지 않는다.

예제 행렬 $A=\begin{bmatrix} 1 & 0 & 3 \\ 2 & 3 & -1 \\ 0 & 4 & 1 \end{bmatrix}$ $B=\begin{bmatrix} 3 & -2 & 1 \\ -1 & 2 & 0 \\ 1 & 0 & 3 \end{bmatrix}$ $E=\begin{bmatrix} 1 & 0 & 0 \\ 0 & 1 & 0 \\ 0 & 0 & 1 \end{bmatrix}$ 에서

$A\cdot B\neq B\cdot A$이고, $A\cdot E=E\cdot A$임을 증명하여라.

풀이▶ $$A\cdot B=\begin{bmatrix} 1 & 0 & 3 \\ 2 & 3 & -1 \\ 0 & 4 & 1 \end{bmatrix}\begin{bmatrix} 3 & -2 & 1 \\ -1 & 2 & 0 \\ 1 & 0 & 3 \end{bmatrix}=\begin{bmatrix} 3+0+3 & -2+0+0 & 1+0-9 \\ 6-3-1 & -4+6+0 & 2+0+3 \\ 0-4+1 & 0+8+0 & 0+0-3 \end{bmatrix}$$

$$=\begin{bmatrix} 6 & -2 & -8 \\ 2 & 2 & 5 \\ -3 & 8 & -3 \end{bmatrix}$$

$$B\cdot A=\begin{bmatrix}3&-2&1\\-1&2&0\\1&0&3\end{bmatrix}\begin{bmatrix}1&0&3\\2&3&-1\\0&4&1\end{bmatrix}=\begin{bmatrix}-1&-2&12\\3&6&-5\\1&-12&0\end{bmatrix}$$

$\therefore\ A\cdot B\neq B\cdot A$

$$A\cdot E=\begin{bmatrix}1&0&3\\2&3&-1\\0&4&1\end{bmatrix}\begin{bmatrix}1&0&0\\0&1&0\\0&0&1\end{bmatrix}=\begin{bmatrix}1&0&3\\2&3&-1\\0&4&1\end{bmatrix}$$

$$E\cdot A=\begin{bmatrix}1&0&0\\0&1&0\\0&0&1\end{bmatrix}\begin{bmatrix}1&0&3\\2&3&-1\\0&4&1\end{bmatrix}=\begin{bmatrix}1&0&3\\2&3&-1\\0&4&1\end{bmatrix}$$

$\therefore A\cdot E=E\cdot A$

1. 일반적으로 행렬의 곱에서는 교환법칙이 성립하지 않는다.
2. $A\cdot B=0$이라 할지라도 「$A=0$ 또는 $B=0$이다」라고는 말할 수 없다.

   반례로는 $\begin{bmatrix}-1&3\\2&-6\end{bmatrix}\begin{bmatrix}3&6\\1&2\end{bmatrix}=\begin{bmatrix}0&0\\0&0\end{bmatrix}$
3. $A\cdot B=B\cdot C$ 이라도 반드시 $B=C$는 아니다.

   반례로는 $\begin{bmatrix}1&0\\1&0\end{bmatrix}\begin{bmatrix}2&-1\\3&2\end{bmatrix}=\begin{bmatrix}1&0\\1&0\end{bmatrix}\begin{bmatrix}2&-1\\1&3\end{bmatrix}$

행렬의 성질

행렬 A, B, C에 대해서 곱이 정의될 때 다음 성질이 성립한다.

(i) $(A\cdot B)\cdot C=A\cdot(B\cdot C)$(결합법칙)

(ii) $A\cdot(B+C)=A\cdot B+A\cdot C$

$(A+B)\cdot C=A\cdot C+B\cdot C$(분배법칙)

(iii) $A\cdot E=E\cdot A=A$(E는 단위행렬)

(iv) $A\cdot O=O\cdot A=O$(O는 영행렬)

예제 행렬 $A=\begin{bmatrix}2&1&5\\1&3&2\end{bmatrix}$ $B=\begin{bmatrix}3&4\\1&2\\2&1\end{bmatrix}$ $C=\begin{bmatrix}1&3\\-1&-1\end{bmatrix}$

$(A\cdot B)\cdot C=A\cdot(B\cdot C)$임을 계산으로 보여라.

풀이▶ $(A\cdot B)\cdot C=\left(\begin{bmatrix}2&1&5\\1&3&2\end{bmatrix}\cdot\begin{bmatrix}3&4\\1&2\\2&1\end{bmatrix}\right)\cdot\begin{bmatrix}1&3\\-1&-1\end{bmatrix}$

$$= \begin{bmatrix} 17 & 15 \\ 10 & 12 \end{bmatrix} \cdot \begin{bmatrix} 1 & 3 \\ -1 & -1 \end{bmatrix} = \begin{bmatrix} 2 & 36 \\ -2 & 18 \end{bmatrix}$$

$$A \cdot (B \cdot C) = \begin{bmatrix} 2 & 1 & 5 \\ 1 & 3 & 2 \end{bmatrix} \cdot \left(\begin{bmatrix} 3 & 4 \\ 1 & 2 \\ 2 & 1 \end{bmatrix} \cdot \begin{bmatrix} 1 & 3 \\ -1 & -1 \end{bmatrix} \right)$$

$$= \begin{bmatrix} 2 & 1 & 5 \\ 1 & 3 & 2 \end{bmatrix} \cdot \begin{bmatrix} -1 & 5 \\ -1 & 1 \\ 1 & 5 \end{bmatrix} = \begin{bmatrix} 2 & 36 \\ -2 & 18 \end{bmatrix}$$

$\therefore \ (A \cdot B) \cdot C = A \cdot (B \cdot C)$ 즉, 결합법칙이 성립한다.

전공문제

다음 트러스에서 각부재력 ①, ②, ③, ④를 계산하라. (단, 부재길이 l, 단면적 A, 탄성계수 E는 모두 동일하다.)

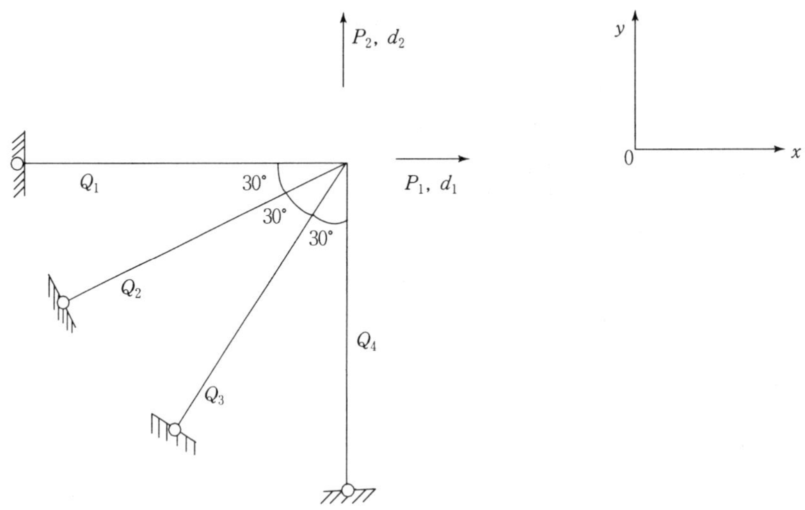

해설

이 문제는 구조물 Matrix 해법의 일종인 변위법(Displacement Method)을 이용하여 각 부재의 부재를 구한다.

1. Matrix 해석 절차

1) 하중 평형조건 $\vec{P} = \vec{A} \cdot \vec{Q}$

2) 부재내력-변형 관계 $\vec{Q} = \vec{S} \cdot \vec{e}$

3) 부재변형-변위 관계 $\vec{e} = \vec{B} \cdot \vec{d}$

4) 가상변위의 원리($\Sigma W_e = \Sigma W_i$) $\overrightarrow{P^T} \cdot \vec{d} = \overrightarrow{Q^T} \cdot \vec{e} \quad \therefore \vec{B} = \overrightarrow{A^T}$

5) 하중변위 관계 $\vec{P}=\vec{A}\cdot\vec{Q}=\vec{A}\cdot\vec{S}\cdot\overrightarrow{A^T}\cdot\vec{d}=\vec{K}\cdot\vec{d}$

($\therefore$ $\vec{K}$=구조물 강도 Matrix = $\overrightarrow{A}\overrightarrow{S}\overrightarrow{A^T}$)

6) 절점변위 산정($\vec{d}$) $\vec{d}=\overrightarrow{K^{-1}}\vec{P}$

7) 부재력 산정($\vec{Q}$) $\vec{Q}=\vec{S}\cdot\vec{B}\cdot\vec{d}=\vec{S}\,\overrightarrow{A^T}\vec{d}$

2. 평형 Matrix산정

−평형 Matrix는 각 절점에 대한 평형방정식으로부터 구한다(절점법을 사용한다).

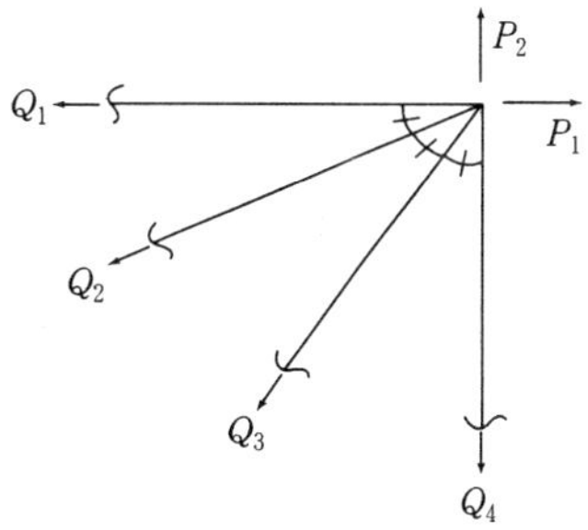

$\Sigma F_x=0(\rightarrow)$: $-Q_1-Q_2\cdot\cos 30^\circ-Q_3\cdot\cos 60^\circ-Q_4\cdot 0+P_1=0$

$\therefore\ P_1=Q_1+Q_2\cdot\cos 30^\circ+Q_3\cdot\cos 60^\circ+Q_4\cdot 0$ ········· ①

$\Sigma F_y=0(\uparrow)$: $Q_1\cdot 0-Q_2\cdot\sin 30^\circ-Q_3\cdot\sin 60^2+Q_4+P_2=0$

$\therefore\ P_2=Q_1\cdot 0-Q_2\cdot\sin 30^\circ+Q_3\cdot\sin 60^\circ+Q_4$ ········· ②

위 식①, ②를 Matrix형태로 나타내면

$$\begin{pmatrix} P_1 \\ P_2 \end{pmatrix}=\begin{bmatrix} 1 & \frac{\sqrt{3}}{2} & \frac{1}{2} & 0 \\ 0 & \frac{1}{2} & \frac{\sqrt{3}}{2} & 1 \end{bmatrix}\begin{pmatrix} Q_1 \\ Q_2 \\ Q_3 \\ Q_4 \end{pmatrix}$$

(2×1) (2×4) (4×1)

3. 부재강도 Matrix 산정($\vec{S}$)

트러스의 부재력과 부재변형 사이의 관계를 나타낸 부재강도 Matrix는 $\vec{Q}=\vec{S}\cdot\vec{e}$에서 구할 수 있다. 즉, $S_i=\frac{EA}{l}\cdot e_i$이므로

$$\begin{pmatrix} Q_1 \\ Q_2 \\ Q_3 \\ Q_4 \end{pmatrix}=\frac{EA}{l}\begin{bmatrix} 1 & 0 & 0 & 0 \\ 0 & 1 & 0 & 0 \\ 0 & 0 & 1 & 0 \\ 0 & 0 & 0 & 1 \end{bmatrix}\begin{pmatrix} e_1 \\ e_2 \\ e_3 \\ e_4 \end{pmatrix}$$

(4×4)

부재강도 Matrix

$$\vec{S}=\frac{EA}{l}\begin{bmatrix}1&0&0&0\\0&1&0&0\\0&0&1&0\\0&0&0&1\end{bmatrix}$$

4. 구조물의 강도 Matrix 산정

전체 구조물의 강도 Matrix는 $\vec{K}=\vec{A}\cdot\vec{S}\cdot\overrightarrow{A^T}$ 이므로

$$\vec{K}=\vec{A}\cdot\vec{S}\cdot\overrightarrow{A^T}$$

$$=\underset{(2\times4)}{\begin{bmatrix}1&\frac{\sqrt{3}}{2}&\frac{1}{2}&0\\0&\frac{1}{2}&\frac{\sqrt{3}}{2}&1\end{bmatrix}}\cdot\underset{(4\times4)}{\frac{EA}{l}\begin{bmatrix}1&0&0&0\\0&1&0&0\\0&0&1&0\\0&0&0&1\end{bmatrix}}\cdot\underset{(4\times2)}{\begin{bmatrix}1&0\\\frac{\sqrt{3}}{2}&\frac{1}{2}\\\frac{1}{2}&\frac{\sqrt{3}}{2}\\0&1\end{bmatrix}}$$

$$=\underset{(2\times2)}{\frac{EA}{l}\begin{bmatrix}2&\frac{\sqrt{3}}{2}\\\frac{\sqrt{3}}{2}&2\end{bmatrix}}$$

5. 절점변위산정($\vec{d}$)

$$d=\overrightarrow{K^{-1}}\vec{P}=\frac{4l}{13EA}\begin{bmatrix}2&-\frac{\sqrt{3}}{2}\\-\frac{\sqrt{3}}{2}&2\end{bmatrix}\begin{pmatrix}d_1\\d_2\end{pmatrix}$$

6. 부재내력계산($\vec{Q}$) :

응력매트릭스(Stress Matrix) : $\vec{Q}=\vec{S}\cdot\vec{B}\cdot\vec{d}=\overrightarrow{SA^T}\vec{d}$ 이므로

$$\begin{pmatrix}Q_1\\Q_2\\Q_3\\Q_4\end{pmatrix}=\frac{EA}{l}\begin{bmatrix}1&0&0&0\\0&1&0&0\\0&0&1&0\\0&0&0&1\end{bmatrix}\begin{pmatrix}1&0\\\frac{\sqrt{3}}{2}&\frac{1}{2}\\\frac{1}{2}&0\\0&1\end{pmatrix}\frac{4l}{13EA}\begin{bmatrix}2&-\frac{\sqrt{3}}{2}\\-\frac{\sqrt{3}}{2}&2\end{bmatrix}\begin{pmatrix}P_1\\P_2\end{pmatrix}$$

윗 식을 정리하면

$$\therefore \begin{pmatrix} Q_1 \\ Q_2 \\ Q_3 \\ Q_4 \end{pmatrix} = \begin{pmatrix} \frac{8}{13}P_1 - \frac{2\sqrt{3}}{12}P_2 \\ \frac{3\sqrt{3}}{13}P_1 + \frac{1}{13}P_2 \\ \frac{1}{13}P_1 + \frac{3\sqrt{3}}{13}P_2 \\ -\frac{2\sqrt{3}}{13}P_1 + \frac{8}{13}P_2 \end{pmatrix}$$

7.3 행렬식의 정의와 전개식

(1) 행렬식의 정의

연립방정식 $\begin{cases} a_1x+b_1y=c_1 \\ a_2x+b_2y=c_2 \end{cases}$ 에서

계수와 상수항을 묶어서

$\begin{pmatrix} a_1 & b_1 & c_1 \\ a_2 & b_2 & c_2 \end{pmatrix}$와 같이 직사각형으로 배열한 것을 행렬(matrix)이라 한다.

이 때 각각의 수를 원소 또는 성분이라 하고 가로줄을 행, 세로줄을 열이라 한다.

$\begin{pmatrix} a & b \\ c & d \end{pmatrix} \rightarrow 2\times2$ 행렬(two by two matrix) 또는 2차 정방행렬

$\begin{pmatrix} a & b & c \\ d & e & f \end{pmatrix} \rightarrow 2\times3$ 행렬

이것을 일반화하면

n^2 개의 수 $a_{ij}(i,\ j-1,\ 2,\ \cdots,\ n)$를 다음과 같이 정방향으로 늘어놓은 형태 즉,

$$\begin{vmatrix} a_{11} & a_{12} & \cdots & a_{1j} & \cdots & a_{1n} \\ a_{21} & a_{22} & \cdots & a_{2j} & \cdots & a_{2n} \\ \cdots & \cdots & \cdots & \cdots & \cdots & \cdots \\ a_{i1} & a_{i2} & \cdots & a_{ij} & \cdots & a_{in} \\ \cdots & \cdots & \cdots & \cdots & \cdots & \cdots \\ a_{n1} & a_{n2} & \cdots & a_{nj} & \cdots & a_{nn} \end{vmatrix} \quad \cdots\cdots\cdots ①\ 을$$

n차의 행렬식(determinant of order n)이라고 하며,

$a_{i1}\ a_{i2}\ \cdots\ a_{in}$ 을 i행(i-th row), $a_{1j}\ a_{2j}\ \cdots\ a_{nj}$ 을 j열(j-th column), a_{ij}를 $(i,\ j)$ 원소 ($(i,\ j)$-element)라 한다. 행렬식은 간단히 $|a_{ij}|\ (i,\ j=1,\ 2,\ \cdots,\ n)$, $|A|$, $\mathrm{Det}(A)$ 등으로 나타낸다.

(2) Cramer 공식

행렬식은 보통 n원 1차 연립방정식을 풀이하는데 사용한다. 따라서 n차의 행렬식의 값을 구하기 위하여 먼저 2원 1차 연립방정식의 해법을 생각해 보자.

$$\begin{cases} a_1x+b_1y=c_1 \cdots\cdots ① \\ a_2x+b_2y=c_2 \cdots\cdots ② \end{cases}$$

식 ①× b_2 − 식 ②× b_1에서

$(a_1b_2-a_2b_1)x=c_1b_2-c_2b_1$을 얻는다.

식 ②× a_1 − 식 ①× a_2에서

$(a_1b_2-a_2b_1)y=c_1a_2-c_2a_1$을 얻는다.

만일 $a_1b_2-a_2b_1\neq 0$이면 이 식의 해는

$x=\dfrac{c_1b_2-c_2b_1}{a_1b_2-a_2b_1}$, $y=\dfrac{c_2a_1-c_1a_2}{a_1b_2-a_2b_1}$ 이다.

분모의 $a_1b_2-a_2b_1$을 $\begin{vmatrix} a_1 & b_1 \\ a_2 & b_2 \end{vmatrix}$의 형태로 표시할 수 있다.

즉, $a_1b_2-a_2b_1=\begin{vmatrix} a_1 & b_1 \\ a_2 & b_2 \end{vmatrix}$로 나타내면 $c_1b_2-c_2b_1=\begin{vmatrix} c_1 & b_1 \\ c_2 & b_2 \end{vmatrix}$, $c_2a_1-c_1a_2=\begin{vmatrix} a_1 & c_1 \\ a_2 & c_2 \end{vmatrix}$ 이고 이것들은 모두 2차 행렬식이다.

따라서, 연립방정식의 해는 행렬식을 사용하여 다음과 같이 쉽게 나타낼 수 있다.

$\begin{vmatrix} a_1 & b_1 \\ a_2 & b_2 \end{vmatrix}\neq 0$ 이면 $\quad \therefore\ x=\dfrac{\begin{vmatrix} c_1 & b_1 \\ c_2 & b_2 \end{vmatrix}}{\begin{vmatrix} a_1 & b_1 \\ a_2 & b_2 \end{vmatrix}}$, $\quad y=\dfrac{\begin{vmatrix} a_1 & c_1 \\ a_2 & c_2 \end{vmatrix}}{\begin{vmatrix} a_1 & b_1 \\ a_2 & b_2 \end{vmatrix}}$ 이다.

이 연립방정식의 해를 구하는 식을 Cramer 공식(정리)이라 한다. 따라서, 2차 행렬식 $\begin{vmatrix} a_{11} & a_{12} \\ a_{21} & a_{22} \end{vmatrix} = a_{11}a_{22} - a_{12}a_{21}$이고, 또한 1차 행렬식 $|a_{11}| = a_{11}$로 정의한다.

Cramer 공식을 적용할 때 미지수가 3개일 때는 여인수에 의해서 해결되지만 여인수의 유도과정은 다음단원에서 설명하기로 하고 다음과 같이 공식만 이해하기로 하자.

$a_1x + b_1y + c_1z = d_1$

$a_2x + b_2y + c_2z = d_2$

$a_3x + b_3y + c_3z = d_3$ 에서

$\begin{vmatrix} a_1 & b_1 & c_1 \\ a_2 & b_2 & c_2 \\ a_3 & b_3 & c_3 \end{vmatrix} = |A|$ 라 하면

$x = \dfrac{\begin{vmatrix} d_1 & b_1 & c_1 \\ d_2 & b_2 & c_2 \\ d_3 & b_3 & c_3 \end{vmatrix}}{|A|}$, $y = \dfrac{\begin{vmatrix} a_1 & d_1 & c_1 \\ a_2 & d_2 & c_2 \\ a_3 & d_3 & c_3 \end{vmatrix}}{|A|}$, $z = \dfrac{\begin{vmatrix} a_1 & b_1 & d_1 \\ a_2 & b_2 & d_2 \\ a_3 & b_3 & d_3 \end{vmatrix}}{|A|}$ 이다.

예제 연립방정식 $3x+5y=7$, $2x+6y=9$ 를 풀어라.

풀이▶ (i) $\therefore\ x = \dfrac{\begin{vmatrix} 7 & 5 \\ 9 & 6 \end{vmatrix}}{\begin{vmatrix} 3 & 5 \\ 2 & 6 \end{vmatrix}} = \dfrac{42-45}{18-10} = -\dfrac{3}{8}$, $y = \dfrac{\begin{vmatrix} 3 & 7 \\ 2 & 9 \end{vmatrix}}{\begin{vmatrix} 3 & 5 \\ 2 & 6 \end{vmatrix}} = \dfrac{27-14}{18-10} = \dfrac{13}{8}$

(ii) (i)의 풀이를 암기하기 어렵다고 생각되면 다음과 같이 풀어도 된다.
우선 직선의 방정식의 일반형($ax+by+c=0$)으로 놓고 계수를 순서대로 쓰고 앞의 계수를 한 번 더 쓴다.

3 5 −7 3

2 6 −9 2

순서대로 행렬식을 적용하면 분모는 $\begin{vmatrix} 3 & 5 \\ 2 & 6 \end{vmatrix} = 8$이고 x의 분자는 $\begin{vmatrix} 5 & -7 \\ 6 & -9 \end{vmatrix} = -3$, y의 분자는 $\begin{vmatrix} -7 & 3 \\ -9 & 2 \end{vmatrix} = 13$이다.

$\therefore\ x = \dfrac{\begin{vmatrix} 5 & -7 \\ 6 & -9 \end{vmatrix}}{\begin{vmatrix} 3 & 5 \\ 2 & 6 \end{vmatrix}} = -\dfrac{3}{8}$, $y = \dfrac{\begin{vmatrix} -7 & 3 \\ -9 & 2 \end{vmatrix}}{\begin{vmatrix} 3 & 5 \\ 2 & 6 \end{vmatrix}} = \dfrac{13}{8}$

전공문제

그림과 같이 무게 18 kg인 물체를 두 개의 끈으로 매달았을 때 끈 AC에 작용하는 인장력 S_1?

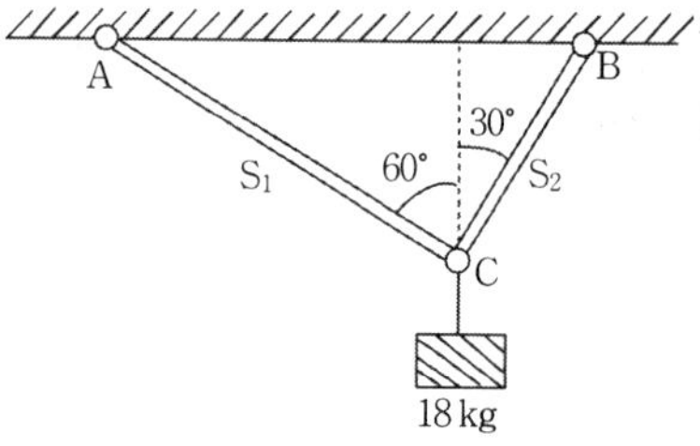

㉮ 3.0 kg ㉯ 6.6 kg ㉰ 9.0 kg ㉱ 15.6 kg

해설

(i) sine 법칙을 이용하면

C점에서의 평형을 생각할 때, S_1, S_2는 인장을 받으므로 그림과 같이 C점의 바깥방향으로 작용한다. Bow의 기호를 써서 폐합 삼각형을 그리면 아래의 삼각형과 같이 되고 이 때 sine 법칙을 이용하면

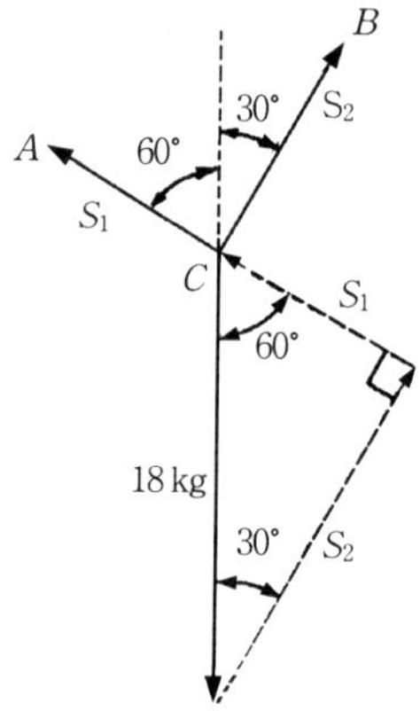

$$\frac{18}{\sin 90^\circ} = \frac{S_1}{\sin 30^\circ} = \frac{S_2}{\sin 60^\circ}$$

$$\therefore S_1 = 18 \times \frac{\sin 30^\circ}{\sin 90^\circ} = 9 \text{ kg (인장)}$$

$$\therefore S_2 = 18 \times \frac{\sin 60^\circ}{\sin 90^\circ} = 15.59 \text{ kg (인장)}$$

(ii) C 점에서의 평형을 생각하면

그림 (a)로부터

$$\sum V=0,\quad S_1\cos 60^\circ + S_2\cos 30^\circ - 18 = 0$$

$$\therefore\ 0.5S_1+0.866S_2-18=0 \cdots\cdots\cdots\cdots\cdots\ ①$$

$$\sum H=0,\quad -S_1\sin 60^\circ + S_2\sin 30^\circ = 0$$

$$\therefore\ -0.866S_1+0.5S_2+0=0 \cdots\cdots\cdots\cdots\ ②$$

식 ①과 식 ②를 연립방정식을 풀 때 가감법은 계산하기가 복잡하므로 Cramer 공식으로 풀면

$$\begin{matrix} 0.5 & 0.866 & -18 & 0.5 \\ -0.866 & 0.5 & 0 & -0.866 \end{matrix}$$

$$\therefore\ S_1=\frac{0.866\times 0-(-18)\times 0.5}{0.5\times 0.5-0.866\times(-0.866)}=\frac{9}{1}=9\text{ kg}$$

$$\therefore\ S_2=\frac{(-18)\times(-0.866)-0.5\times 0}{0.5\times 0.5-0.866\times(-0.866)}=\frac{15.588}{1}=15.59\text{ kg}$$

전공문제

그림과 같은 연속보에 지진으로 인하여 다음과 같은 지점 변위가 일어났을 때 반력을 구하여라. (단 $E=2.1\times 10^6\,\text{kg/cm}^2=2,100\,\text{t/cm}^2$)

지점 A : 0.005 rad 시계방향 회전　　　지전 B : 0.4 cm 침하

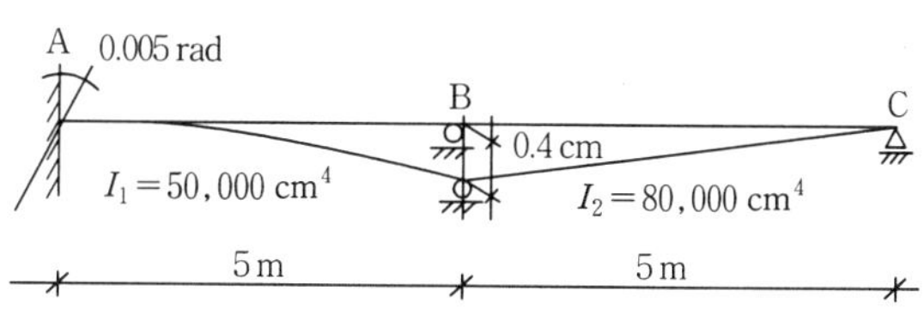

해설

3연모멘트법을 이용하여 unknowns(미지력) M_A, M_B를 산정한다. 주어진 그림은 다음과 같이 나타낼 수 있다.

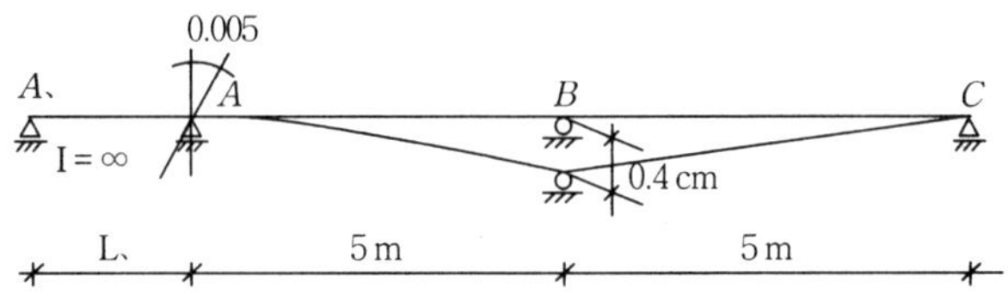

Knowns : $\triangle_A = \triangle_C = 0$, $\triangle_B = -0.4\text{ cm} = -0.004\text{ m}$

$$\frac{\triangle A'}{L_A{}'} = 0.005, \quad M_C = 0$$

Unknown : M_A, M_B

(Span $A'AB$)

$$M_A{}'\left(\frac{L_A{}'}{\infty}\right) + 2M_A\left(\frac{L'}{\infty} + \frac{5}{I_1}\right) + M_B\left(\frac{5}{I_1}\right) = 6E\left(0.005 - \frac{0.004}{5}\right)$$

$$10M_A + 5M_B = 0.0252\ EI_1 \qquad ①$$

(span ABC)

$$M_A\left(\frac{5}{I_1}\right) + 2M_B\left(\frac{5}{I_1} + \frac{5}{4/3I_1}\right) + M_c\left(\frac{5}{1/3I_1}\right) = 6E\left(\frac{0.004}{5} + \frac{0.004}{5}\right)$$

$$5M_A + 17.5M_B = 0.0096\ EI_1 \qquad ②$$

M_A와 M_B를 구하기 위하여 Cramer 공식으로 풀면

$$\therefore M_A = \frac{5\times(-0.0096) - (0.0252)\times 17.5}{10\times 17.5 - 5\times 5} = 0.00262\ EI_1$$

$$\therefore M_B = \frac{(-0.00252)\times 5 - 10\times(-0.0096)}{10\times 17.5 - 5\times 5} = -0.0002\ EI_1$$

$$\therefore M_A = 0.00262\times\left(\frac{2,100\times 50,000}{10,000}\right)$$

$$= 27.51\ t\cdot m$$

$$\therefore M_B = -0.0002\times\left(\frac{2,100\times 50,000}{10,000}\right)$$

$$= -2.1\ t\cdot m$$

(3) 여인수와 n차의 행렬식

n차의 행렬식에서 제 i행과 제 j열을 제외한 행렬식을 a_{ij}의 소행렬식(minor)이라

하고 M_{ij} 로 표시하며, 이 때 부호까지 함께 고려한 $(-1)^{i+j} M_{ij}$ 를 a_{ij} 의 여인수(cofactor)라 하고 A_{ij} 로 표시한다.

즉, $A_{ij}=(-1)^{i+j}M_{ij}$ 이다.

n 차의 행렬식을 여인수를 이용하여 다음과 같이 정의한다.

$$
\begin{aligned}
|A| &= \begin{vmatrix} a_{11} & a_{12} & \cdots & a_{1\beta} & \cdots & a_{1n} \\ a_{21} & a_{22} & \cdots & a_{2\beta} & \cdots & a_{2n} \\ \cdots & \cdots & \cdots & \cdots & \cdots & \cdots \\ a_{i1} & a_{i2} & \cdots & a_{i\beta} & \cdots & a_{in} \\ \cdots & \cdots & \cdots & \cdots & \cdots & \cdots \\ a_{n1} & a_{n2} & \cdots & a_{n\beta} & \cdots & a_{nn} \end{vmatrix} \\
&= a_{\alpha 1}A_{\alpha 1} + a_{\alpha 2}A_{\alpha 2} + \cdots + a_{\alpha\beta}A_{\alpha\beta} + \cdots + a_{\alpha n}A_{\alpha n} \\
&= (-1)^{\alpha+1}a_{\alpha 1}M_{\alpha 1} + (-1)^{\alpha+2}a_{\alpha 2}M_{\alpha 2} + \cdots + (-1)^{\alpha+\beta} \\
&\quad a_{\alpha\beta}M_{\alpha\beta} + \cdots + (-1)^{\alpha+n}a_{\alpha n}M_{\alpha n} \\
&= \sum_{\beta=1}^{n}(-1)^{\alpha+\beta}a_{\alpha\beta}M_{\alpha\beta} \cdots\cdots\cdots ②
\end{aligned}
$$

식 ②를 행렬식 $|A|$ 의 α행에 관한 전개식이라 한다.

예제 3차 행렬식 $|A| = \begin{vmatrix} a_{11} & a_{12} & a_{13} \\ a_{21} & a_{22} & a_{23} \\ a_{31} & a_{32} & a_{33} \end{vmatrix}$ 을 1행에 관하여 전개하여라.

풀이▶
$$
\begin{aligned}
|A| &= a_{11}A_{11} + a_{12}A_{12} + a_{13}A_{13} \\
&= a_{11}\begin{vmatrix} a_{22} & a_{23} \\ a_{32} & a_{33} \end{vmatrix} - a_{12}\begin{vmatrix} a_{21} & a_{23} \\ a_{31} & a_{33} \end{vmatrix} + a_{13}\begin{vmatrix} a_{21} & a_{22} \\ a_{31} & a_{32} \end{vmatrix} \\
&= a_{11}(a_{22}a_{33} - a_{23}a_{32}) - a_{12}(a_{21}a_{33} - a_{23}a_{31} + a_{13}(a_{21}a_{32} - a_{22}a_{31}) \\
&= a_{11}a_{22}a_{33} + a_{12}a_{23}a_{31} + a_{13}a_{21}a_{32} - a_{13}a_{22}a_{31} - a_{12}a_{21}a_{33} - a_{11}a_{23}a_{32}
\end{aligned}
$$

예제 $2x+y-z=0$, $x-y+z=6$, $x+2y+z=3$ 의 연립방정식을 구하여라.

풀이▶ 각 행렬식을 1행에 관하여 정리한 후 Cramer 공식(161p 참고)을 적용하여 연립방정식을 푼다.

$$x=\frac{\begin{vmatrix}0 & 1 & -1\\ 6 & -1 & 1\\ 3 & 2 & 1\end{vmatrix}}{\begin{vmatrix}2 & 1 & -1\\ 1 & -1 & 1\\ 1 & 2 & 1\end{vmatrix}}=\frac{0(-1-2)-1(6-3)-1(12+3)}{2(-1-2)-1(1-1)+(-1)(2+1)}=\frac{-18}{-9}=2$$

$$y=\frac{\begin{vmatrix}2 & 0 & -1\\ 1 & 6 & 1\\ 1 & 3 & 1\end{vmatrix}}{\begin{vmatrix}2 & 1 & -1\\ 1 & -1 & 1\\ 1 & 2 & 1\end{vmatrix}}=\frac{2(6-3)-0(1-1)-1(3-6)}{2(-1-2)-1(1-1)+(-1)(2+1)}=\frac{9}{-9}=-1$$

$$z=\frac{\begin{vmatrix}2 & 1 & 0\\ 1 & -1 & 6\\ 1 & 2 & 3\end{vmatrix}}{\begin{vmatrix}2 & 1 & -1\\ 1 & -1 & 1\\ 1 & 2 & 1\end{vmatrix}}=\frac{2(-3-12)-1(3-6)-0(3-6)}{2(-1-2)-1(1-1)+(-1)(2+1)}=\frac{-27}{-9}=3$$

$\therefore x=2,\ y=-1,\ z=3$

그림에서 보는 바와 같이 2차 행렬식과 3차 행렬식의 정의에 의하여 다음과 같이 표시하는 방법도 있다. 이것을 Sarrus 의 법칙이라 하며, 2차 및 3차의 행렬식에서만 적용되며, 4차 이상의 행렬식의 전개는 행렬식의 성질을 이용하여 전개하는 것이 편리하다.

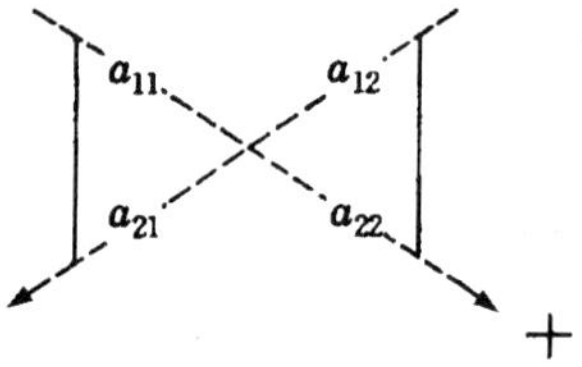

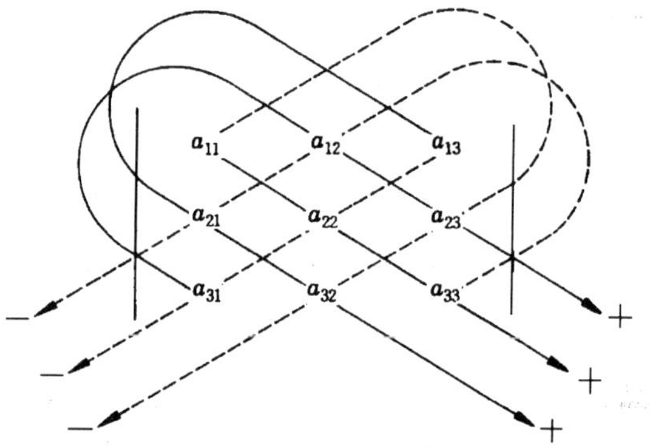

3차 행렬식을 sarrus 법칙에 의하여 나타내면

$|A| = a_{11}a_{22}a_{33} + a_{13}a_{21}a_{32} + a_{31}a_{12}a_{23} - (a_{13}a_{22}a_{31} + a_{11}a_{23}a_{32} + a_{33}a_{12}a_{21})$ 이다.

예제 $\begin{vmatrix} 1 & -2 & 1 \\ -2 & 5 & -4 \\ 1 & -4 & 6 \end{vmatrix}$ 을 Sarrus 법칙에 의해 구하시오.

풀이▶ 준식 $= 1\times5\times6 + 1\times(-2)\times(-4) + 1\times(-2)\times(-4) - (1\times5\times1 + 1\times(-4)\times(-4)$
$+ 6\times(-2)\times(-2)) = 1$

7.4 역행렬

(1) 역행렬의 정의

수의 연산에서 $a \cdot x=1$을 만족하는 a의 역수 x를 구하면 $x=\dfrac{1}{a}$ 또는 a^{-1}으로 표시한다. 그런데 행렬의 곱셈에서 $A \cdot X=X \cdot A=E$(E는 단위행렬)를 만족하는 n차의 정방행렬 X가 존재할 때 A를 정칙(non-singular matrix, regular matrix)이라고 하며, X를 A의 역행렬(inverse matrix)이라 하고 A^{-1}으로 표시하며 inverse A라고 읽는다. 이때 역행렬은 수의 개념과는 달라서 $\dfrac{1}{A}$이라고 표시하지 않으며 A가 정칙행렬이면 $A \cdot A^{-1}=A^{-1} \cdot A=E$ 이다.

역행렬의 정리

A, B가 n차의 정칙행렬일 때

(i) A의 역행렬 A^{-1}는 단 하나 존재한다.

(ii) $(A^{-1})^{-1}=A$

(iii) $(A \cdot B)^{-1}=B^{-1} \cdot A^{-1}$

(iv) $(kA)^{-1}=\dfrac{1}{k}A^{-1}$

(v) $(A^{T})^{-1}=(A^{-1})^{T}$

증명

(i) 만약 A의 역행렬이 X, Y 두 개 있다면,

$A\cdot X=X\cdot A=E,\quad A\cdot Y=Y\cdot A=E,$

$X=X\cdot E=X\cdot(A\cdot Y)\cdot Y=E\cdot Y=Y$

(ii) 역행렬의 정의로부터 $(A^{-1})^{-1}=A$이 성립한다.

(iii) $(B^{-1}\cdot A^{-1})(A\cdot B)=B^{-1}(A^{-1}A)B=B^{-1}EB=B=B^{-1}B=E$

$(AB)(B^{-1}A^{-1})=A(BB^{-1})A^{-1}=AEA^{-1}=AA^{-1}=E$

$\therefore (A\cdot B)^{-1}=B^{-1}A^{-1}$

(iv) $(kA)\left(\frac{1}{k}A^{-1}\right)=\left(k\frac{1}{k}\right)(A\cdot A^{-1})=E$

$\left(\frac{1}{k}A^{-1}\right)(kA)=\left(\frac{1}{k}k\right)(A^{-1}A)=E$

$\therefore (kA)^{-1}=\frac{1}{k}A^{-1}$

(v) $AA^{-1}=E=A^{-1}A$, 양변에 전치행렬을 취하면 $(A\cdot A^{-1})^T=(A^{-1}\cdot A)^T$이고 $E^T=E$이다.

따라서 $(A^{-1})^T\cdot A^T=E=A\cdot(A^{-1})^T$

$\therefore$ A^T의 역행렬 $(A^T)^{-1}=(A^{-1})^T$

실제로 A가 정칙행렬이고 $A\cdot B=E$이거나 $B\cdot A=E$이면 B는 A의 역행렬이다.

역행렬을 구하는 방법을 알아보자

$A=\begin{pmatrix}3&4\\2&3\end{pmatrix}$, 역행렬 X를 $X=\begin{pmatrix}a&b\\c&d\end{pmatrix}$라 하면 $AX=E$가 되어야 한다.

따라서,

$\begin{pmatrix}3&4\\2&3\end{pmatrix}\begin{pmatrix}a&b\\c&d\end{pmatrix}=\begin{pmatrix}1&0\\0&1\end{pmatrix}$ 에서 $\begin{pmatrix}3&4\\2&3\end{pmatrix}\begin{pmatrix}a&b\\c&d\end{pmatrix}=\begin{pmatrix}3a+4c&3b+4d\\2a+3c&2b+3d\end{pmatrix}$

$\therefore$ $3a+4c=1,\ 3b+4d=0,\ 2a+3c=0,\ 2b+3d=1$ 이다.

연립하여 풀면 $a=3,\ b=-4,\ c=-2,\ d=3$

$\therefore X=\begin{pmatrix} 3 & -4 \\ -2 & 3 \end{pmatrix}$

역행렬 공식

$A=\begin{pmatrix} a & b \\ c & d \end{pmatrix}$ 에서 $A^{-1}=\dfrac{1}{|A|}\begin{pmatrix} d & -b \\ -c & a \end{pmatrix}$ (단, $|A| = detA = ad-bc$)

$A=\begin{pmatrix} a_{11} & a_{12} & a_{13} & \cdots & a_{1n} \\ a_{21} & a_{22} & a_{23} & \cdots & a_{2n} \\ \vdots & & & & \\ a_{n1} & a_{n2} & a_{n3} & \cdots & a_{nn} \end{pmatrix}$ 에서

$A^{-1}=\dfrac{1}{\det A}\begin{pmatrix} A_{11} & A_{21} & \cdots & A_{n1} \\ A_{12} & A_{22} & \cdots & A_{n2} \\ \vdots & \vdots & & \\ A_{1n} & A_{2n} & \cdots & A_{nn} \end{pmatrix}$ 이다.

A의 역행렬이 존재하려면 A의 행렬식의 값이 0이 아니어야 하고 행렬 A가 정방행렬이어야 한다.

A_{ij}는 a_{ij}의 여인수이다.

예제 다음 행렬의 역행렬(A^{-1})이 존재하면 구하라.

$$\begin{pmatrix} A_{11} & A_{21} & \cdots & A_{n1} \\ A_{12} & A_{22} & \cdots & A_{n2} \\ \vdots & \vdots & & \\ A_{1n} & A_{2n} & \cdots & A_{nn} \end{pmatrix}$$

(1) $A=\begin{pmatrix} 11 & 4 \\ 3 & 1 \end{pmatrix}$ (2) $A=\begin{pmatrix} 3 & 6 \\ 2 & 4 \end{pmatrix}$

(3) $A=\begin{pmatrix} 1 & 2 & 0 \\ 2 & 1 & 2 \\ -1 & 3 & 0 \end{pmatrix}$ (4) $A=\begin{pmatrix} 2 & 3 & 4 \\ 2 & 1 & 1 \\ -1 & 1 & 2 \end{pmatrix}$

풀이▶ (1) 행렬식 값은 $11-12=-1\neq 0$ 이므로

$$A-1=\frac{1}{11-12}\begin{pmatrix} 1 & -4 \\ -3 & 11 \end{pmatrix}=-\begin{pmatrix} 1 & -4 \\ -3 & 11 \end{pmatrix}=\begin{pmatrix} -1 & 4 \\ 3 & -11 \end{pmatrix}$$

(2) 행렬식 값은 $12-12=0$

$\therefore$ 역행렬은 존재하지 않는다.

(3) $\det A=\begin{vmatrix} 1 & 2 & 0 \\ 2 & 1 & 2 \\ -1 & 3 & 0 \end{vmatrix} = 2\cdot(-1)^{2+3}\begin{vmatrix} 1 & 2 \\ -1 & 3 \end{vmatrix} = -2(3+2) = -10$

$A_{11}=(-1)^{1+1}\begin{vmatrix} 1 & 2 \\ 3 & 0 \end{vmatrix} = -6,\ A_{12}=(-1)^{1+2}\begin{vmatrix} 2 & 2 \\ -1 & 0 \end{vmatrix} = -2,$

$A_{13}=(-1)^{1+3}\begin{vmatrix} 2 & 1 \\ -1 & 3 \end{vmatrix} = 7,$

동일한 방법으로 풀면 $A_{21}=0,\ A_{22}=0,\ A_{23}=-5,\ A_{31}=4,\ A_{32}=-2,\ A_{33}=-3$이다.

$$\therefore\ A^{-1}=\frac{1}{|A|}\begin{bmatrix} A_{11} & A_{21} & A_{31} \\ A_{12} & A_{22} & A_{32} \\ A_{13} & A_{23} & A_{33} \end{bmatrix}$$

$$=\frac{1}{-10}\begin{pmatrix} -6 & 0 & 4 \\ -2 & 0 & -2 \\ 7 & -5 & -3 \end{pmatrix}=\begin{pmatrix} \frac{3}{5} & 0 & -\frac{2}{5} \\ \frac{1}{5} & 0 & \frac{1}{5} \\ -\frac{7}{10} & \frac{1}{2} & \frac{3}{10} \end{pmatrix}$$

(4) 행렬식 값을 $|A|$, a_{ij}의 여인수를 A_{ij}라 하면

$$\det A = |A| = \begin{vmatrix} 2 & 3 & 4 \\ 2 & 1 & 1 \\ -1 & 1 & 2 \end{vmatrix} = 2\begin{vmatrix} 1 & 1 \\ 1 & 2 \end{vmatrix} - 3\begin{vmatrix} 2 & 1 \\ -1 & 2 \end{vmatrix} + 4\begin{vmatrix} 2 & 1 \\ -1 & 1 \end{vmatrix} = 2-15+12 = -1$$

$A_{11}=1,\ A_{12}=-5,\ A_{13}=3,\ A_{21}=-2,\ A_{22}=8,\ A_{23}=-5,\ A_{31}=-1,\ A_{32}=6,$
$A_{33}=-4$ 이므로

$$\therefore\ A^{-1}=\frac{1}{|A|}\begin{bmatrix} A_{11} & A_{21} & A_{31} \\ A_{12} & A_{22} & A_{32} \\ A_{13} & A_{23} & A_{33} \end{bmatrix}$$

$$=\frac{1}{-1}\begin{pmatrix} 1 & -2 & -1 \\ -5 & 8 & 6 \\ 3 & -5 & -4 \end{pmatrix}=\begin{pmatrix} -1 & 2 & 1 \\ 5 & -8 & -6 \\ -3 & 5 & 4 \end{pmatrix}$$

예제 다음 연립방정식을 풀어라.

$3x+2y-3=0 \cdots\cdots ①$ $\quad x-y-1=0 \cdots\cdots ②$

풀이▶ 46page에서 풀었던 가감법, 대입법, 등치법 이외에도 다음과 같은 방법이 있다.

(i) 역행렬을 이용하는 방법

주어진 식을 다음과 같이 행렬의 형태로 바꾸고 역행렬을 이용하여 푼다.

$$\begin{pmatrix} 3 & 2 \\ 1 & -1 \end{pmatrix}\begin{pmatrix} x \\ y \end{pmatrix} = \begin{pmatrix} 3 \\ 1 \end{pmatrix}$$

$$\begin{pmatrix} x \\ y \end{pmatrix} = \begin{pmatrix} 3 & 2 \\ 1 & -1 \end{pmatrix}^{-1}\begin{pmatrix} 3 \\ 1 \end{pmatrix}$$

$$\therefore \begin{pmatrix} x \\ y \end{pmatrix} = -\frac{1}{5}\begin{pmatrix} -1 & -2 \\ -1 & 3 \end{pmatrix}\begin{pmatrix} 3 \\ 1 \end{pmatrix} = \begin{pmatrix} 1 \\ 0 \end{pmatrix}$$

(ii) Cramer 공식을 이용하는 방법

3　2　−3　3

1　−1　−1　1

분모 $= \begin{vmatrix} 3 & 2 \\ 1 & -1 \end{vmatrix}$, x의 분자 $= \begin{vmatrix} 2 & -3 \\ -1 & -1 \end{vmatrix}$, y의 분자 $= \begin{vmatrix} -3 & 3 \\ -1 & 1 \end{vmatrix}$

$\therefore x = \dfrac{-2-3}{-3-2} = 1$, $y = \dfrac{-3+3}{-3-2} = 0$

(iii) 그래프를 이용하는 방법.

아래와 같이 $3x+2y-3=0$의 그래프와 $x-y-1=0$의 그래프를 그려보면 두 그래프의 교점이 근이 된다.

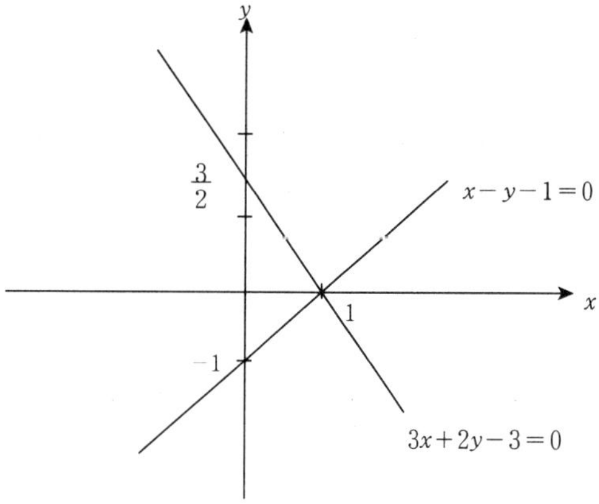

(2) 수반(Adjoint) 법

수반법이란 행렬식을 이용하여 역행렬을 구하는 방법이다.

정리

정방행렬 A가 정칙일 필요충분조건은 |A| = 0 이다.

증명

$\Rightarrow A$가 정칙이라 하자. 그러면 $A\cdot X=X\cdot A=E$인 X가 존재한다.

양변의 행렬식을 생각하면 $|A\cdot X|=|A|\ |X|=|E|=E$

$\therefore\ |A|\neq 0$

$\Leftarrow |A|\neq 0$이면 $A\cdot X=E$를 만족하는 행렬 X가 존재함을 증명하면 된다.

a_{ij}의 여인수를 A_{ij} 라 하면 $a_{1i}A_{1j}+a_{2i}A_{2j}+\cdots+a_{ni}A_{nj}=\delta_{ij}|A|$ 이므로

$$A\cdot\begin{bmatrix}A_{11} & A_{12} & \cdots & A_{1n}\\ A_{21} & A_{22} & \cdots & A_{2n}\\ \cdots & \cdots & \cdots & \cdots\\ A_{n1} & A_{n2} & \cdots & A_{nn}\end{bmatrix}=\begin{bmatrix}|A| & 0 & \cdots & 0\\ 0 & |A| & \cdots & 0\\ \cdots & \cdots & \cdots & \cdots\\ 0 & 0 & \cdots & |A|\end{bmatrix}=|A|E$$

$$\therefore X=\frac{1}{|A|}\begin{bmatrix}A_{11} & A_{12} & \cdots & A_{1n}\\ A_{21} & A_{22} & \cdots & A_{2n}\\ \cdots & \cdots & \cdots & \cdots\\ A_{n1} & A_{n2} & \cdots & A_{nn}\end{bmatrix}\text{라고 두면 } A\cdot X=E$$

이 때 X가 행렬 A의 역행렬(Inverse matrix) 이다. (여기서, a_{ij} 의 여인수 A_{ij}와 소행렬식 M_{ij} 와의 관계는 $A_{ij}=(-1)^{i+j}M^{i+j}$ 이다.)

n차의 정방행렬 $A=(a_{ij})$에서 A의 원소에 대응하는 여인수들로 이루어진 행렬의 전치행렬을 A의 수반행렬(adjoint matrix)이라 하고 ad jA로 표시한다.

즉, $A=(a_{ij})$의 수반행렬은

$$\text{ad }jA=\begin{bmatrix}A_{11} & A_{12} & \cdots & A_{1n}\\ A_{21} & A_{22} & \cdots & A_{2n}\\ \cdots & \cdots & \cdots & \cdots\\ A_{n1} & A_{n2} & \cdots & A_{nn}\end{bmatrix}^T=\begin{bmatrix}A_{11} & A_{21} & \cdots & A_{n1}\\ A_{12} & A_{22} & \cdots & A_{n2}\\ \cdots & \cdots & \cdots & \cdots\\ A_{1n} & A_{2n} & \cdots & A_{nn}\end{bmatrix}$$

$\therefore$ A의 역행렬 $A^{-1}=\dfrac{1}{|A|}\text{ad }jA$

예제 다음 행렬이 정칙인가를 조사하고, 정칙이면 그 역행렬을 구하라.

(1) $\begin{bmatrix}0 & -2 & 4\\ 3 & 0 & -3\\ 2 & -1 & 0\end{bmatrix}$ (2) $\begin{bmatrix}1 & 2\\ 3 & 4\end{bmatrix}$ (3) $\begin{bmatrix}1 & 2 & -1\\ 2 & 1 & 3\\ 3 & 2 & 1\end{bmatrix}$

풀이▶ (1) $\begin{bmatrix} 0 & -2 & 4 \\ 3 & 0 & -3 \\ 2 & -1 & 0 \end{bmatrix}$ 1열×1+3열 $\begin{bmatrix} 0 & -2 & 4 \\ 3 & 0 & 0 \\ 2 & -1 & 2 \end{bmatrix} = 3(-1)2+1 \cdot \begin{bmatrix} -2 & 4 \\ -1 & 2 \end{bmatrix} = (-3) \cdot$

$(-4+4)=0$

∴ 정칙이 아니므로 역행렬이 존재하지 않는다.

(2) $A=\begin{bmatrix} 1 & 2 \\ 3 & 4 \end{bmatrix} = -2 \neq 0$ 이므로 정칙 행렬이다.

$$\therefore A^{-1} = \frac{1}{|A|}\begin{bmatrix} A_{11} & A_{21} \\ A_{12} & A_{22} \end{bmatrix} = -\frac{1}{2}\begin{bmatrix} M_{11} & -M_{21} \\ -M_{12} & M_{22} \end{bmatrix}$$

$$= -\frac{1}{2}\begin{bmatrix} 4 & -2 \\ -3 & 1 \end{bmatrix} = \begin{bmatrix} -2 & 1 \\ \frac{3}{2} & -\frac{1}{2} \end{bmatrix}$$

(3) $|A| = \begin{bmatrix} 1 & 2 & -1 \\ 2 & 1 & 3 \\ 3 & 2 & 1 \end{bmatrix} = 1\begin{vmatrix} 1 & 3 \\ 2 & 1 \end{vmatrix} - 2\begin{vmatrix} 2 & 3 \\ 3 & 1 \end{vmatrix} + (-1)\begin{vmatrix} 2 & 1 \\ 3 & 2 \end{vmatrix} = -5+14-1=8 \neq 0$이므로

정칙행렬이다.

$A_{11}=-5$, $A_{12}=7$, $A_{13}=1$, $A_{21}=-4$, $A_{22}=4$, $A_{23}=4$, $A_{31}=7$,

$A_{32}=-5$, $A_{33}=-3$ 이므로

$$\therefore A^{-1} = \frac{1}{|A|}\begin{bmatrix} A_{11} & A_{21} & A_{31} \\ A_{12} & A_{22} & A_{32} \\ A_{13} & A_{23} & A_{33} \end{bmatrix} = \frac{1}{8}\begin{bmatrix} -5 & -4 & 7 \\ 7 & 4 & -5 \\ 1 & 4 & -3 \end{bmatrix}$$

$$= \begin{bmatrix} -\frac{5}{8} & -\frac{1}{2} & \frac{7}{8} \\ \frac{7}{8} & \frac{1}{2} & -\frac{5}{8} \\ \frac{1}{8} & \frac{1}{2} & -\frac{3}{8} \end{bmatrix}$$

(3) 가우스-조단(Gauss-Jordan) 계산법

가우스-조단 계산법이란 주어진 계수 행렬에 단위 행렬을 첨가시킨 첨가행렬을 구성하여 행렬의 기본행 연산에 의하여 주어진 행렬을 단위행렬로 만들어 준 경우 첨가된 행렬이 주어진 행렬의 역행렬이 되는 계산법이다. 이 방법은 대규모 행렬의 역행렬을 전자계산기를 사용하여 풀기에 적합한 방법이다.

$$\begin{bmatrix} a_{11} & a_{12} & \cdots & a_{1n} & \vdots & 1 & 0 & \cdots & 0 \\ a_{21} & a_{22} & \cdots & a_{2n} & \vdots & 0 & 1 & \cdots & 0 \\ \cdots & \cdots & \cdots & \cdots & \vdots & \cdots & \cdots & \cdots & \cdots \\ a_{n1} & a_{n2} & \cdots & a_{nn} & \vdots & 0 & 0 & \cdots & 1 \end{bmatrix}$$

$$A \qquad\qquad\qquad E$$

$$\xrightarrow{\text{기본 행 연산}} \begin{bmatrix} 1 & 0 & \cdots & 0 & \vdots & b_{11} & b_{12} & \cdots & b_{1n} \\ 0 & 1 & \cdots & 0 & \vdots & b_{21} & b_{22} & \cdots & b_{2n} \\ \cdots & \cdots & \cdots & \cdots & \vdots & \cdots & \cdots & \cdots & \cdots \\ 0 & 0 & \cdots & 1 & \vdots & b_{n1} & b_{n2} & \cdots & b_{nn} \end{bmatrix}$$

즉, n차 정방행렬 A의 역행렬은

$(A \vdots E) \xrightarrow{\text{기본 행 연산}} (E \vdots X)$이면 X가 A^{-1}이다.

〔기본 행 연산(elementary row operation)〕

행렬의 기본연산은 연립방정식의 해를 구하기 위한 기본 연산과 동일한 의미를 가진다.

연립방정식에 대한 기본연산	행렬에 대한 기본행 연산
① 두 방정식의 교환	① 두 행의 교환
② 한 방정식에 0 아닌 상수를 곱함	② 한 행에 0 아닌 상수를 곱함
③ 한 방정식의 상수배를 다른 방정식에 더함	③ 한 행의 상수배를 다른 행에 더함

예제 다음 행렬의 역행렬을 가우스-조단 방법을 사용하여 구하여라.

(1) $\begin{bmatrix} 1 & 2 \\ 3 & 4 \end{bmatrix}$ (2) $\begin{bmatrix} 1 & -1 & 2 \\ 2 & -1 & 7 \\ 1 & -1 & 3 \end{bmatrix}$

풀이▶ (1) $\begin{bmatrix} 1 & 2 & \vdots & 1 & 0 \\ 3 & 4 & \vdots & 0 & 1 \end{bmatrix}$ 2행+1행×(-3) $\begin{bmatrix} 1 & 2 & \vdots & 1 & 0 \\ 0 & -2 & \vdots & -3 & 1 \end{bmatrix}$

2행×$\left(-\frac{1}{2}\right)$ $\begin{bmatrix} 1 & 2 & \vdots & 1 & 0 \\ 0 & 1 & \vdots & \frac{3}{2} & -\frac{1}{2} \end{bmatrix}$ 1행+2행×(-2) $\begin{bmatrix} 1 & 0 & \vdots & -2 & 1 \\ 0 & 1 & \vdots & \frac{3}{2} & -\frac{1}{2} \end{bmatrix}$

$$\therefore A^{-1}=\begin{bmatrix} -2 & 1 \\ \dfrac{3}{2} & -\dfrac{1}{2} \end{bmatrix}$$

(2) $\left[\begin{array}{ccc|ccc} 1 & -1 & 2 & 1 & 0 & 0 \\ 2 & -1 & 7 & 0 & 1 & 0 \\ 1 & -1 & 3 & 0 & 0 & 1 \end{array}\right] \xrightarrow[3\text{행}-1\text{행}]{2\text{행}+1\text{행}\times(-2)} \left[\begin{array}{ccc|ccc} 1 & -1 & 2 & 1 & 0 & 0 \\ 0 & 1 & 3 & -2 & 1 & 0 \\ 0 & 0 & 1 & -1 & 0 & 1 \end{array}\right]$

$\xrightarrow[2\text{행}+3\text{행}\times(-3)]{1\text{행}+3\text{행}\times(-2)} \left[\begin{array}{ccc|ccc} 1 & -1 & 0 & 3 & 0 & -2 \\ 0 & 1 & 0 & 1 & 1 & -3 \\ 0 & 0 & 1 & -1 & 0 & 1 \end{array}\right]$

$\xrightarrow{1\text{행}+2\text{행}} \left[\begin{array}{ccc|ccc} 1 & 0 & 0 & 4 & 1 & -5 \\ 0 & 1 & 0 & 1 & 1 & -3 \\ 0 & 0 & 1 & -1 & 0 & 1 \end{array}\right]$

$$\therefore A^{-1}=\begin{bmatrix} 4 & 1 & -5 \\ 1 & 1 & -3 \\ -1 & 0 & 1 \end{bmatrix}$$

7.5 연립 1차방정식(역행렬에 의한 해)

n원 1차 연립방정식

$$\begin{cases} a_{11}x_1+a_{12}x_{2}+\cdots+a_{1n}x_n=0 \\ a_{21}x_1+a_{22}x_{2}+\cdots+a_{2n}x_n=0 \\ \cdots\cdots\cdots\cdots\cdots\cdots\cdots\cdots\cdots \\ a_{n1}x_1+a_{n2}x_{2}+\cdots+a_{nn}x_n=0 \end{cases} \quad \cdots\cdots\cdots\cdots ①$$

에서 식 ①의 좌변의 계수행렬을 A, 미지수의 행렬을 X, 상수항 행렬을 B, 즉

$$A=\begin{bmatrix} a_{11} & a_{12} & \cdots & a_{1n} \\ a_{21} & a_{22} & \cdots & a_{2n} \\ \cdots & \cdots & \cdots & \cdots \\ a_{n1} & a_{n2} & \cdots & a_{nn} \end{bmatrix},\quad X=\begin{bmatrix} x_1 \\ x_2 \\ \vdots \\ x_n \end{bmatrix},\quad B=\begin{bmatrix} b_1 \\ b_2 \\ \vdots \\ b_n \end{bmatrix}$$

라 하면 식 ①의 연립방정식을 행렬로 나타내면

$$A \cdot X=B \cdots\cdots\cdots\cdots\cdots\cdots\cdots\cdots\cdots ②$$

이 때 A가 정칙이면 식 ②의 양변에 A^{-1}를 곱하여 $X=A^{-1}\cdot B$을 얻게 되고, 따라서, 연립방정식의 해를 구할 수 있다.

예제 다음 연립방정식을 역행렬을 이용하여 풀어라.

(1) $\begin{cases} x+2y=1 \\ 3x+4y=5 \end{cases}$ (2) $\begin{cases} x-y+2z=1 \\ 2x-y+7z=2 \\ x-y+3z=3 \end{cases}$

풀이▶ (1) $\begin{bmatrix} 1 & 2 \\ 3 & 4 \end{bmatrix}\begin{bmatrix} x \\ y \end{bmatrix}=\begin{bmatrix} 1 \\ 5 \end{bmatrix}$, $\begin{bmatrix} x \\ y \end{bmatrix}=\begin{bmatrix} 1 & 2 \\ 3 & 4 \end{bmatrix}^{-1}\begin{bmatrix} 1 \\ 5 \end{bmatrix}=-\frac{1}{2}\begin{bmatrix} 4 & -2 \\ -3 & 1 \end{bmatrix}\begin{bmatrix} 1 \\ 5 \end{bmatrix}$

$$=-\frac{1}{2}\begin{bmatrix} -6 \\ 2 \end{bmatrix}=\begin{bmatrix} 3 \\ -1 \end{bmatrix}$$

$\therefore\ x=3,\ y=-1$

(2) $\begin{bmatrix} 1 & -1 & 2 \\ 2 & -1 & 7 \\ 1 & -1 & 3 \end{bmatrix}\begin{bmatrix} x \\ y \\ z \end{bmatrix}=\begin{bmatrix} 1 \\ 2 \\ 3 \end{bmatrix}$

$A=\begin{bmatrix} 1 & -1 & 2 \\ 2 & -1 & 7 \\ 1 & -1 & 3 \end{bmatrix}$의 역행렬을 수반법을 이용하여 구하면

$\det A=1\begin{vmatrix} -1 & 7 \\ -1 & 3 \end{vmatrix}-(-1)\begin{vmatrix} 2 & 7 \\ 1 & 3 \end{vmatrix}+(2)\begin{vmatrix} 2 & -1 \\ 1 & -1 \end{vmatrix}=4-1-2=1$

$A_{11}=4$, $A_{12}=1$, $A_{13}=-1$, $A_{21}=1$, $A_{22}=1$, $A_{23}=0$, $A_{31}=-5$, $A_{32}=-3$, $A_{33}=1$이므로

$$\therefore A^{-1}=\frac{1}{|A|}\begin{bmatrix} A_{11} & A_{21} & A_{31} \\ A_{12} & A_{22} & A_{32} \\ A_{13} & A_{23} & A_{33} \end{bmatrix}$$

$$=\frac{1}{1}\begin{pmatrix} 4 & 1 & -5 \\ 1 & 1 & -3 \\ -1 & 0 & 1 \end{pmatrix}=\begin{pmatrix} 4 & 1 & -5 \\ 1 & 1 & -3 \\ -1 & 0 & 1 \end{pmatrix}$$

따라서, $\begin{bmatrix} x \\ y \\ z \end{bmatrix}=\begin{bmatrix} 4 & 1 & -5 \\ 1 & 1 & -3 \\ -1 & 0 & 1 \end{bmatrix}\begin{bmatrix} 1 \\ 2 \\ 3 \end{bmatrix}=\begin{bmatrix} -9 \\ -6 \\ 2 \end{bmatrix}$

$\therefore\ x=-9,\ y=-6,\ z=2$

7.6 고유치, 고유벡터

행렬의 고유치와 고유벡터를 결정하는 문제를 고유치 문제(eigenvalue problem)라 하며 물리학 분야 및 공학 분야, 특히 토목구조 분야에서도 자주 접할 수 있는 문제 중의 하나이다. 수계산으로 고유치문제를 해결하려면 많은 시간과 노력이 요구되나 수치해석을 이용하면 좀 더 빠르고 정확하게 해석이 가능하다. 이를 위해 독자들은 수학에서 이 분야의 기본적인 그 의도와 개념을 정확히 알아야 한다.

$\vec{A}=[a_{jk}]$를 주어진 $n\times n$행렬이라 하고, 벡터방정식으로 나타내면 다음과 같다.

$$\vec{A}\,\vec{x}=\lambda\vec{x} \qquad ①$$

여기서, λ는 하나의 수이다. 분명히 0벡터, $\vec{x}=\vec{0}$은 임의의 λ 값에 대하여 식 (1)의 해이다. 방정식 (1)이 $\vec{x}\neq\vec{0}$인 한 해를 갖기 위한 λ의 값을 행렬 $\vec{A}$의 고유치(eigenvalue) 또는 특성치(characteristic value)라고 한다. 이에 대응하는 식 (1)의 해 $\vec{x}\neq\vec{0}$을 고유치 λ에 대한 행렬을 $\vec{A}$의 고유벡터(eigen vector) 또는 특성벡터(characteristic vector)라 한다.

(1) 고유치 결정

식 (1)에서 $\vec{x}$가 임의의 벡터라면 $\{\vec{x},\ \vec{A}\,\vec{x}\}$는 일반적으로 일차독립인 집합이 되나 $\vec{x}$가 $\vec{A}$의 고유벡터라면 $\{\vec{x},\ \vec{A}\,\vec{x}\}$는 일차종속인 집합이 된다. 그러면 그 $\vec{x}$와 $\vec{A}\,\vec{x}$의 대응하는 성분들은 비례가 될 것이고, 그 고유벡터가 대응되는 $\vec{A}$의 고유치는 λ는 그 비례치의 값이 될 것이다.

임의의 n차 정방행렬은 적어도 한 개, 많아야 n개의 서로 다른(실 또는 복소) 고유치를 갖는다는 것을 보이고자 한다.

식 (1)을 풀어 쓰면

$$a_{11}x_1+a_{12}x_2+\cdots\cdots+a_{1n}x_n=\lambda x_1$$

$$a_{21}x_1+a_{22}x_2+\cdots\cdots+a_{2n}x_n=\lambda x_2$$

$$\cdots\cdots\cdots\cdots\cdots\cdots\cdots\cdots$$

$$\cdots\cdots\cdots\cdots\cdots\cdots\cdots\cdots\cdots$$

$$a_{n1}x_1 + a_{n2}x_2 + \cdots\cdots\cdots + a_{nn}x_n = \lambda x_n$$

이고 우변의 항을 좌변으로 이항하여 정리하면

$$(a_{11} - \lambda)x_1 + a_{12}x_2 + \cdots\cdots\cdots + a_{1n}x_n = 0$$

$$a_{21}x_1 + (a_{22} - \lambda)x_2 + \cdots\cdots\cdots + a_{2n}x_n = 0$$

$$\cdots\cdots\cdots\cdots\cdots\cdots\cdots\cdots\cdots$$

$$\cdots\cdots\cdots\cdots\cdots\cdots\cdots\cdots\cdots$$

$$a_{n1}x_1 + a_{n2}x_2 + \cdots\cdots\cdots + (a_{nn} - \lambda)x_n = 0$$

을 얻는다. 행렬의 기호로 나타내면

$$(\vec{A} - \lambda\vec{I})\ \vec{x} = \vec{0}$$

이다.

여기서 이 재차 연립방정식이 해를 가질 필요충분조건은 이에 대응하는 계수행렬식이 0인 것이다. 즉,

$$D(\lambda) = det(\vec{A} - \lambda\vec{I}) = \begin{vmatrix} a_{11} - \lambda & a_{12} & \cdots & a_{1n} \\ a_{21} & a_{22} - \lambda & \cdots & a_{2n} \\ \cdot & \cdot & \cdots & \cdot \\ \cdot & \cdot & \cdots & \cdot \\ \cdot & \cdot & \cdots & \cdot \\ a_{n1} & a_{n2} & \cdots & a_{nn} - \lambda \end{vmatrix} = 0 \qquad ②$$

이다.

여기서, $D(\lambda)$는 특성행렬식(characteristic determinant)라 하고, 식 (2)를 행렬 A에 대응하는 특성방정식(characteristic equation)이라 부른다. 행렬식 $D(\lambda)$에 관한 n차 다항식을 얻는다. 이것을 A에 대응하는 특성다항식(characteristic polynomial)이라 한다. 이 방정식의 근을 정방행렬 A의 고유치라 할 수 있다.

전공문제

토목구조분야의 고유치 문제(eigenvalue problem)의 예를 3가지 들고 설명하여라.

해설

1. 양단 힌지인 기둥의 좌굴계수를 구하는 경우

기둥의 미분방정식(Differential Equation)

$$EI\frac{d^4y}{dx^4}+P\frac{d^2y}{dx^2}=0 \qquad ①$$

여기서, $k^2=\frac{P}{EI}$라 놓으면

$$\frac{d^4y}{dx^4}+k^2\frac{d^2y}{dx^2}=0 \qquad ②$$

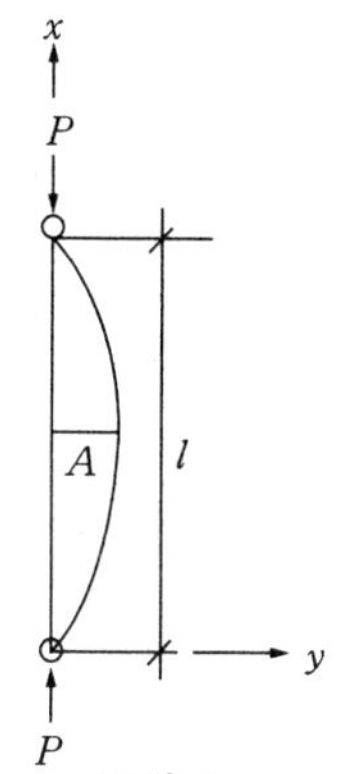

그림 1

식 ②를 연산자를 이용하면 $D=\frac{dy}{dx}$

$$D^4+k^2D^2=D^2(D^2+k^2)=0$$

$D=0$ (중근) $\qquad D=\pm ki$이므로

식 ②의 General Solution은 homogeneous solution과 particular solution이 결합된 형태로 $y_G=y_p+y_h$와 같이 나타내어지며 다시 쓰면 다음과 같다.

$$y_G=A\sin kx+B\cos kx+Cx+D \qquad ③$$

그림 1에서 양단이 힌지인 기둥의 경계조건은

$$\left.\begin{array}{ll}\text{처 짐}: & y(0)=y(l)=0\\ \text{모멘트}: & y''(0)=y''(l)=0\end{array}\right\} \qquad ④$$

식 ④를 식 ③에 대입하여 정리하면

$$y=A\sin kx+B\cos kx+Cx+D$$
$$y'=Ak\cos kx-Bk\sin kx+C$$
$$y''=-Ak^2\sin kx-Bk^2\cos kx$$

$$\left.\begin{array}{ll}y(0)=0 & : 0=B+D\\ y(l)=0 & : 0=A\sin kl+BCoskl+Cl+D\\ y''(0)=0 & : 0=-Bk^2\\ y''(l)=0 & : 0=-Ak^2\sin kl-Bk^2\cos kl\end{array}\right\} \qquad ⑤$$

식 ⑤를 Matrix 형태로 나타내면

$$\begin{array}{cccc} A & B & C & D \end{array}$$

$$\begin{bmatrix} 0 & 1 & 0 & 1 \\ \sin kl & \cos kl & l & 1 \\ 0 & -k^2 & 0 & 0 \\ k^2 \sin kl & -k^2 \cos kl & 0 & 0 \end{bmatrix} \begin{Bmatrix} A \\ B \\ C \\ D \end{Bmatrix} = \begin{Bmatrix} 0 \\ 0 \\ 0 \\ 0 \end{Bmatrix} \quad ⑥$$

방정식 ⑥의 근은 진폭 A, B, C, D가 0이 될 수 없고 반드시 계수를 나타내는 정방행렬의 Determinant가 0이 되어야 한다. 이와 같은 방정식의 형태를 고유치 문제라 하고 진폭 A, B, C, D를 고유벡터라 하며 좌굴계수 k를 고유치(eigenvalue)라 하며 Det=0인 관계에서 구할 수 있다. 여기서 Determinant를 구하는 계산은 생략한다.

2. 구조 동역학(Structural Dynamic)에서 고유진동수를 구하는 경우

전공문제

다음과 같은 비감쇄계(Undamped System) 구조물의 고유진동수를 구하시오.

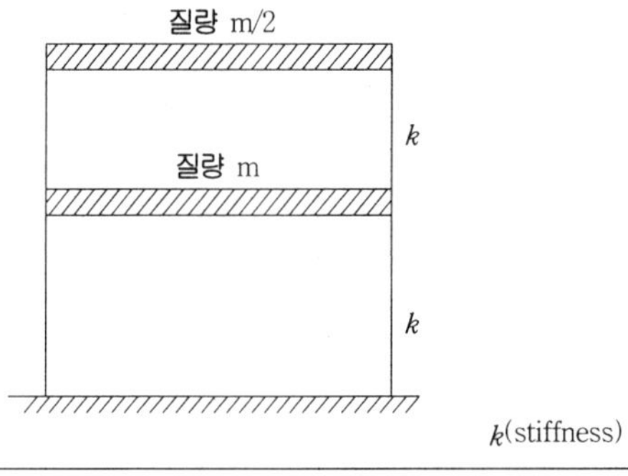

해설

2층 건물인 MDOF(Multi Degree of Freedom)의 비감쇄계(Undamped System) 자유진동 구조물을 해석하는 문제이다. MDOF에 대한 운동방정식을 구하여 고유진동수를 구하기로 한다.

1. 해석모델링

－Lumped Massless Stick Model로 해석 모델을 만든다.

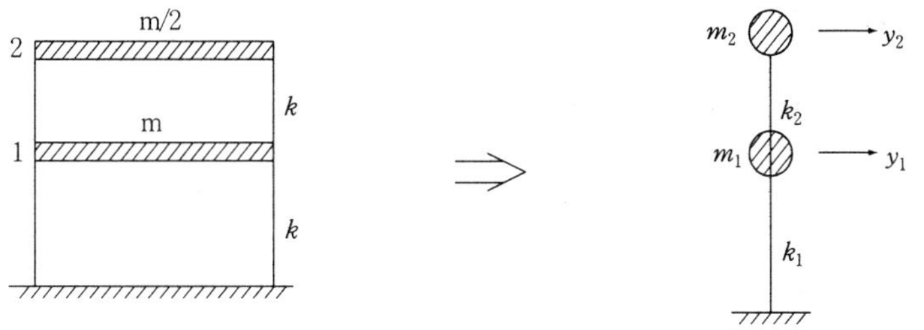

2. 운동 방정식의 산정

자유도계(MDOF)인 비감쇄 자유진동의 운동방정식을 적용하면

$my'' + ky = 0$이므로

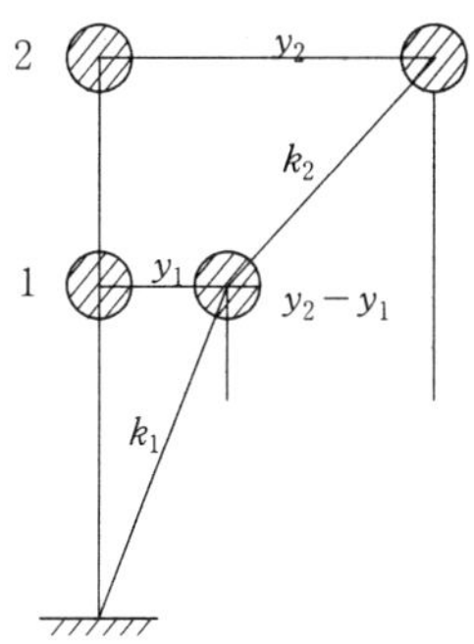

2번 절점 : $m_2 y_2'' + k_2(y_2 - y_1) = 0$ ①

1번 절점 : $m_1 y_1'' + k_1 y_1 - k_2(y_2 - y_1) = 0$ ②

①번 질점파 ②번 질점에 내한 운동방정식을 정리하넌

$m_1 y_1'' + (k_1 + k_2) y_1 - k_2 y_2 = 0$

$m_2 y_2'' + k_2 y - k_2 y_1 = 0$

이를 matrix 형태로 정리하면

$$\begin{bmatrix} m_1 & 0 \\ 0 & m_2 \end{bmatrix} \begin{Bmatrix} y_1'' \\ y_2'' \end{Bmatrix} + \begin{bmatrix} (k_1 + k_2) & -k_2 \\ -k_2 & k_2 \end{bmatrix} \begin{Bmatrix} y_1 \\ y_2 \end{Bmatrix} = \begin{Bmatrix} 0 \\ 0 \end{Bmatrix}$$

$$\underset{\text{질량}}{[m]} = \begin{bmatrix} m_1 & 0 \\ 0 & m_2 \end{bmatrix} = \begin{bmatrix} m & 0 \\ 0 & \dfrac{2}{m} \end{bmatrix} = m \begin{bmatrix} 1 & 0 \\ 0 & \dfrac{1}{2} \end{bmatrix}$$

$$\underset{\text{stiffness}}{[k]} = \begin{bmatrix} k_1 + k_2 & -k_2 \\ -k_2 & k_2 \end{bmatrix} = k \begin{bmatrix} 2 & -1 \\ -1 & 1 \end{bmatrix}$$

3. 고유 진동수 산정

$$[M]\{y''\} + [M]\{y\} = \{0\}$$

비감쇠 구조계의 자유진동에 대한 구조계의 변위응답을 나타내면

$$\{y\} = \{a\}\sin(wt - \alpha)$$

상기 해를 운동방정식에 대입하면

$$[[k] - w^2[m]]\{a\} = \{0\}$$

이와 같은 방정식의 형태를 고유치 문제(eigenvalue problem)이라 하며 $\{a\}$는 고유벡터, w를 고유치라 한다.

여기서 $\{a\}$의 해가 존재하기 위해서는 Det $[[k] - w^2[m]] = 0$ 이어야 한다.

즉,

$$\left| k\begin{bmatrix} 2 & -1 \\ -1 & 1 \end{bmatrix} - w^2 m \begin{bmatrix} 1 & 0 \\ 0 & \frac{1}{2} \end{bmatrix} \right| = 0$$

$$\begin{vmatrix} 2k - w^2 m & -k \\ -k & k - \frac{m}{2} w^2 \end{vmatrix} = 0$$

여기서, 고유진동수 계산은 생략한다.

3. 3차원 응력요소에서 주응력 산정시

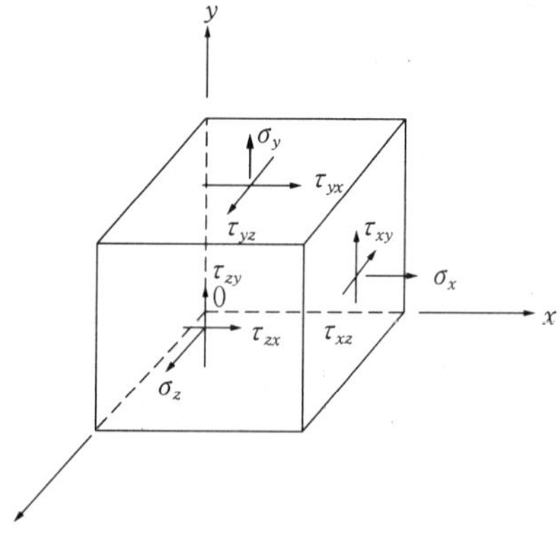

그림 3차원 응력을 받는 요소(양의 면에 작용하는 응력만 표시)

위 그림에서 x, y, z축에 대하여 정역학적 평형식에 의해 다음과 같이 나타내질 수 있다. 이 식들의 유도과정은 길고 복합하므로 단지 결과만 이용한다.

$$\sigma_x \cdot x + \tau_{xy} \cdot y + \tau_{xz} \cdot z = \sigma \cdot x$$

$$\tau_{yx} \cdot x + \sigma_y \cdot y + \tau_{yz} \cdot z = \sigma \cdot y$$

$$\tau_{zx} \cdot x + \tau_{zy} \cdot y + \sigma_z \cdot z = \sigma \cdot z$$

위 식에서 우변을 좌변으로 넘겨서 정리하면

$$(\sigma_x - \sigma)x + \tau_{xy} \cdot y + \tau_{xz} \cdot z = 0$$

$$\tau_{yx} \cdot x + (\sigma_y - \sigma)y + \tau_{yz} \cdot z = 0$$

$$\tau_{zx} \cdot x + \tau_{zy} \cdot y + (\sigma_z - \sigma)z = 0$$

위 식을 Matrix 형태로 나타내면

$$\begin{array}{ccc} x & y & z \end{array}$$

$$\begin{bmatrix} (\sigma_x - \sigma) & \tau_{xy} & \tau_{xz} \\ \tau_{yx} & (\sigma_y - \sigma) & \tau_{yz} \\ \tau_{zx} & \tau_{yz} & (\sigma_z - \sigma) \end{bmatrix} \begin{Bmatrix} x \\ y \\ x \end{Bmatrix} = \begin{Bmatrix} 0 \\ 0 \\ 0 \end{Bmatrix}$$

이와 같은 방정식의 형태를 고유치문제(eigenvalue problem)라 하며 σ(주응력)를 고유치(eigenvalue)라 한다.

위 식의 Determinant를 구하면 $\sigma^3 - A\sigma^2 + B\sigma - C = 0$
형태의 다항식이 나오며

여기서, $A = \sigma_x + \sigma_y + \sigma_z$

$$B = \sigma_x\sigma_y + \sigma_y\sigma_z + \sigma_z\sigma_x - \tau_{xy}^2 - \tau_{yz}^2 - \tau_{zx}^2$$

$$C = \sigma_x\sigma_y\sigma_z + 2\tau_{xy} \cdot \tau_{yz} \cdot \tau_{zx} - \sigma_x\tau_{xy}^2 - \sigma_y\tau_{xz}^2 - \sigma_z\tau_{xy}^2$$

이때 A, B, C는 새로운 위치 즉, 축을 변환시키더라도 그 값이 변하지 않고 삭삭 1,2,3차 응력불변량(stress invariant)이라 한다.

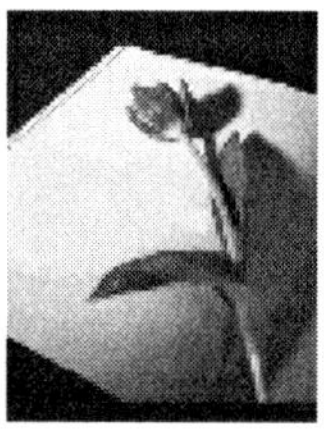

8 벡 터

8.1 벡터(Vector)의 정의 및 연산

(1) 벡터의 정의

수학이나 물리학, 공학에 나타나는 갖가지 양에는 힘, 속도, 가속도, 변위, 운동량, 충격량, 힘의 모멘트, 무게 등과 같이 크기뿐만 아니라 방향을 함께 가지고 있는 양이 있다. 이러한 양을 벡터(vector)라 하고 이와는 달리 넓이, 길이, 시간, 질량, 온도, 속력, 에너지 등과 같이 크기만을 갖는 양을 스칼라(scalar)라 한다. 일반적으로 벡터는 유향성분으로써 표시하게 된다. 평면 또는 공간상의 점 A, B를 A에서 B방향으로 잇는 선분을 유향선분(directed segment)이라 하고 $\overrightarrow{AB}$로 표시한다. 이 때 A를 유향선분

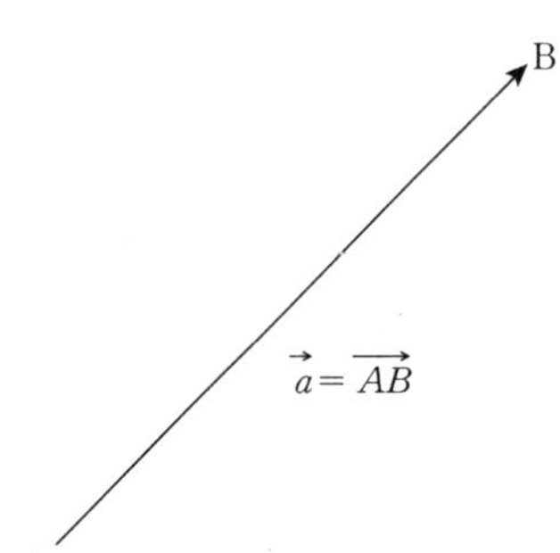

$\overrightarrow{AB}$의 시점(initial point), B를 $\overrightarrow{AB}$의 종점(terminal point)이라 한다.

벡터는 $\vec{a}, \vec{b}, \vec{c}, \cdots, \vec{x}, \vec{y}, \vec{z}\cdots,$ 스칼라는 $a, b, c, \cdots, x, y, z, \cdots,$ 등의 문자를 사용하여 나타낸다. 벡터 AB를 $\overrightarrow{AB}$, $\vec{a}$로 나타내며 크기(norm)는 $|\overrightarrow{AB}|$, $|\vec{a}|$로 나타내며, 크기가 1인 벡터를 단위벡터라 한다. 두 벡터 $\overrightarrow{AB}$, $\overrightarrow{CD}$에서 크기와 방향만 같으면 같은 Vector라 하고 시점, 종점의 위치는 같지 않아도 된다. 크기와 방향이 각각 같은 두 벡터 즉, $\overrightarrow{AB}=\overrightarrow{CD}$, $\vec{a}=\vec{b}$로 표시한다. 크기가 0인 즉, 시점과 종점이 일치하는 벡터 $\vec{a}$를 영벡터(zero vector)라고 하며 $\vec{a}=\vec{0}$라고 쓴다. 크기가 1인 벡터를 단위벡터(unit vector)라고 한다.

(2) 벡터의 연산

1) 벡터의 합과 차

합(sum) : 두벡터 $\vec{a}$, $\vec{b}$를 적당히 평행이동하여 그림과 같이 $\vec{a}$, $\vec{b}$의 시점을 한점 O에 모아 평행사변형 $OACB$를 만들 때 그 대각선 $\overrightarrow{OC}$를 $\vec{a}$, $\vec{b}$의 합(sum)이라 하고 $\vec{a}+\vec{b}$로 정의한다.

또는 벡터 $\vec{b}$를 평행이동시켜 그 시점을 벡터 $\vec{a}$의 종점에 오도록 하여 그림과 같이 삼각형 OAB를 만들 때 벡터 $\overrightarrow{OB}$를 $\vec{a}+\vec{b}$로 정의한다.

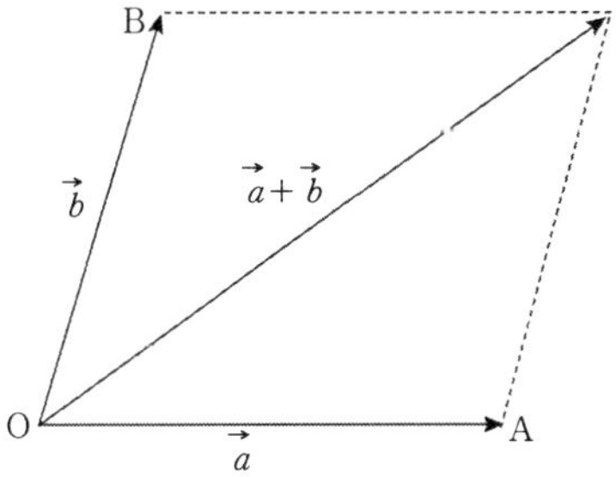

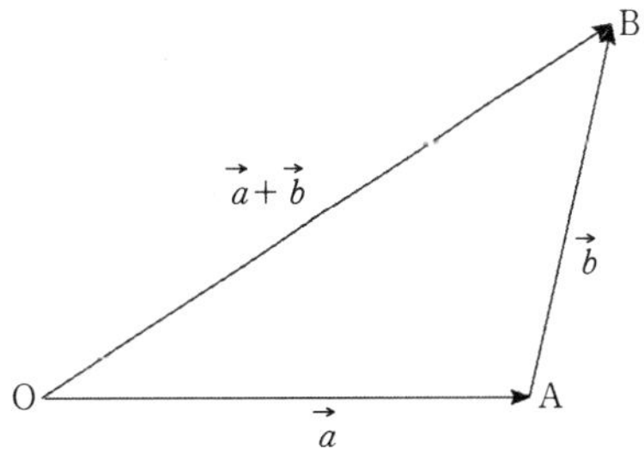

차(Difference) : $(-1)\vec{b} = -\vec{b}$로 표시하고 $-\vec{b}$는 $\vec{b}$와 크기는 같고 방향은 반대인 것으로 정의한다. 따라서 $\vec{a}+(-\vec{b})$를 $\vec{a}-\vec{b}$로 정의한다.

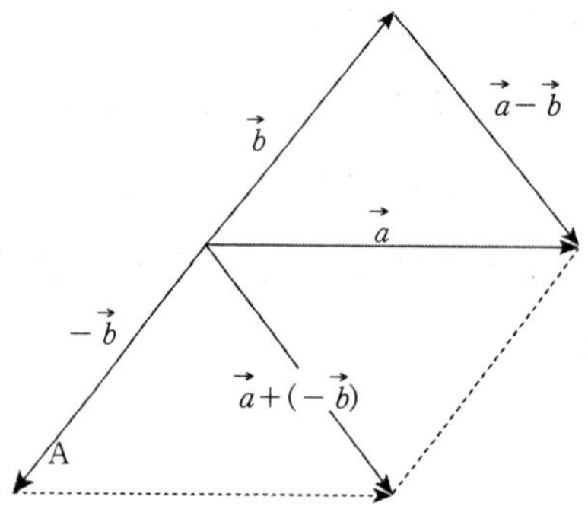

2) 실수와 벡터와의 곱

실수 k와 벡터 $\vec{a}$와의 곱 $k\vec{a}$를 다음과 같이 정의한다.

(i) $k>0$ 이면 $\vec{a}$와 같은 방향이고, 크기는 $|k||\vec{a}|$

(ii) $k=0$ 이면 0벡터

(iii) $k<0$ 이면 $\vec{a}$와 반대 방향이고, $|k||\vec{a}|$

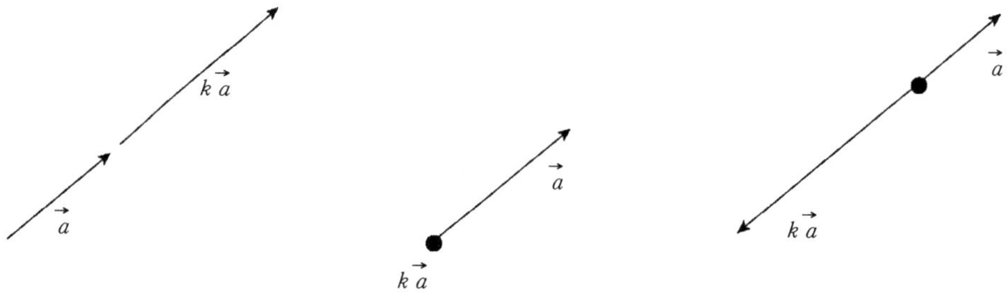

(i) $k>0$　　(ii) $k=0$　　(iii) $k<0$

벡터의 연산

임의의 벡터 $\vec{a}$, $\vec{b}$, $\vec{c}$와 실수 α, β에 대하여

(i) $\vec{a}+\vec{b}=\vec{b}+\vec{a}$ (교환법칙)

(ii) $\vec{a}+(\vec{b}+\vec{c})=(\vec{a}+\vec{b})+\vec{c}$ (결합법칙)

$\vec{a}+(\vec{b}+\vec{c})=\vec{a}+\vec{b}+\vec{c}$로 표시한다.

(iii) $\vec{a}+\vec{0}=\vec{0}+\vec{a}=\vec{a}$ (항등원 존재)

(iv) $\vec{a}+(-\vec{a})=(-\vec{a})+\vec{a}=\vec{0}$ (역원 존재)

(v) $\alpha(\beta\vec{a})=(\alpha\beta)\vec{a}$ (결합 법칙)

(vi) $\alpha(\vec{a}+\vec{b})=\alpha\vec{a}+\alpha\vec{b}$ (분배법칙)

(vii) $(\alpha+\beta)\vec{a}=\alpha\vec{a}+\beta\vec{a}$ (분배법칙)

(viii) $1\vec{a}=\vec{a}$ (1의 존재)

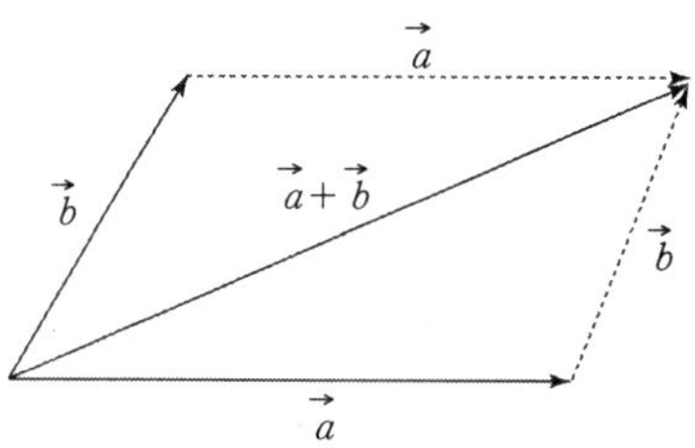

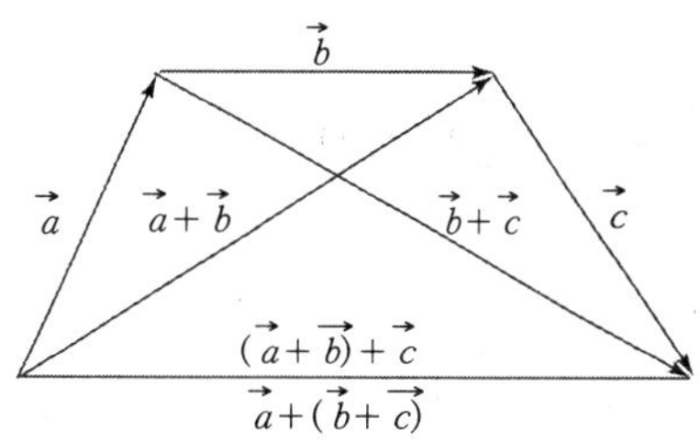

실수체 R 위에서 벡터공간(vector space)이란 두 개의 연산이 함께 주어진 집합으로써 위의 정리의 8가지 조건을 만족하는 대상(objects)들의 모임이다. 그리고 그 대상들, 즉 원소를 벡터라 부른다. 지금까지는 벡터를 기하학적으로 고찰하였으나 좌표를 도입하여 해석학적으로 나타내는 것이 편리할 때도 있다.

공간상에 직교 좌표축을 정하고 원점을 O, 좌표축상의 점 $E_1(1, 0, 0)$, $E_2(0, 1, 0)$ $E_3(0, 0, 1)$을 잡아 $\vec{i}=\overrightarrow{OE_1}$, $\vec{j}=\overrightarrow{OE_2}$, $\vec{k}=\overrightarrow{OE_3}$라 둔다. 즉, $\vec{i}$, $\vec{j}$, $\vec{k}$는 각각 x, y, z 좌표축상의 단위 벡터이다. 이 때 $\vec{i}$, $\vec{j}$, $\vec{k}$를 기본단위벡터(fundamental unit vector)라 부른다.

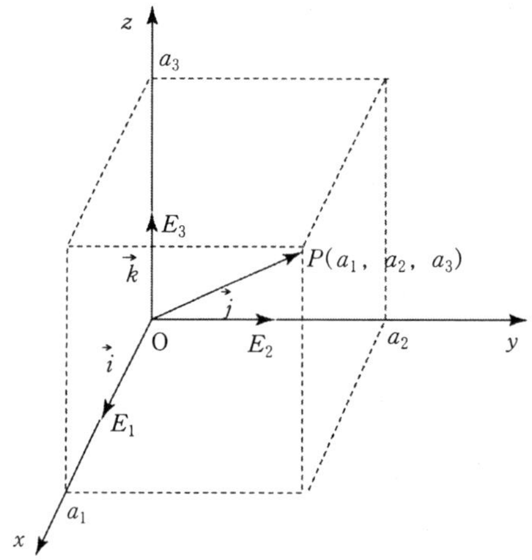

8.2 Vector의 성분

좌표평면 위에서 벡터는 시점을 어디다 옮겨도 크기와 방향만 같으면 동일한 벡터이다. x축 위의 점 (1, 0, 0), y축 위의 점 (0, 1, 0), z축 위의 점 (0, 0, 1)으로 하는 벡터를 각각 $\vec{i}=(1, 0, 0)$, $\vec{j}=(0, 1, 0)$, $\vec{k}=(0, 0, 1)$이라 하면 이를 기본단위벡터 또는 간단히 기본벡터라고 한다. 따라서, 원점을 시점으로 하고 종점의 좌표인 임의의 벡터 $\vec{a}$에 대하여 $\vec{a}=\overrightarrow{OP}$인 점 P의 좌표를 (a_1, a_2, a_3)라고 하면 $\vec{a}=a_1\vec{i}+a_2\vec{j}+a_3\vec{k}$로 나타낼 수 있다. 따라서, 벡터 $\vec{a}$를 $\vec{a}=(a_1, a_2, a_3)$로 나타내고 a_1, a_2, a_3를 각각 $\vec{a}$의 x성분(x-component), y성분(y-component), z성분(z-component)이라고 부른다.

$\vec{a}=\overrightarrow{OP}$이고 $P(x_1, y_1, z_1)$, $Q(x_2, y_2, z_2)$ 일 때 $\overrightarrow{OP}=\overrightarrow{OA}$인 점 A의 좌표는 $a_1=x_2-x_1$, $a_2=y_2-y_1$, $a_3=z_2-z_1$이고 이것은 벡터의 성분이다. 벡터 $\vec{a}$의 크기는 $|\vec{a}|=\sqrt{a_1^2+a_2^2+a_3^2}=\sqrt{(x_2-x_1)^2+(y_2-y_1)^2+(z_2-z_1)^2}$ 이고, 영벡터의 성분은 (0, 0, 0) 이다.

$\vec{a}=(a_1, a_2, a_3)$, $\vec{b}=(b_1, b_2, b_3)$ 일 때

$\vec{a}=\vec{b} \Leftrightarrow a_1=b_1, a_2=b_2, a_3=b_3$

또한 $\vec{a} = a_1\vec{i} + a_2\vec{j} + a_3\vec{k}$, $\vec{b} = b_1\vec{i} + b_2\vec{j} + b_3\vec{k}$ 이므로

$$\begin{aligned}\vec{a} + \vec{b} &= (a_1\vec{i} + a_2\vec{j} + a_3\vec{k}) + (b_1\vec{i} + b_2\vec{j} + b_3\vec{k}) \\ &= (a_1 + b_1)\vec{i} + (a_2 + b_2)\vec{j} + (a_3 + b_3)\vec{k} \\ &= (a_1 + b_1,\ a_2 + b_2,\ a_3 + b_3)\end{aligned}$$

$$k\vec{a} = (ka_1,\ ka_2,\ ka_3)$$

정리

원점 O를 시점으로 하고 종점이 P인 벡터 $\vec{a} = \overrightarrow{OP}$를 위치벡터(position vector)라고 한다.

공간상의 임의의 벡터에 대해서 그와 같은 위치벡터를 잡을 수 있다. 따라서 동치인 벡터를 동일시 한다면 공간상의 벡터 전체의 집합과 공간상의 점 전체의 집합 사이에는 일대일 대응관계가 있음을 알 수 있다.

예제 점 $P(1, 2, -3)$을 시점으로 하고 점 $Q(5, 4, -6)$을 종점으로 하는 벡터 $\vec{a} = \overrightarrow{PQ}$를 기본단위 벡터를 써서 나타내고 $\vec{a}$의 크기를 구하라.

풀이▶ $\vec{a} = (a_1, a_2, a_3)$라 하면 $a_1 = 5-1 = 4$, $a_2 = 4-2 = 2$, $a_3 = -6-(-3) = -3$

$\therefore\ \vec{a} = 4\vec{i} + 2\vec{j} - 3\vec{k}$, $|\vec{a}| = \sqrt{4^2+2^2+(-3)^2} = \sqrt{29}$

예제 $P(2, 1, 5)$, $Q(3, -2, 1)$, $A(1, 2, 3)$, $B(-3, 4, 2)$ 일 때 $\vec{a} = \overrightarrow{PQ}$, $\vec{b} = \overrightarrow{AB}$라 하면 $2\vec{a} + 3\vec{b}$를 구하라.

풀이▶ $\vec{a} = (3-2, -2-1, 1-5) = (1, -3, -4)$

$\vec{b} = (-3-1, 4-2, 2-3) = (-4, 2, -1)$

$$\begin{aligned}\therefore\ 2\vec{a} + 3\vec{b} &= 2(1, -3, -4) + 3(-4, 2, -1) \\ &= (2, -6, -8) + (-12, 6, -3) = (-10, 0, -11)\end{aligned}$$

정리

$\vec{a} = (a_1, a_2, a_3)$와 $k \in R$에 대하여

(i) $|\vec{a}| \geq 0$, $|\vec{a}| = 0 \quad \vec{a} = \vec{0}$ $\Leftrightarrow$ (ii) $|k\vec{a}| = |k||\vec{a}|$

증명

(i) $|\vec{a}| = \sqrt{a_1^2+a_2^2+a_3^2} \geq 0$

$|\vec{a}| = \sqrt{a_1^2+a_2^2+a_3^2} = 0 \Leftrightarrow |\vec{a}| = a_1^2+a_2^2+a_3^2 = 0$

$\Leftrightarrow a_1 = a_2 = a_3 = 0 \Leftrightarrow \vec{a} = \vec{0}$

(ii) $|k\vec{a}| = \sqrt{(ka_1)^2+(ka_2)^2+(ka_3)^2} = \sqrt{k^2(a_1^2+a_2^2+a_3^2)}$

$= |k| \sqrt{a_1^2+a_2^2+a_3^2} = |k| |\vec{a}|$

위 정리에 의하면 $\vec{a}$ 방향의 단위벡터 $\vec{e}$는 $\frac{\vec{a}}{|\vec{a}|}$ 임을 알 수 있다. 실제로 $|\vec{a}| > 0$ 이므로 $\vec{e}$와 $\vec{a}$와 같은방향이고 $|\vec{e}| = \left|\frac{\vec{a}}{|\vec{a}|}\right| = \frac{1}{|\vec{a}|} |\vec{a}| = 1$이므로 $\vec{e}$는 $\vec{a}$ 방향의 단위벡터이다.

예제 $\vec{a} = (2,\ 1,\ -3)$일 때 $\vec{a}$와 같은 방향의 단위벡터 $\vec{e}$를 구하라.

풀이▶ $|\vec{a}| = \sqrt{2^2+1^2+(-3)^2} = \sqrt{14}$

$\therefore\ \vec{e} = \frac{\vec{a}}{|\vec{a}|} = \pm\left(\frac{2}{\sqrt{14}},\ \frac{1}{\sqrt{14}},\ -\frac{3}{\sqrt{14}}\right)$

8.3 벡터의 내적 및 외적

(1) 벡터의 내적(inner product, scalar product, dot product)

벡터의 내적이란 물리학에서 말하는 일의 양과 같다. 즉, 어떤 물체에 힘 f를 가해서 힘과 θ의 방향으로 물체를 $|s|$ 만큼 이동했을 때 이때 한 일 w는 $|f|\ |s| \cos\theta$이다. 이 일을 두 벡터 f, s의 내적 또는 스칼라적이라 한다. 일반적으로 두 벡터 a, b가 이루는 각을 θ라 할 때 내적 $\vec{a}\cdot\vec{b} = |a|\ |b| \cos\theta$로 나타낸다. 이 때 $a=b$일 때는 $\theta=0$이므로 $\cos\theta=1$, 따라서, $\vec{a}\cdot\vec{a} = |a|\ |a| = |a|^2$이다. $\vec{a} = (a_1,$

a_2, a_3), $\vec{b} = (b_1, b_2, b_3)$라 할 때 $\vec{a}$, $\vec{b}$의 내적을 $\vec{a} \cdot \vec{b}$로 표시하고 $\vec{a} \cdot \vec{b} = a_1b_1 + a_2b_3 + a_3b_3$를 $\vec{a}$, $\vec{b}$의 내적이라 한다.

내적은 계산 결과가 스칼라양이다.

예제 두 벡터 $\vec{a} = (3, -1, -2)$, $\vec{b} = (-2, -3, 1)$의 내적을 구하여라.

풀이▶ $\vec{a} \cdot \vec{b} = 3\times(-2)+(-1)\times(-3)+(-2)\times 1 = -6+3-2- -5$

내적의 정리

임의의 벡터 $\vec{a}$, $\vec{b}$, $\vec{c}$와 임의의 실수 k에 대하여 다음이 성립한다.

(i) $\vec{a} \cdot \vec{b} = \vec{b} \cdot \vec{a}$ (교환법칙)

(ii) $(k\vec{a}) \cdot \vec{b} = k(\vec{a} \cdot \vec{b}) = \vec{a} \cdot (k\vec{b})$

(iii) $\vec{a} \cdot (\vec{b} + \vec{c}) = \vec{a} \cdot \vec{b} + \vec{a} \cdot \vec{c}$

$(\vec{a} + \vec{b}) \cdot \vec{c} = \vec{a} \cdot \vec{c} + \vec{b} \cdot \vec{c}$ (분배법칙)

(iv) $\vec{a} \cdot \vec{a} = |\vec{a}|^2$

(v) $\vec{a} \cdot \vec{a} = |\vec{a}|^2$ (등호는 $\vec{a} = \vec{0}$ 일 때에 성립)

벡터의 내적을 두 벡터의 사이각과 두 벡터의 크기로 나타내 보자. 영벡터가 아닌 두 벡터 $\vec{a} = (a_1, a_2, a_3)$, $\vec{b} = (b_1, b_2, b_3)$의 사잇각을 $\theta(0 < \theta < \pi)$라 하자.

$\vec{c} = \vec{a} - \vec{b} = (a_1 - b_1, a_2 - b_2, a_3 - b_3)$이고, cosine 제 2 법칙에 의하여

$|\vec{c}|^2 = |\vec{a}|^2 + |\vec{b}|^2 - 2|\vec{a}||\vec{b}|\cos\theta$

$\therefore (a_1 - b_1)^2 + (a_2 - b_2)^2 + (a_3 - b_3)^2$

$= a_1^2 + a_2^2 + a_3^2 + b_1^2 + b_2^2 + b_3^2 - 2|\vec{a}||\vec{b}|\cos\theta$

$\therefore |\vec{a}||\vec{b}|\cos\theta = a_1b_1 + a_2b_2 + a_3b_3 = \vec{a} \cdot \vec{b}$

$\therefore \vec{a} \cdot \vec{b} = |\vec{a}||\vec{b}|\cos\theta$ ·········①

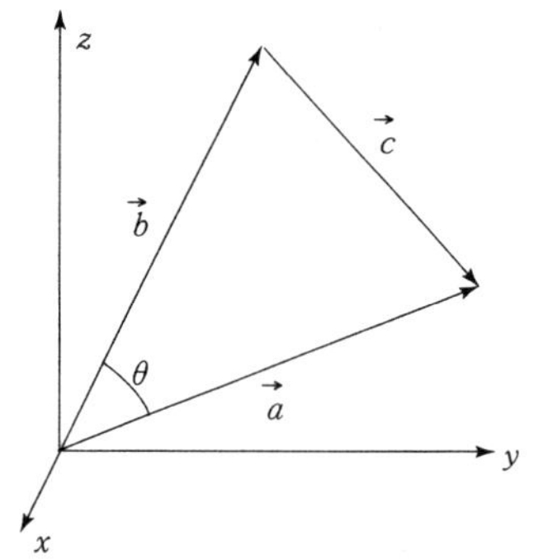

내적의 정의를 식 ①로 사용하기로 하면

식 ①로 부터 두 벡터 $\vec{a}$. $\vec{b}$ 의 사이각 θ의 cosine은

$$\cos\theta = \frac{\vec{a}\cdot\vec{b}}{|\vec{a}|\,|\vec{b}|} = \frac{a_1b_1+a_2b_2+a_3b_3}{\sqrt{a_1^2+a_2^2+a_3^2}\sqrt{b_1^2+b_2^2+b_3^2}}$$ 임을 알 수 있다.

예제 다음 두 벡터의 (i)내적과 (ii)이루는 각을 구하여라.

(1) $\vec{a}=(-7,\ -1)$, $\vec{b}=(-3,\ -4)$

(2) $\vec{a}=(2,\ -2,\ 1)$, $\vec{b}=(0,\ -1,\ 1)$

풀이▶ (1) (i) $\vec{a}\cdot\vec{b}=(-7,\ -1)\cdot(-3,\ -4)=(-7)(-3)+(-1)(-4)=21+4=25$

(ii) $|\vec{a}|=\sqrt{(-7)^2+(-1)^2}=\sqrt{50}=5\sqrt{2}$

$|\vec{b}|=\sqrt{(-3)^2+(-4)^2}=\sqrt{25}=5$

$\therefore \cos\theta=\dfrac{\vec{a}\cdot\vec{b}}{|\vec{a}|\,|\vec{b}|}=\dfrac{25}{5\sqrt{2}\cdot 5}=\dfrac{1}{\sqrt{2}}$ $\quad\therefore \theta=\dfrac{\pi}{4}$

(2) (i) $\vec{a}\cdot\vec{b}=(2,\ -2,\ 1)\cdot(0,\ -1,\ 1)=2\times0+(-2)(-1)+1\times1=3$

(ii) $|\vec{a}|=\sqrt{2^2+(-2)^2+1^2}=3$, $|\vec{b}|=\sqrt{0^2+(-1)^2+1^2}=\sqrt{2}$

$\therefore \cos\theta=\dfrac{\vec{a}\cdot\vec{b}}{|\vec{a}|\,|\vec{b}|}=\dfrac{3}{3\sqrt{2}}=\dfrac{1}{\sqrt{2}}$ $\quad\therefore \theta=\dfrac{\pi}{4}\ (\because\ 0<\theta<\pi)$

영벡터가 아닌 두 벡터 $\vec{a}$, $\vec{b}$ 가

1. 두 벡터가 수직이면 즉, $\vec{a}\perp\vec{b} \Leftrightarrow \vec{a}\cdot\vec{b}=0$
2. 두 벡터가 평행이면 즉, $\vec{a} /\!/ \vec{b}=0 \Leftrightarrow \vec{a}\cdot\vec{b}=\pm|\vec{a}|\,|\vec{b}|$

증명

1. $\vec{a} \perp \vec{b} \Leftrightarrow \theta = \frac{\pi}{2} \Leftrightarrow \cos\theta \Leftrightarrow \vec{a} \cdot \vec{b} = 0$

2. $\vec{a} /\!/ \vec{b} = 0 \Leftrightarrow \theta = 0$ 또는 $180° \Leftrightarrow \cos\theta = 1$ 또는 $-1 \Leftrightarrow \vec{a} \cdot \vec{b} = \pm|\vec{a}||\vec{b}|$

영벡터가 아닌 벡터 $\vec{a} = (a_1, a_2, a_3)$와 x축, y축, z축의 양의 방향과 이루는 각을 각각 α, β, γ 라고 하면,

$$\cos\alpha = \frac{\vec{a} \cdot \vec{i}}{|\vec{a}||\vec{i}|} = \frac{a_1}{\sqrt{a_1^2 + a_2^2 + a_3^2}}$$

$$\cos\beta = \frac{\vec{a} \cdot \vec{j}}{|\vec{a}||\vec{j}|} = \frac{a_2}{\sqrt{a_1^2 + a_2^2 + a_3^2}}$$

$$\cos\gamma = \frac{\vec{a} \cdot \vec{k}}{|\vec{a}||\vec{k}|} = \frac{a_3}{\sqrt{a_1^2 + a_2^2 + a_3^2}}$$ 이며,

$\cos\alpha$, $\cos\beta$, $\cos\gamma$를 $\vec{a}$의 방향코사인(directional cosine)이라 한다.

이 때 $\cos^2\alpha + \cos^2\beta + \cos^2\gamma = 1$이므로 $(\cos\alpha, \cos\beta, \cos\gamma) = \frac{\vec{a}}{|\vec{a}|}$

따라서, $\vec{a}$의 방향 cosine을 성분으로 하는 벡터는 $\vec{a}$와 같은 방향의 단위벡터이다.

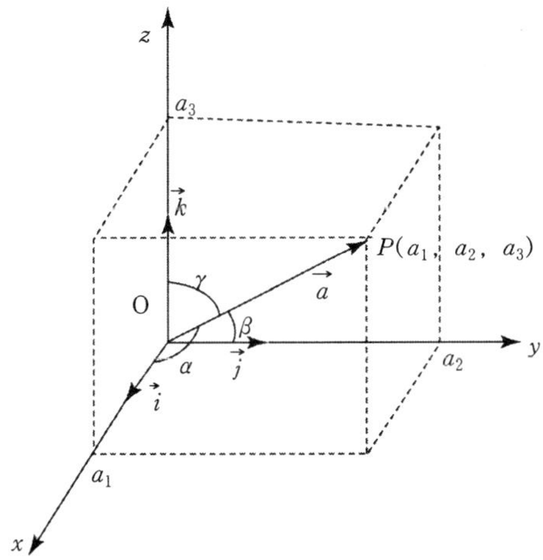

예제 두 점 $A(3, -1, 2)$, $B(4, 3, -1)$에 대해서, $\vec{a}=\overrightarrow{AB}$라 할 때

(1) $\vec{a}$의 크기

(2) $\vec{a}$의 방향 코사인

(3) $\vec{a}$와 같은 방향의 단위벡터 $\vec{e}$를 구하라.

풀이▶ (1) $\vec{a}=(4-3,\ 3-(-1),\ -1-2)=(1,\ 4,\ -3)$

$\therefore\ |\vec{a}|=\sqrt{1^2+4^2+(-3)^2}=\sqrt{26}$

(2) $\vec{a}$가 x축, y축, z축과 이루는 각을 α, β, γ라 하면

$$\cos\alpha=\frac{1}{\sqrt{26}},\ \cos\beta=\frac{4}{\sqrt{26}},\ \cos\gamma=\frac{-3}{\sqrt{26}}$$

(3) $\vec{e}=(\cos\alpha,\ \cos\beta,\ \cos\gamma)=\left(\frac{1}{\sqrt{26}},\ \frac{4}{\sqrt{26}},\ \frac{-3}{\sqrt{26}}\right)$

(2) 벡터의 외적(outer vector, vector product. cross product)

두 벡터 $\vec{a}$, $\vec{b}$가 이루는 각을 $\theta(0\le\theta\le\pi)$라고 할 때, 크기가 $|\vec{a}||\vec{b}|\sin\theta$이고 $\vec{a}$, $\vec{b}$의 외적이라 하고 $\vec{a}\times\vec{b}$로 표시한다. $\vec{a}$, $\vec{b}$, $\vec{a}\times\vec{b}$는 오른손 법칙을 따르는 벡터로 정의한다. $\vec{a}$, $\vec{b}$가 평행이거나 $\vec{a}$, $\vec{b}$ 중에서 어느 하나가 0일 때는 $\vec{a}\times\vec{b}$는 0으로 정의한다.

외적은 계산 결과가 vector 이다.

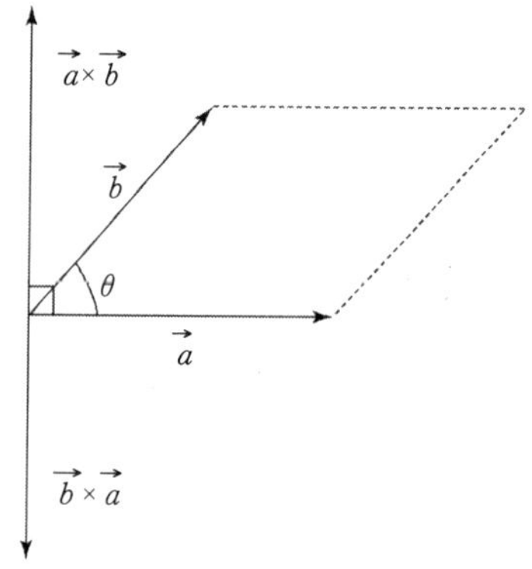

외적의 계산

$\vec{a}=(a_1,\ a_2,\ a_3)\ \vec{b}=(b_1,\ b_2,\ b_3)$일 때

$$\vec{a}\times\vec{b}=\begin{vmatrix}\vec{i} & \vec{j} & \vec{k}\\ a_1 & a_2 & a_3\\ b_1 & b_2 & b_3\end{vmatrix}$$

증명

$\vec{a}=(a_1,\ a_2,\ a_3)\ \vec{b}=(b_1,\ b_2,\ b_3)$일 때

$$\vec{a}\times\vec{b}=(a_1\vec{i}+a_2\vec{j}+a_3\vec{k})\times(b_1\vec{i}+b_2\vec{j}+b_3\vec{k})$$

$$=(a_1b_1(\vec{i}\times\vec{i})+a_1b_2(\vec{i}\times\vec{j})+a_1b_3(\vec{i}\times\vec{K})+a_2b_1(\vec{i}\times\vec{i})$$

$$+a_2b_2(\vec{j}\times\vec{j})+a_2b_3(\vec{j}\times\vec{k})+a_3b_1(\vec{k}\times\vec{I})+a_3b_2(\vec{k}\times\vec{j})$$

$$+a_3b_3(\vec{K}\times\vec{K})$$

$$=(a_1b_1\vec{0}+a_1b_2\vec{k}+a_1b_3(-\vec{j})+a_2b_1(-\vec{k})+a_2b_2\vec{0}+a_2b_3(\vec{i})+a_3b_1(\vec{j})$$

$$+a_3b_2(-\vec{i})+a_3b_3\vec{0}$$

$$=(a_2b_3-a_3b_2)\vec{i}+(a_3b_1-a_1b_3)\vec{j}+(a_1b_2-a_2b_1)\vec{k}$$

$$=\begin{vmatrix}a_2 & a_3\\ b_2 & b_3\end{vmatrix}\vec{i}+\begin{vmatrix}a_3 & a_1\\ b_3 & b_1\end{vmatrix}\vec{j}+\begin{vmatrix}a_1 & a_2\\ b_1 & b_2\end{vmatrix}\vec{k}$$

$$=\begin{vmatrix}\vec{i} & \vec{j} & \vec{k}\\ a_1 & a_2 & a_3\\ b_1 & b_2 & b_3\end{vmatrix}$$

위 정리의 행렬식은 1행에 의한 전개이며, 제 1행의 원소가 벡터이므로 이것은 일반적인 행렬식이 아니고 벡터라는 것에 주의하여야 한다.

1. 두 벡터 $\vec{a},\ \vec{b}$에서 그 내적 $\vec{a},\ \vec{b}$는 scalar이고, 외적 $\vec{a},\ \vec{b}$는 벡터이다.
2. $\vec{a}\times\vec{b}$는 $\vec{a}$와 $\vec{b}$에 동시에 수직이다.
3. 벡터의 외적의 정의에 의하면 $\vec{a}\times\vec{b}$의 크기 $|\vec{a}\times\vec{b}|$는 $\vec{a}\cdot\vec{b}$를 두 변으로 하는 평행사변형의 면적과 같다.

외적의 정리

외적의 정의로부터 오른손 좌표계(right-hand coordinate system)를 이용하면 다음과 같은 결과를 얻는다.

(i) $\vec{a}\times\vec{b}=-\vec{b}\times\vec{a}$

(ii) $\vec{a}\times\vec{a}=\vec{0}$, $\vec{i}\times\vec{i}=\vec{j}\times\vec{j}=\vec{k}\times\vec{k}=\vec{0}$

(iii) $\vec{i}\times\vec{j}=\vec{k}$, $\vec{j}\times\vec{k}=\vec{i}$, $\vec{k}\times\vec{i}=\vec{j}$, $\vec{j}\times\vec{i}=-\vec{k}$, $\vec{k}\times\vec{j}=-\vec{i}$, $\vec{i}\times\vec{k}=-\vec{j}$

(iv) $(\alpha\vec{a})\times\vec{b}=\vec{a}\times(\alpha\vec{b})=\alpha(\vec{a}\times\vec{b})$

(v) $\vec{a}\times(\vec{b}+\vec{c})=\vec{a}\times\vec{b}+\vec{a}\times\vec{c}$, $(\vec{a}+\vec{b})\times\vec{c}=\vec{a}\times\vec{c}+\vec{b}\times\vec{c}$

※ $\vec{i}\times(\vec{i}\times\vec{j})=\vec{i}\times\vec{k}=-\vec{j}$, $(\vec{i}\times\vec{i})\times\vec{j}=\vec{0}\times\vec{j}=\vec{0}$

$\therefore\ \vec{a}\times(\vec{b}\times\vec{c})\neq(\vec{a}\times\vec{b})\times\vec{c}$

예제 $A(2,\ 1,\ 1)$, $B(1,\ 0,\ -1)$, $C(3,\ 2,\ 1)$일 때 외적 $\overrightarrow{AB}\times\overrightarrow{AC}$를 계산하여라.

풀이▶ 주어진 점을 벡터로 만든다.

$\overrightarrow{AB}=\overrightarrow{OB}-\overrightarrow{OA}=(-1,\ -1,\ -2)$ $\overrightarrow{AC}=\overrightarrow{OC}-\overrightarrow{OA}=(1,\ 1,\ 0)$

(i) $\therefore\ \overrightarrow{AB}\times\overrightarrow{AC}=\begin{vmatrix}\vec{i} & \vec{j} & \vec{k}\\ -1 & -1 & -2\\ 1 & 1 & 0\end{vmatrix}=2\vec{i}-2\vec{j}+0\vec{k}=(2,\ -2,\ 0)$

(ii) 다음과 같이 $\overrightarrow{AB}$와 $\overrightarrow{AC}$의 성분을 차례로 쓰고 x 성분을 한번 더 쓴다.

$$\begin{matrix}-1 & -1 & -2 & -1\\ 1 & 1 & 0 & 1\end{matrix}$$

순서대로 행렬식을 적용하면 $\begin{vmatrix}-1 & -1\\ 1 & 1\end{vmatrix}=0$, $\begin{vmatrix}-1 & -2\\ 1 & 0\end{vmatrix}=2$, $\begin{vmatrix}-2 & -1\\ 0 & 1\end{vmatrix}=-2$ 가 차례로 외적의 z, x, y 성분이 된다.

$\therefore\ \overrightarrow{AB}\times\overrightarrow{AC}=(2,\ -2,\ 0)$

예제 공간상의 세 점 $A(1,\ 1,\ -1)$ $B(3,\ -1,\ 3)$ $C(5,\ 1,\ 0)$이 이루는 삼각형의 면적을 구하여라.

풀이▶ $\therefore \overrightarrow{AB}=(2,-2,4),\ \overrightarrow{AC}=(4,0,1)$

(i) $\overrightarrow{AB}\times\overrightarrow{AC}=\begin{vmatrix}\vec{i} & \vec{j} & \vec{k}\\ 2 & -2 & 4\\ 4 & 0 & 1\end{vmatrix}=-2\vec{i}+14\vec{j}+8\vec{k}=(-2,14,8)$

(ii) 2 −2 4 2

4 0 1 4

$\overrightarrow{AB}\times\overrightarrow{AC}=(-2,14,8)$

∴ 삼각형 면적

$$S=\frac{1}{2}|\overrightarrow{AB}\times\overrightarrow{AC}|=\frac{1}{2}\sqrt{4+196+64}=\frac{1}{2}\times 2\sqrt{1+49+16}=\sqrt{66}$$

예제 $\vec{a}=(1,2,3)$ $\vec{b}=(2,0,3)$에 대하여

(1) 외적 $\vec{a}\times\vec{b}$

(2) $\vec{a}$, $\vec{b}$ 가 이루는 평행사변형의 면적

(3) $\vec{a}$, $\vec{b}$ 에 동시에 수직인 단위벡터를 구하라.

풀이▶ (1) 외적 $\vec{a}\times\vec{b}=\begin{vmatrix}\vec{i} & \vec{j} & \vec{k}\\ 1 & 2 & 3\\ 2 & 0 & 3\end{vmatrix}=6\vec{i}+3\vec{j}-4\vec{k}=(6,3,-4)$

(2) 또는 1 2 3 1

2 0 3 2

$\vec{a}\times\vec{b}=(6,3,-4)$

(3) 면적 $S=|\vec{a}\times\vec{b}|=\sqrt{6^2+3^2+(-4)^2}=\sqrt{61}$

(4) 단위 vector $\vec{e}=\dfrac{\vec{a}\times\vec{b}}{|\vec{a}\times\vec{b}|}$ 이므로 $\vec{e}\pm\dfrac{1}{\sqrt{61}}(6,3,-4)$

전공문제

그림과 같은 Rahmen 구조물에 다음과 같은 하중이 작용할 때 지점 A의 모멘트 M_A를 구하시오.

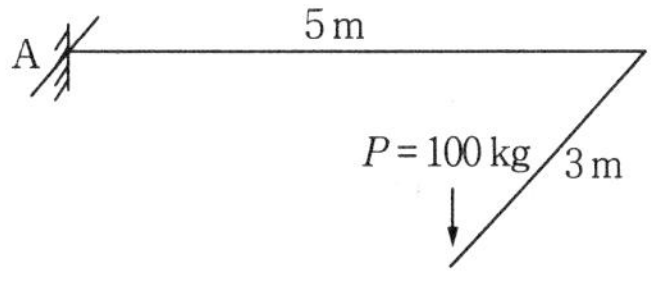

해설

상기 구조물과 하중에 대하여 오른쪽 좌표계를 도입하여 vector를 이용하여 해석한다.

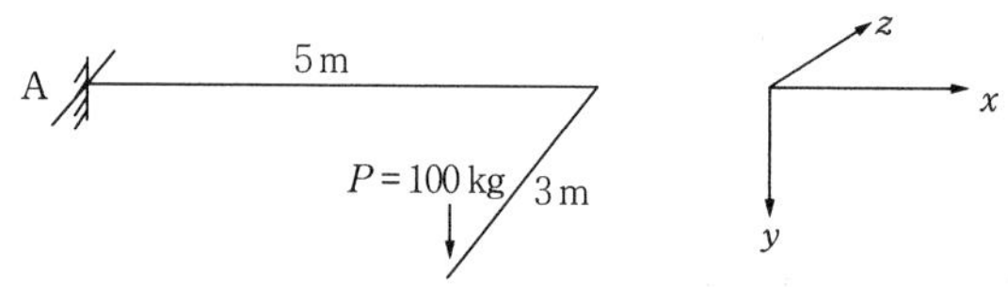

$\overrightarrow{M_A} = \vec{r} \times \vec{F}$로 나타낼 수 있다.

여기서 $\vec{r} = 5\vec{i} + 0 - 3\vec{k}$

$\vec{V} = 0.1\vec{j}$

$\overrightarrow{M_A} = \vec{r} \times \vec{F}$

$$= \begin{bmatrix} \vec{i} & \vec{j} & \vec{k} \\ 5 & 0 & -3 \\ 0 & 0.1 & 0 \end{bmatrix} = (0.3)\vec{i} + (0.5)\vec{k}$$

$\therefore M_A = 0.3\vec{i} + 0.5\vec{k}$

전공문제

다음 좌표상에서 힘 $F = (10\vec{i} + 10\vec{j})N$이 점 P에 작용한다. 각 축의 모멘트는?

(단, $\vec{r} = (3\vec{i} + 3\vec{j} + 3\vec{k})$m이고 $\vec{i}$, $\vec{j}$, $\vec{k}$ 는 x, y, z 방향의 단위벡터이다.)

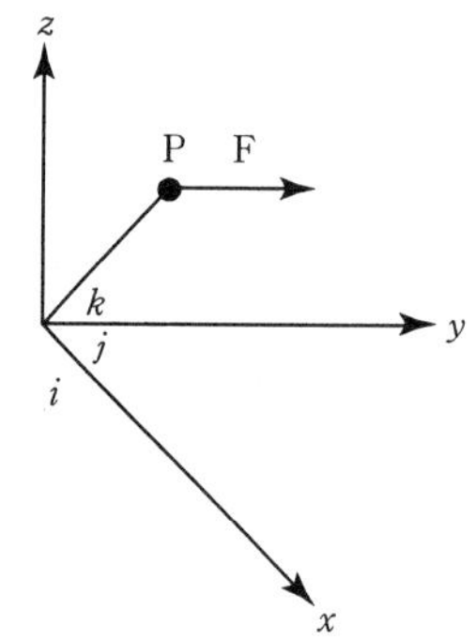

㉮ $M_x = -30\,\text{N}\cdot\text{m}$, $M_y = -30\,\text{N}\cdot\text{m}$, $M_z = 0$

㉯ $M_x = 30\,\text{N}\cdot\text{m}$, $M_y = 30\,\text{N}\cdot\text{m}$, $M_z = 0$

㉰ $M_x = 30\,\text{N}\cdot\text{m}$, $M_y = -30\,\text{N}\cdot\text{m}$, $M_z = 0$

㉱ $M_x = -30\,\text{N}\cdot\text{m}$, $M_y = 30\,\text{N}\cdot\text{m}$, $M_z = 0$

해설

공간상에 작용하는 힘에 의한 모멘트는 위치벡터와 힘의 벡터의 외적(cross product)으로 다음과 같이 표시할 수 있다.

$$\vec{M} = \vec{r} \times \vec{F} = \begin{vmatrix} \vec{i} & \vec{j} & \vec{k} \\ x & y & z \\ F_x & F_y & F_z \end{vmatrix}$$

$$\therefore\ M_x = \begin{vmatrix} y & z \\ F_y & F_z \end{vmatrix} = yF_z - zF_y = 3\times0 - 3\times10 = -30\ \text{N}\cdot\text{m}$$

$$\therefore\ M_y = \begin{vmatrix} z & x \\ F_z & F_x \end{vmatrix} = zF_x - xF_z = 3\times10 - 3\times0 = 30\ \text{N}\cdot\text{m}$$

$$\therefore\ M_z = \begin{vmatrix} x & y \\ F_x & F_y \end{vmatrix} = xF_y - yF_x = 3\times10 - 3\times10 = 0\ \text{N}\cdot\text{m}$$

전공문제

600N의 힘의 기초점 O에 관한 모멘트를 계산하여라.

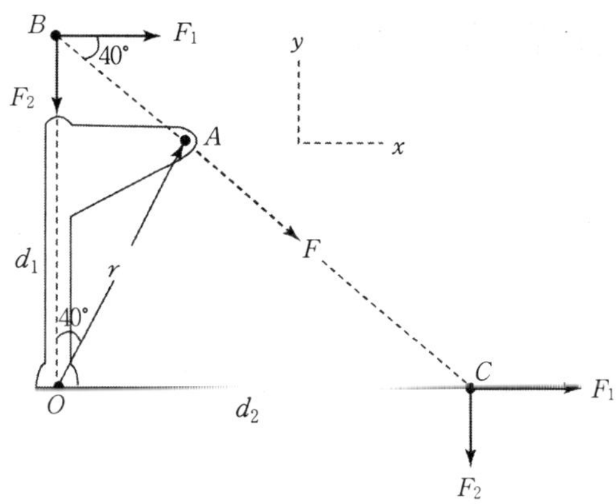

해설

모멘트를 구하기 위해 외석을 사용하면

$$\vec{M_o} = \vec{r} \times \vec{F}$$

$$= \begin{vmatrix} \vec{i} & \vec{j} & \vec{k} \\ 2 & 4 & 0 \\ 600\cos40^\circ & -600\sin40^\circ & 0 \end{vmatrix}$$

$$= \{2\times(-600\sin40^\circ) - 4\times600\cos40^\circ\}\ \vec{k}$$

$$= -2,610\ \vec{k}\ N\cdot\text{m}$$

즉, 모멘트 $M_o = 2,610 N\cdot \text{m}$이고 방향은 z축의 음의 방향이다.

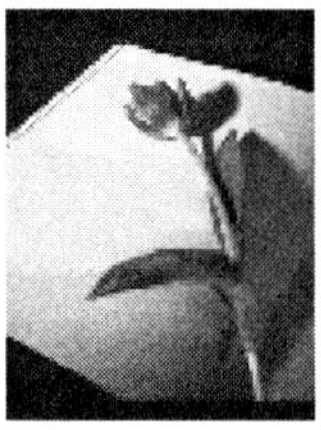

9 미분법

9.1 평균변화율, 미분계수와 도함수

(1) 평균변화율의 정의

함수 $f(x)$에 대하여 변수 x가 a에서 $a+\Delta x$까지 변할 때 그 변화량 Δx를 a로 부터의 x의 증분(increment of x from a)이라 하고, $\Delta y=f(a+\Delta x)=f(x)$의 증분(increment of $f(x)$)이라 하며, 이 두 증분의 비 $\dfrac{\Delta y}{\Delta x}=\dfrac{f(a+\Delta x)-f(a)}{\Delta x}=\dfrac{f(t)-f(a)}{t-a}$ (단, $t=a+\Delta x$를 $f(x)$의 a로부터 $a+\Delta x$까지의 평균변화율(average rate of change)이라고 한다.

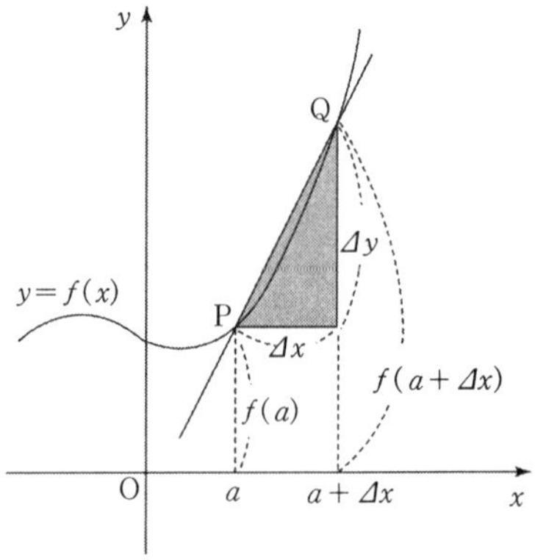

예제 함수 $f(x)=x^2$에서 x가 1에서 3으로 변하였을 때 $f(x)$의 평균변화율을 구하여라.

풀이▶ $\frac{\Delta y}{\Delta x} = \frac{f(3)-f(1)}{3-1} = \frac{9-1}{2} = 4$

(2) 미분계수의 정의

함수 $y=f(x)$가 $x=a$를 포함하는 구간에서 정의되고, 평균변화율에서 Δx에 0에 가까워질 때, 즉 $\lim_{\Delta x \to 0} \frac{\Delta y}{\Delta x} = \lim_{\Delta x \to 0} \frac{f(a+\Delta x)-f(a)}{\Delta x}$의 극한값이 존재하면 이 값을 $y=f(x)$의 $x=a$에서의 순간변화율 또는 미분계수(differential coefficient)라 하고 이를 $y'_{x=a}$, $f'(a)$로 나타낸다. 또 $f'(a)$가 존재할 때 함수 $f(x)$는 $x=a$에서 미분가능(differentiable)이라 한다. 함수 $f(x)$가 구간 I의 모든 점에서 미분가능일 때 $f(x)$는 구간 I상에서 미분가능하다고 하며, 모든 x 값에 대해서 미분가능 하면 미분가능함수라 한다.

예제 $f(x)=x^2$의 $x=1$에서의 미분계수를 구하라.

풀이▶ $f'(1) = \lim_{\Delta x \to 0} \frac{f(1+\Delta x)-f(1)}{\Delta x} = \lim_{\Delta x \to 0} \frac{(1+\Delta x)^2-1}{\Delta x} = \lim_{\Delta x \to 0} \frac{2\Delta x+\Delta x^2}{\Delta x}$

$= \lim_{\Delta x \to 0} (2+\Delta x) = 2$

(3) 도함수의 정의

함수 $f(x)$에 대해서 $f(x)$의 정의역내에 $f(x)$가 미분가능한 모든 x의 집합을 D라 할 때, 함수 $f' : D \to R\, f'(x) = \lim_{\Delta x \to 0} \frac{f(x+\Delta x)-f(x)}{\Delta x}$ $(f' : x \to \lim_{\Delta x \to 0} \frac{f(x+\Delta x)-f(x)}{\Delta x}$ 를 함수 $f(x)$의 x에 관한 도함수(derivative of $f(x)$ with respect to x)라 하고, $\frac{dy}{dx}$, $\frac{df(x)}{dx}$, y', $f'(x)$ 등의 기호로 나타낸다. 함수 $y=f(x)$에서 그의 도함수를

구하는 것을 미분한다(differentiate)고 하며, 미분하는 과정을 미분법(differentiation)이라 한다.

함수 $y=f(x)$의 도함수를 나타내기 위하여 다음과 같은 여러 가지 기호가 사용된다.

$f'(x)$, y'(Lagrange 기호), $\dot{y}$(Newton 기호), $Df(x)$ (Arbögast 기호), $\dfrac{df(x)}{dx}$, $\dfrac{dy}{dx}$(Leibnitz 의 기호)

위의 각 기호는 각각 사용상의 장점과 단점을 갖고 있다. $f'(x)$, y', $\dot{y}$, $Df(x)$ 등 모든 기호들은 함수 $f(x)$의 도함수란 $f'(x)$로부터 유도되는 새로운 함수란 관점에서 도입한 기호지만, Leibnitz가 도입한 도함수의 표시기호 $\dfrac{dy}{dx}$는 함수(x)의 도함수란 「함수 $f(x)$의 증분과 x의 증분에 대한 비의 극한」이란 관점에서 도입한 기호로써 미분적분학의 이론전개에 편리하며 또 미분적분학의 응용문제 해결에 편리한 기호이다.

예제 함수 $f(x)=\dfrac{1}{x}(x\neq 0)$ 의 도함수를 구하라.

풀이▶ $\dfrac{dy}{dx}=\lim\limits_{\Delta x\to 0}\dfrac{1}{\Delta x}\left(\dfrac{1}{x+\Delta x}-\dfrac{1}{x}\right)=\lim\limits_{\Delta x\to 0}\dfrac{1}{\Delta x}\cdot\dfrac{-\Delta x}{(x+\Delta x)\cdot x}$

$=\lim\limits_{\Delta x\to 0}-\dfrac{1}{(x+\Delta x)\cdot x}=-\dfrac{1}{x^2}$

예제 함수 $f(x)=x^2+x$ 에 대하여 다음 물음에 답하여라.

(1) 구간 [1, 3]에서의 함수 $f(x)$의 평균변화율을 구하여라.

(2) $x-2$에시의 힘수 $f(x)$의 변화율(미분계수)을 구하여라.

(3) 함수 $f(x)$의 도함수 $f'(x)$를 구하여라.

풀이▶ (1) $\dfrac{\Delta y}{\Delta x}=\dfrac{f(3)-f(1)}{3-1}=\dfrac{(3^2+3)-(1^2+1)}{3-1}=5$

(2)
$$\begin{aligned} f'(2) &= \lim_{\Delta x\to 0}\frac{f(2+\Delta x)-f(2)}{\Delta x} \\ &= \lim_{\Delta x\to 0}\frac{(2+\Delta x)^2+(2+\Delta x)-(2^2+2)}{\Delta x} \\ &= \lim_{\Delta x\to 0}\frac{5(\Delta x)+(\Delta x)^2}{\Delta x} \\ &= \lim_{\Delta x\to 0}(5+\Delta x)=5 \end{aligned}$$

(3)
$$\begin{aligned} f'(x) &= \lim_{\Delta x\to 0}\frac{f(x+\Delta x)-f(x)}{\Delta x} \\ &= \lim_{\Delta x\to 0}\frac{(x+\Delta x)^2+(x+\Delta x)-(x^2+x)}{\Delta x} \\ &= \lim_{\Delta x\to 0}\frac{(\Delta x)^2+2x(\Delta x)+\Delta x}{\Delta x} \\ &= \lim_{\Delta x\to 0}(\Delta x+2x+1)=2x+1 \end{aligned}$$

정리

함수 $y=f(x)$가 $x=a$에서 미분가능이면 그 점에서 연속이다.

증명

$f(x)$가 $x=a$에서 미분가능이면 $f'(a)=\displaystyle\lim_{\Delta x\to 0}\frac{f(a+\Delta x)-f(a)}{\Delta x}$가 존재한다.

연속의 조건은 $\displaystyle\lim_{\Delta x\to 0}f(a+\Delta x)=f(a)$이므로

$$\begin{aligned} \lim_{\Delta x\to 0}f(a+\Delta x) &= \lim_{\Delta x\to 0}\frac{f(a+\Delta x)-f(a)}{\Delta x}\cdot\Delta x+f(a) \\ &= \lim_{\Delta x\to 0}\frac{f(a+\Delta x)-f(a)}{\Delta x}\lim_{\Delta x\to 0}\Delta x+\lim_{\Delta x\to 0}f(a) \\ &= f'(a)\cdot 0+f(a)=f(a) \end{aligned}$$

따라서, 연속의 조건 $\displaystyle\lim_{\Delta x\to 0}f(a+\Delta x)=f(a)$을 만족하므로 $f(x)$는 $x=a$에서 연속이다.

이 정리의 역은 반드시 성립하는 것은 아니다. 즉, 연속은 미분가능의 필요조건이지 충분조건은 아니

다. 연속함수라도 반드시 미분가능은 아니다. 위 정리의 대우를 쓰면 「$f(x)$가 어떤 점에서 연속이 아니면 그 점에서 미분가능이 아니다.」

예제 $f(x)=|x-1|$은 $x=1$에서 연속이지만 미분가능은 아님을 증명하여라.

풀이▶ $\lim_{\varDelta x\to 0} f(1+\varDelta x)=\lim_{\varDelta x\to 0}(1+\varDelta x-1)=\lim_{\varDelta x\to 0}|\varDelta x|=0=f(1)$

$\therefore$ $x=1$에서 연속이다. 또한

$$\lim_{\varDelta x\to 0}\frac{f(1+\varDelta x)-f(1)}{\varDelta x}=\lim_{\varDelta x\to 0}\frac{|\varDelta x|}{\varDelta x}=1$$

$$\lim_{\varDelta x\to 0}\frac{f(1+\varDelta x)-f(1)}{\varDelta x}=\lim_{\varDelta x\to 0}\frac{|\varDelta x|}{\varDelta x}=-1$$

$\lim_{\varDelta x\to 0}\frac{f(1+\varDelta x)-f(1)}{\varDelta x}$가 존재하지 않으므로 $x=1$에서 미분불능이다.

(4) 미분계수의 기하학적 의미

$x=a$의 근방에서 미분가능인 함수 $y=f(x)$상의 점 $P(a,\ f(a))$, $Q(a+\varDelta x)$를 생각한다. $x=a$에서 미분가능이면 그 점에서 연속이므로 $\varDelta x\to 0$일 때 점 Q는 곡선을 따라 점 P에 한없이 가까워진다. 직선 PQ의 기울기는 $\frac{\varDelta y}{\varDelta x}=\lim_{\varDelta x\to 0}\frac{f(a+\varDelta x)-f(a)}{\varDelta x}=\tan\angle RPQ$이고 이것은 $\varDelta x\to 0$일 때 $f'(a)$가 되고, 이때 직선 PQ는 접선 PT가 된다. 따라서 $f'(a)=\lim_{\varDelta x\to 0}\frac{f(a+\varDelta x)-f(a)}{\varDelta x}=\tan\alpha$이고 $f'(a)$는 $P(a,\ f(a))$에서의 접선의 기울기이다.

점 $P(a,\ f(a))$에서의 접선에 수직인 직선을 법선(normal line)이라 한다. 그러므로 P에서의 법선의 기울기는 $-\frac{1}{f'(x)}$이다. 따라서 점 $P(a,\ f(a))$에서의 접선·법선의 방정식은 각각 다음과 같다.

$y=f'(a)(x-a)+f(a)$: 접선의 방정식

$y=-\frac{1}{f'(a)}(x-a)+f(a)$: 법선의 방정식

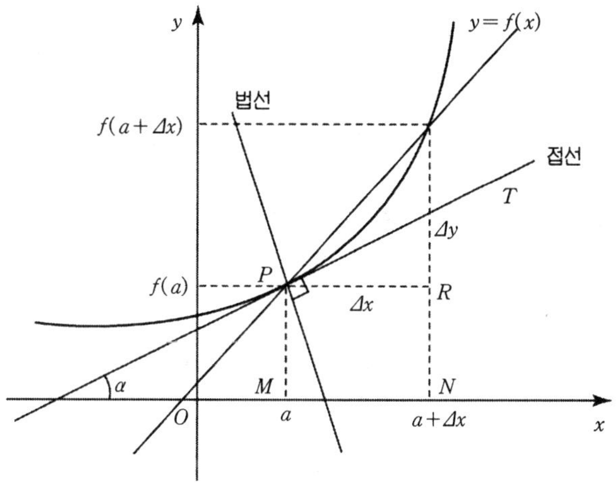

예제 곡선 $y=\sqrt{x}$ 위의 점 (4, 2)에서의 접선 및 법선의 방정식을 구하여라.

풀이▶ $y'=\dfrac{1}{2\sqrt{x}}$ 이므로 점(4, 2)에서의 접선의 기울기는 $\dfrac{1}{2\sqrt{4}}=\dfrac{1}{4}$

접선의 방정식은 $y-2=\dfrac{1}{4}(x-4)$ $\quad\therefore\ x-4y+4=0$

법선의 방정식은 $y-2=-4(x-4)$ $\quad\therefore\ 4x+y-18=0$

9.2 미분법의 기본공식

앞에서는 도함수의 정의에 의해서 도함수를 구했지만 복잡한 모든 함수들을 일일이 도함수의 정의에 의해서 계산하려면 귀찮고 복잡하게 되므로 간편하게 구할 수 있는 기본공식이 필요하다. 따라서 정의에 의해서 구한 도함수들을 함수의 종류에 따라서 분류하면 일정한 성질이 있게 된다. 이를 공식화 한 것을 미분공식이라 하고, 도함수를 구하는 것을 미분한다고 한다.

미분법 기본공식

(i) $f(x)=C(C:$ 상수$) \Rightarrow f'(x)=0$

(ii) $f(x)=x^n(n:$ 유리수$) \Rightarrow f'(x)=nx^{n-1}$

$f(x)$, $g(x)$가 미분가능인 함수일 때

(iii) $y=C\cdot f(x)(C:$ 상수$) \Rightarrow y'=C\cdot f'(x)$

(iv) $y=f(x)\pm g(x) \Rightarrow y'=f'(x)\pm g'(x)$ (복호동순)

(v) $y=f(x)\cdot g(x) \Rightarrow y'=f'(x)g(x)+f(x)g'(x)$

(vi) $y=\dfrac{f(x)}{g(x)}(g(x)\neq 0) \Rightarrow \dfrac{f'(x)\cdot g(x)-f(x)g'(x)}{\{g(x)\}^2}$

예제 다음 각 함수의 도함수를 구하라.

(1) $f(x)=x^3-5x^2+7$

(2) $f(x)=(x^2-5x)(2x^3+7)$

(3) $f(x)=\dfrac{3x}{x^2+2x}$

풀이▶ (1) $f'(x)=3x^2-10x$

(2) $f'(x)=(2x-5)(2x^3+7)+(x^2-5x)(6x^2)=10x^4-40x^3+14x-35$

(3) $f'(x)=\dfrac{3(x^2+2x)-3x(2x+2)}{(x^2+2x)^2}=\dfrac{-3x^2}{(x^2+2x)^2}$

전공문제

속도분포 $V=4y^{2/3}$를 (V : m/s, y : m)로 나타낼 수 있을 때 바닥면적에서 0.5 m 떨어진 높이에서의 속도경사(Velocity gradient)를 구하시오.

㉮ 3.36 sec^{-1}

㉯ 2.67 sec^{-1}

㉰ 3.36 sec^{-2}

㉱ 2.67 sec^{-2}

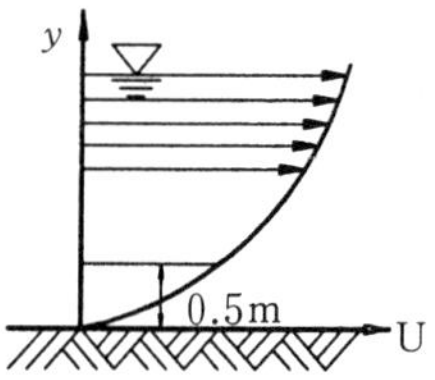

해설

뉴튼의 점성법칙 $\tau = \mu \frac{dV}{dy}$ 에서

속도경사 $\left(\frac{dV}{dy}\right)$는 속도분포를 거리 y에 대하여 미분한 것이므로

$$\therefore \ \frac{dV}{dy} = (4y^{2/3})' = 4 \times \frac{2}{3} y^{-\frac{1}{3}} = \frac{8}{3}(0.5)^{-\frac{1}{3}} \frac{\text{m/sec}}{\text{m}} = 3.36\ \text{sec}^{-1}$$

전공문제

오리피스로부터 유량을 계산하는 경우 수두에 4%의 오차가 생길 경우 유량 Q에 생기는 오차율은?

㉮ 0.5 %　　㉯ 1.0 %　　㉰ 2.0 %　　㉱ 3.0 %

해설

오리피스의 수두오차와 유량오차와의 관계는

$Q = CA\sqrt{2gH}$ 를 H에 대하여 미분하면, $\frac{dQ}{dH} = CA\sqrt{2g}\ \frac{1}{2} H^{-\frac{1}{2}}$

위 식을 유량 Q로 나누면, $\frac{dQ}{Q} = \frac{CA\sqrt{2g}\frac{1}{2}H^{-\frac{1}{2}}dH}{CA\sqrt{2gH}} = \frac{1}{2}\frac{dH}{H}$

따라서, 유량오차 $\frac{dQ}{Q} = \frac{1}{2}\frac{dH}{H}$ 이다.

$\therefore$ 유량오차 $\frac{dQ}{Q} = \frac{1}{2}\frac{dH}{H} = \frac{1}{2} \times 4 = 2\%$

합성함수의 미분(chain rule)

$y=f(u)$, $u=g(x)$가 미분가능이면 합성함수 $y=f\{g(x)\}$의 도함수는

$$\frac{dy}{dx} = \frac{dy}{du} \cdot \frac{du}{dx} = f'(u) \cdot g'(x)$$

증명

x의 증분 Δx에 대하여 $u=g(x)$, $y=f\{g(x)\}$의 증분을 각각 Δu, Δy라고 하면

$\Delta u = g(x+\Delta x) - g(x) \Rightarrow g(x+\Delta x) = g(x) + \Delta u = u + \Delta u$

$\Delta y = f\{g(x+\Delta x)\} - f\{g(x)\} = f(u+\Delta u) = g(x) + f(u)$

$$\therefore \frac{\Delta y}{\Delta x} = \frac{\Delta y}{\Delta u} \cdot \frac{\Delta u}{\Delta x} = \frac{f(u+\Delta u)-f(u)}{\Delta u} \cdot \frac{\Delta u}{\Delta x}$$

여기에서 $\Delta x \to 0$일 때 $\Delta u \to 0$

$$\therefore \lim_{\Delta x\to 0} \frac{\Delta y}{\Delta x} = \lim_{\Delta x\to 0} \frac{f(u+\Delta u)-f(u)}{\Delta u} \cdot \lim_{\Delta x\to 0} \frac{\Delta u}{\Delta x}$$

$$\therefore \frac{dy}{dx} = \frac{dy}{du} \cdot \frac{du}{dx}$$

1. 합성함수의 미분법에 의하면 u가 x의 함수일 때 $\frac{d}{dx}f(u) = \frac{d}{du}f(u)\frac{du}{dx}$

2. $y=\{f(x)\}^n \Rightarrow \frac{dy}{dx} = n\{f(x)\}^{n-1} \cdot f'(x)$

   $\therefore y=u^n$, $u=f(x)$라 하면 $\frac{dy}{du} = nu^{n-1}$, $\frac{du}{dx} = f'(x)$

   $\therefore \frac{dy}{dx} = \frac{dy}{du} \cdot \frac{du}{dx} = nu^{n-1} \cdot f'(x) = n\{f(x)\}^{n-1} \cdot f'(x)$

3. y가 x의 함수이면 $\Rightarrow \frac{d}{dx}f(y) = \frac{d}{dy}f(y)\frac{dy}{dx}$

   y가 x의 함수이면 $\Rightarrow \frac{d}{dx}y^n = \frac{d}{dy}y^n \cdot \frac{dy}{dx} = ny^{n-1} \cdot \frac{dy}{dx}$

   y가 t의 함수이면 $\Rightarrow \frac{d}{dt}y^n = \frac{d}{dy}y^n \cdot \frac{dy}{dt} = ny^{n-1} \cdot \frac{dy}{dt}$

예제 다음 함수의 도함수를 구하여라

(1) $y=(2x+1)^3$ (2) $y=(x^2+x+1)^5$

풀이▶ (1) $u=2x+1$로 놓으면 $y=u^3$이므로

$$\frac{dy}{du} = 3u^2, \quad \frac{du}{dx} = 2$$

$$\frac{dy}{dx} = \frac{dy}{du} \cdot \frac{du}{dx} = 3u^2 \cdot 2 = 6(2x+1)^2$$

(2) $u=x^2+x+1$ 로 놓으면 $y=u^5$ 이므로

$$\frac{dy}{du} = 5u^4, \quad \frac{du}{dx} = 2x+1$$

$$\frac{dy}{dx} = \frac{dy}{du} \cdot \frac{du}{dx} = 5u^4 \cdot (2x+1) = 5(x^2+x+1)^4(2x+1)$$

역함수의 미분법

미분가능인 함수 $y=f(x)$의 도함수가 존재하고 $\frac{dx}{dy}\neq 0$ 이면

$$\frac{dy}{dx}=\frac{1}{\frac{dx}{dy}}$$

증명

$y=f(x)$의 역함수를 $x=g(y)$라 하면 양변을 x에 관하여 미분하면 합성함수의 미분법에 의하여

$$1=\frac{d}{dx}g(y)=\frac{d}{dy}g(y)\cdot\frac{dy}{dx}=\frac{dx}{dy}\cdot\frac{dy}{dx}$$

$$\therefore \frac{dy}{dx}=\frac{1}{\frac{dx}{dy}}$$

예제 다음 함수의 $\frac{dy}{dx}$를 구하라.

(1) $x=y^3+2y+1$

(2) $x=\sqrt{y^2+1}$

(3) $x=y\sqrt{1+y}$

풀이▶ (1) $\frac{dx}{dy}=3y^2+2$ 에서 $\therefore \frac{dy}{dx}=\frac{1}{\frac{dx}{dy}}=\frac{1}{3y^2+2}$

(2) $\frac{dx}{dy}=\frac{y}{\sqrt{y^2+1}}$ 에서 $\therefore \frac{dy}{dx}=\frac{\sqrt{y^2+1}}{y}$

(3) $x=y\sqrt{1+y}$ 에서 $\frac{dx}{dx}=\sqrt{1+y}+y\cdot\frac{1}{2\sqrt{1+y}}=\frac{3y+2}{2\sqrt{1+y}}$

$\therefore \frac{dy}{dx}=\frac{2\sqrt{1+y}}{3y+2}$

매개함수(parametric function)의 미분법

t를 독립변수로 하는 함수 f, g가 주어졌을 때, $x=f(t)$, $y=g(t)$라는 관계에 의해서 y가 x의 함수로 나타났다고 하면 y는 t를 매개변수로 하는 x의 매개함수라 한다.

$x=f(t), y=g(t)$가 t에 관하여 미분가능하고, $f'(t)\neq 0$ 이면

$$\frac{dy}{dx}=\frac{\frac{dy}{dt}}{\frac{dx}{dt}}=\frac{g'(t)}{f'(t)}$$

증명

$$\frac{dy}{dx}=\lim_{\Delta x\to 0}\frac{\Delta y}{\Delta x}=\lim_{\Delta x\to 0}\frac{\frac{\Delta y}{\Delta t}}{\frac{\Delta x}{\Delta t}}=\frac{\lim_{\Delta x\to 0}\frac{\Delta y}{\Delta t}}{\lim_{\Delta x\to 0}\frac{\Delta x}{\Delta t}}=\frac{\frac{dy}{dt}}{\frac{dx}{dt}}=\frac{g'(t)}{f'(t)}$$

예제 다음 매개변수로 표시된 함수의 도함수를 구하라.

(1) $x=3t,\ y=t^2+2t$

(2) $x=\sqrt{t},\ y=t^2+t-1$

풀이▶ (1) $\frac{dy}{dx}=\frac{\frac{dy}{dt}}{\frac{dx}{dt}}=\frac{2t+2}{3}$

(2) $\frac{dy}{dx}=\frac{dy}{dt}/\frac{dx}{dt}=(2t+1)/\frac{1}{2\sqrt{t}}=2\sqrt{t}(2t+1)$

음함수(Implicit function)의 미분법

x의 함수 y가 $f(x,\ y)=0$의 형으로 주어졌을 때, y를 x의 음함수라 하고, 이에 대해서 x의 함수 y가 $y=f(x)$의 형으로 주어졌을 때 y를 x의 양함수(explicit function)라 한다.

x의 함수 y가 $f(x,\ y)=0$의 형으로 주어졌을 때 그의 도함수는 방정식 $f(x,\ y)=0$의 각 항을 x에 관하여 미분한다.

예제 다음 함수의 도함수를 구하라.

(1) $4x^2+9y^2=36$ (2) $x^2-xy^2+y^3=1$

풀이▶ (1) 음함수이므로 각 항을 x에 대해서 미분하면 $8x+18y\dfrac{dy}{dx}=0$

$$\therefore \frac{dy}{dx}=-\frac{4x}{9y}$$

(2) $2x-\left(y^2+2xy\dfrac{dy}{dx}\right)+3y^2\dfrac{dy}{dx}=0$ $(3y^2-2xy)\dfrac{dy}{dx}=y^2-2x$

$$\therefore \frac{dy}{dx}=\frac{y^2-2x}{3y^2-2xy}$$

예제 곡선 $x^3+y^3-3xy=27$ 위의 점(3, 0)에서 법선의 방정식을 구하면?

풀이▶ 도함수를 구하면 $3x^2+3y^2\dfrac{dy}{dx}-3y-3x\dfrac{dy}{dx}=0$ 에서 $\dfrac{dy}{dx}=\dfrac{y-x^2}{y^2-x}$ 이다.

따라서, (3, 0)에서 접선의 기울기는 $\dfrac{0-9}{0-3}=3$ 이므로 법선의 기울기는 $-\dfrac{1}{3}$ 이다.

$\therefore$ 법선의 방정식 $y=-\dfrac{1}{3}(x-3)$ 이다.

9.3 초월함수의 미분법

다항함수(polynomial function), 분수함수(fractional function)를 합쳐 유리함수(rational function)라 한다. 또, 유리함수, 무리함수(irrational function)를 합쳐 대수함수(algebraic function)라 한다. 대수함수가 아닌 삼각함수, 역삼각함수, 지수함수, 로그함수, 쌍곡선 함수, 역쌍곡선 함수를 합쳐 초월함수(transcendental function)라 한다. 이 대수함수와 초월함수를 통틀어 초등함수(elementary function)라 한다. 이와 같은 초월함수의 미분법은 복잡하나 고등수학을 공부하기 위해서는 반드시 알아두어야 한다.

초등함수
- 대수함수
  - 유리함수
    - 정함수
    - 분수함수
  - 무리함수
- 초월함수(삼각함수, 역삼각함수, 지수함수, 로그함수, 쌍곡선 함수 등)

(1) 삼각함수의 도함수

삼각함수의 미분법 공식

(i) $y=\sin x \Rightarrow y'=\cos x$	(ii) $y=\cos x \Rightarrow y'=-\sin x$
(iii) $y=\tan x \Rightarrow y'=\sec^2 x$	(iv) $y=\cot x \Rightarrow y'=-\mathrm{cosec}^2 x$
(v) $y=\sec x \Rightarrow y'=\sec x \cdot \tan x$	(vi) $y=\csc x \Rightarrow y'=-\mathrm{cosec}\, x \cdot \cot x$

증명

(i) $$y' = \lim_{\Delta x\to 0}\frac{\sin(x+\Delta x)-\sin x}{\Delta x} = \lim_{\Delta x\to 0}\frac{2\cos\frac{2x+h}{2}\sin\frac{h}{2}}{\Delta x}$$

$$= \frac{\lim_{\Delta x\to 0}\cos\left(x+\frac{\Delta x}{2}\right)\sin\frac{\Delta x}{2}}{\frac{\Delta x}{2}} = \lim_{\Delta x\to 0}\frac{\sin\frac{\Delta x}{2}}{\frac{\Delta x}{2}}\cos\left(x+\frac{\Delta x}{2}\right)$$

$$= \lim_{\Delta x\to 0}\frac{\sin\frac{\Delta x}{2}}{\frac{\Delta x}{2}}\ \lim_{\Delta x\to 0}\cos\left(x+\frac{\Delta x}{2}\right) = \cos x$$

(ii) $$\lim_{\Delta x\to 0}\frac{\cos(x+\Delta x)-\cos x}{\Delta x} = \lim_{\Delta x\to 0}\left[-\sin\left(x+\frac{\Delta x}{2}\right)\cdot\frac{\sin\frac{\Delta x}{2}}{\frac{\Delta x}{2}}\right] = \cos x$$

또는 $y=\cos x=\sin\left(x+\frac{\pi}{2}\right)$이므로 $y'=\cos\left(x+\frac{\pi}{2}\right)=-\sin x$

(iii) $$y' = \left(\frac{\sin x}{\cos x}\right)' = \frac{(\sin x)'\cos x-\sin x(\cos x)'}{\cos^2 x} = \frac{\cos^2 x+\sin^2 x}{\cos^2 x}$$

$$= \frac{1}{\cos^2 x} = \sec^2 x$$

(iv) $y' = \left(\dfrac{\cos x}{\sin x}\right)' = \dfrac{-\sin x \cdot \sin x - \cos x \cdot \cos x}{\sin^2 x} = -\dfrac{1}{\sin^2 x} = -\operatorname{cosec}^2 x$

또는 $y' = \left(\dfrac{1}{\tan x}\right)' = \dfrac{-\sec^2 x}{\tan^2 x} = -\dfrac{1}{\cos^2 x} \cdot \dfrac{\cos^2 x}{\sin^2 x} = -\operatorname{cosec}^2 x$

(v) $y' = \left(\dfrac{1}{\cos x}\right)' = \dfrac{-(\cos x)'}{\cos^2 x} = \dfrac{\sin x}{\cos^2 x} = \sec x \cdot \tan x$

(vi) $y' = \left(\dfrac{1}{\sin x}\right)' = \dfrac{-(\sin x)'}{\sin^2 x} = -\dfrac{\cos x}{\sin^2 x} = -\operatorname{cosec} x \cdot \cot x$

위의 증명은 참고로 해두고 삼각함수에서 배웠던 다음 그림을 참고로 하여 미분공식을 암기해 두면 쉽게 기억할 수 있다.

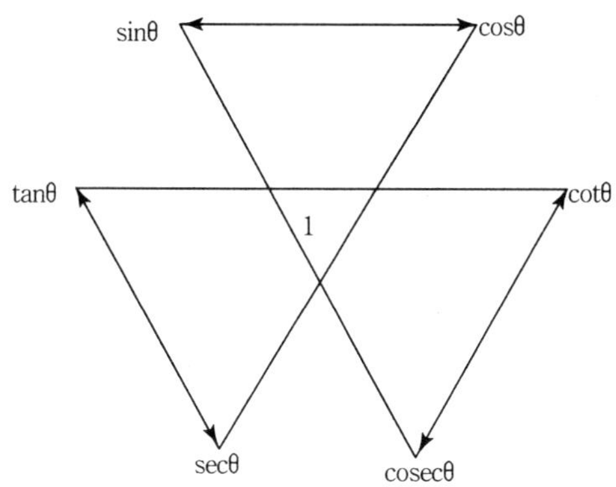

예제 다음 각 함수에서 $\dfrac{dy}{dx}$를 구하여라.

(1) $y = \sin 5x \cdot \sin^5 x$ (2) $y = \cos(x^2+1)$

(3) $y = \tan^3 2x$ (4) $y = \sin 2x \cdot \sec x$

풀이 (1) $\dfrac{dy}{dx} = 5\cos 5x \cdot \sin^5 x + \sin 5x \cdot 5\sin^4 x \cdot \cos x$

$= 5\sin^4 x(\sin x \cdot \cos 5x + \cos x \cdot \sin 5x)$

$= 5\sin^4 x \cdot \sin 6x$

(2) $\dfrac{dy}{dx} = -2x\sin(x^2+1)$

(3) $\frac{dy}{dx} = 3\tan^2 2x \cdot 2\sec^2 2x = 6\tan^2 2x \cdot \sec^2 2x$

(4) $\frac{dy}{dx} = 2\cos 2x \cdot \sec x + \sin 2x \cdot \sec x \tan x$

예제 $\sin x + \sin y = xy$ 일 때 $\frac{dy}{dx}$ 를 구하여라.

풀이▶ 음함수의 미분법을 사용해서 양변을 x에 대해서 미분하면

$$\cos x + \cos y \cdot \frac{dy}{dx} = y + x \cdot \frac{dy}{dx}$$

$$\therefore \ (\cos y - x)\frac{dy}{dx} = y - \cos x \quad \therefore \ \frac{dy}{dx} = \frac{y - \cos x}{\cos y - x}$$

(2) 지수함수, 로그함수의 도함수

지수·로그함수 미분법 공식

(ⅰ) $y = a^x (a \neq 1, \ a > 0) \Rightarrow \frac{dy}{dx} = a^x \ln a$

(ⅱ) $y = \log_a |x| \ (a \neq 1, \ a > 0, \ x \neq 0) \Rightarrow \frac{dy}{dx} = \frac{1}{x} \log_a e = \frac{1}{x \ln a}$

특히 $a = e$이면

(ⅲ) $y = e^x \Rightarrow \frac{dy}{dx} = e^x$

(ⅳ) $y = \log_e |x| = \ln |x| \Rightarrow \frac{dy}{dx} = \frac{1}{x}$

증명

(ⅰ) $\frac{dy}{dx} = \lim_{\varDelta x \to 0} \frac{a^{x+\varDelta x} - a^x}{\varDelta x} = \lim_{\varDelta x \to 0} \frac{a^x(a^{\varDelta x} - 1)}{\varDelta x}$

$a^{\varDelta x} - 1 = t$라 두면, $\varDelta x \to 0$일 때 $t \to 0$

$a^{\varDelta x} = 1 + t \Leftrightarrow \varDelta x = \log_a (1 + t)$

$$= \lim_{\Delta x \to 0} \frac{a^x t}{\log_a(1+t)} = a^x \lim_{\Delta x \to 0} \frac{1}{\log_a(1+t)} = a^x \cdot \frac{1}{\log_a[\lim_{t \to 0}(1+t)^{\frac{1}{t}}]}$$

$$= a^x \cdot \frac{1}{\log_a e} = a^x \log_e a = a^x \ln a$$

(ii) ① $x>0$ 일 때 $y = \log_a x$

$$\frac{dy}{dx} = \lim_{\Delta x \to 0} \frac{\log_a(x+\Delta x) - \log_a x}{\Delta x} = \lim_{\Delta x \to 0} \frac{1}{\Delta x} \log_a\left(\frac{x+\Delta x}{x}\right)$$

$$= \lim_{\Delta x \to 0} \log_a\left(1+\frac{\Delta x}{x}\right)^{\frac{1}{\Delta x}}$$

$$\log_a\left[\lim_{\Delta x \to 0}\left(1+\frac{\Delta x}{x}\right)^{\frac{x}{\Delta x}\cdot\frac{1}{x}}\right] = \frac{1}{x}\log_a \lim_{\Delta x \to 0}\left(1+\frac{\Delta x}{x}\right)^{\frac{x}{\Delta x}}$$

$$= \frac{1}{x}\log_a e = \frac{1}{x\ln a}$$

② $x<0$일 때 $y=\log_a(-x)$, $-x=z(>0)$라고 두면 $y=\log_a z$, $z=-x$에서

$$\frac{dy}{dx} = \frac{dy}{dz} \cdot \frac{dz}{dx} = \frac{1}{z\ln a} \cdot (-1) = -\frac{1}{z} \cdot \frac{1}{\ln a} = \frac{1}{x\ln a}$$

$\therefore$ $y=\log_a|x|$ $(x\neq 0)$의 도함수는 x 의 양, 음에 관계없이 $y'=\frac{1}{x\ln a}$ 이다.

(iii) (i)에서 $a=e$라 하면 $\frac{dy}{dx} = e^x \ln e = e^x$

(iv) (ii) $a=e$라 하면 $\frac{dy}{dx} = \frac{1}{x\ln e} = \frac{1}{x}$

예제 다음 각 함수를 미분하여라.

(1) $y=2\cdot 3^x$

(2) $y=xe^x$

(3) $y=e^x \sin x$

(4) $y=\frac{e^x}{e^x+1}$

풀이▶ (1) $y' = 2(3^x)' = 2\cdot 3^x \ln 3 = 2(\ln 3)\cdot 3^x$

(2) $y' = (x)' e^x + x(e^x)' = e^x + xe^x = (1+x)e^x$

(3) $y' = (e^x)'\sin x + e^x(\sin x)' = e^x \sin x + e^x \cos x = e^x(\sin x + \cos x)$

(4) $y' = \dfrac{(e^x)'(e^x+1) - e^x(e^x+1)'}{(e^x+1)^2} = \dfrac{(e^x)(e^x+1) - e^x e^x}{(e^x+1)^2} = \dfrac{e^x}{(e^x+1)^2}$

예제 다음 각 함수를 미분하여라.

(1) $y = \ln x + x$　　(2) $y = 3\log_2 x - x^2$

(3) $y = x\ln x - x$　　(4) $y = e^x \ln x$

풀이▶ (1) $y' = \dfrac{1}{x} + 1$

(2) $y' = 3 \cdot \dfrac{1}{x} \cdot \dfrac{1}{\ln 2} - 2x = \dfrac{3}{x\ln 2} - 2x$

(3) $y' = (x)'\ln x + x(\ln x)' - 1 = \ln x + x \cdot \dfrac{1}{x} - 1 = \ln x$

(4) $y' = (e^x)\ln x + e^x(\ln x)' = e^x \ln x + e^x \cdot \dfrac{1}{x} = e^x\left(\ln x + \dfrac{1}{x}\right)$

9.4 고계도 함수(Higher Derivative)

함수 $y=f(x)$의 도함수가 미분가능하면 $f(x)$의 도함수함를 $f(x)$의 2계 도함수(derivative of second order)라 하고 $\dfrac{d^2y}{dx^2}$, $\dfrac{d^2}{dx^2}f(x)$, y'', $f''(x)$등의 기호로 나타낸다. 또한 $f''(x)$가 미분가능할 때, $f''(x)$의 도함수를 $f''(x)$의 3계 도함수라 하고 $f^{(3)}(x)$로 나타낸다. 이와 같이 하면, 일반적으로 n계 도함수(n-th derivative)를 정의 할 수 있고, 이것을 $f^{(n)}(x)$, $y^{(n)}$, $\dfrac{d^ny}{dx^n}$, $\dfrac{d^n}{dx^n}f(x)$ 등으로 나타낸다.

今, $f^{(n)}(x) = \lim\limits_{\Delta x \to 0} \dfrac{f^{(n-1)}(x+\Delta x) - f^{(n-1)}(x)}{\Delta x}$ 이다. 2계 이상의 도함수를 고계(차) 도함수라 한다. 또 n계 도함수 $f^{(n)}(x)$의 $x=a$에서의 값을 $x=a$에서의 n계 미분계수(n-th differential coefficient)라 하고 $y^{(n)}_{x=a}$, $f^{(n)}$, $\left(\dfrac{d^ny}{dx^n}\right)_{x=a}$ 등으로 나타낸다.

예제 다음 함수의 이계 도함수를 구하여라.

(1) $y=(x^2+x+1)^2$ (2) $y=e^{2x}$

(3) $y=\sin x$ (4) $y=x^3e^x$

(5) $y=e^x\cos x$ (6) $y=e^x\ln x$

풀이▶ (1) $y'=2(x^2+x+1)(x^2+x+1)'=2(x^2+x+1)(2x+1)$이므로

$$y''=2(x^2+x+1)'(2x+1)+2(x^2+x+1)(2x+1)'$$
$$=2(2x+1)(2x+1)+2(x^2+x+1)\cdot 2=6(2x^2+2x+1)$$

(2) $y'=e^{2x}\cdot(2x)'=2e^{2x}$ 이므로 $y''=2e^{ex}\cdot(2x)'=2e^{2x}\cdot 2=4e^{2x}$

(3) $y'=\cos x,\quad y''=-\sin x$

(4) $y'=3x^2\cdot e^x+x^3\cdot e^x=e^x(x^3+3x^2)$

$$y''=6x\cdot e^x+3x^2\cdot e^x+3x^2\cdot e^x+x^3\cdot e^x=e^x(x^3+6x^2+6x)$$

(5) $y'=e^x\cos x-e^x\sin x=e^x(\cos x-\sin x)$

$$y''=e^x\cos x-e^x\sin x-e^x\sin x-e^x\cos x=-2e^x\sin x$$

(6) $y'=e^x\ln x+e^x\dfrac{1}{x}=e^x\left(\ln x+\dfrac{1}{x}\right)$

$$y''=e^x\ln x+e^x\frac{1}{x}+e^x\frac{1}{x}+e^x\left(\frac{-1}{x^2}\right)=e^x\left(\ln x+\frac{2}{x}-\frac{1}{x^2}\right)$$

9.5 부정형의 극한값

$x\to a$ 일 때 $f(x)\to 0$, $g(x)\to 0$ 또는 $f(x)\to\pm\infty$, $g(x)\to\pm\infty$가 되는 경우에는, $f(x)\pm g(x)$, $f(x)\cdot g(x)$, $\dfrac{f(x)}{g(x)}$, $f(x)g(x)\cdots$등의 극한값이 $\dfrac{0}{0}$, $\dfrac{\infty}{\infty}$, $0\cdot\infty$, $\infty-\infty$, 1^{∞}, 0^0, ∞^0 과 같은 형식으로 표시될 때 지금까지의 정리로서는 극한값을 구할 수 없을 경우가 있다. 이와 같은 형식의 7개의 극한을 부정형(indefinite form)이라고 한다. 부정형의 극한값을 구할 때는 여러 정리가 있으나 로피탈(L'Hospital)의 정리를 이용하면 간편하다.

L'Hospital의 정리

함수 $f(x)$, $g(x)$가 점 $x=a$의 근방에서 연속이고 미분가능하며, $\lim_{x\to a} g(x)\neq 0$일 때는 근방에서 $x\to a$일 때의 $\dfrac{f'(x)}{g'(x)}$의 극한값이 존재하면, $\lim_{x\to a}\dfrac{f(x)}{g(x)}=\lim_{x\to a}\dfrac{f'(x)}{g'(x)}$가 성립한다.

※ L ′ Hospital의 정리는 $\dfrac{f(x)}{g(x)}$가 $\dfrac{0}{0}$의 형태일 때 성립하는 식이다.

증명

$f(x)$, $g(x)$가 Cauchy의 평균값 정리의 조건을 만족하고 $f(a)=g(a)=0$이므로 $\dfrac{f(x)}{g(x)}=\dfrac{f(x)-f(a)}{g(x)-g(a)}=\dfrac{f'(c)}{g'(c)}$인 점 c가 a와 x사이에 적어도 하나 존재한다. 그런데 $a<c<x$(또는 $a>c>x$)이므로 $x\to a$이면 $c\to a$가 되어서 $\lim_{x\to a}\dfrac{f(x)}{g(x)}=\lim_{c\to a}\dfrac{f'(c)}{g'(c)}$ $=\lim_{x\to a}\dfrac{f'(x)}{g'(x)}$가 된다.

또, $x\to\pm\infty$일 때는 $x=\dfrac{1}{t}$라 하면 $x\to\pm\infty$일 때 $t\to 0$가 되어

$$\lim_{x\to\pm\infty}\frac{f(x)}{g(x)}=\lim_{t\to 0}\frac{f\left(\frac{1}{t}\right)}{g\left(\frac{1}{t}\right)}=\lim_{t\to 0}\frac{f'\left(\frac{1}{t}\right)\left(-\frac{1}{t^2}\right)}{g'\left(\frac{1}{t}\right)\left(-\frac{1}{t^2}\right)}=\lim_{t\to 0}\frac{f'(t)}{g'(t)}$$

$$=\lim_{x\to\pm\infty}\frac{f'(t)}{g'(t)}$$ 이다.

예제 다음 각 식의 극한값을 구하라.

(1) $\lim_{x\to 0}\dfrac{\sin(\sin x)}{x}$

(2) $\lim_{x\to 0}\dfrac{x-3}{\sin \pi x}$

(3) $\lim_{x\to 0}\dfrac{1-\cos 4x}{x^2}$

(4) $\lim_{x\to 2\pi}\dfrac{\sin x}{x^2-4\pi^2}$

풀이▶ (1) $\frac{0}{0}$ 의 형태이므로 L'Hospital의 정리를 이용하면

$$\lim_{x\to 0}\frac{\sin(\sin x)}{x} = \mathrm{L}' \lim_{x\to 0}\frac{\cos(\sin x)\cos x}{1} = 1$$

(2) $\frac{0}{0}$ 의 형태이므로 L'Hospital의 정리를 이용하면

$$\lim_{x\to 3}\frac{x-3}{\sin\pi x} = \mathrm{L}' \lim_{x\to 3}\frac{1}{\pi\cos\pi x} = \frac{1}{\pi\cos 3\pi} = -\frac{1}{\pi}$$

(3) $\frac{0}{0}$ 의 형태이므로 L'Hospital의 정리를 이용하면

$$\lim_{x\to 0}\frac{1-\cos 4x}{x^2} = \mathrm{L}' \lim_{x\to 0}\frac{4\sin 4x}{2x} = \mathrm{L}'' \lim_{x\to 0}\frac{16\cos 4x}{2} = 8$$

(∵ L'Hospital 정리를 이용하여 분모와 분자를 미분하였지만 $\frac{0}{0}$ 의 형태가 계속되므로 L'Hospital의 정리를 계속 사용할 수 있다.)

(4) $\frac{0}{0}$ 의 형태이므로 L'Hospital의 정리를 이용하면

$$\lim_{x\to 2\pi}\frac{\sin x}{x^2-4\pi^2} = \mathrm{L}' \lim_{x\to 2\pi}\frac{\cos x}{2x} = \frac{\cos 2\pi}{4\pi} = \frac{1}{4\pi}$$

L'Hospital의 정리를 추가적으로 사용할지 여부는 새롭게 만들어진 식이 $\frac{0}{0}$ 의 형태를 만족하는가 이다. (4)번 식의 경우 새롭게 만들어진 식은 $\frac{0}{0}$ 의 형태가 아니므로 L'Hospital의 정리를 다시 적용할 수 없다.

다음 예제를 추가로 연습해 보자.

예제 다음 각 식의 극한값을 구하라.

(1) $\lim_{x\to 1}\frac{x^2-1}{x^2-3x+2}$

(2) $\lim_{x\to 0}\frac{\tan(\tan x)}{x}$

(3) $\lim_{x\to 0}\frac{\ln(1-\sin x)}{x}$

(4) $\lim_{x\to 0}\frac{e^x-e^{-x}}{\tan x}$

(5) $\lim_{x\to 1}\frac{\cos\frac{\pi}{2}x}{1-x^2}$

(6) $\lim_{x\to 0}\frac{1-\cos x}{x^2}$

풀이▶ (1) 준식= $\lim_{x\to1}\frac{2x}{2x-3}=-2$

(2) 준식= $\lim_{x\to0}\frac{\sec^2(\tan x)\sec^2 x}{1}=\frac{\sec^2 0\cdot\sec^2 0}{1}=1$

(3) 준식= $\lim_{x\to0}\frac{-\cos x}{1-\sin x}=-1$

(4) 준식= $\lim_{x\to0}\frac{e^x+e^{-x}}{\sec^2 x}=\frac{2}{1}=2$

(5) 준식= $\lim_{x\to1}\frac{-\frac{\pi}{2}\sin\frac{\pi}{2}x}{-2x}=\frac{\pi}{4}$

(6) 준식= $\lim_{x\to0}\frac{\sin x}{2x}=\lim_{x\to0}\frac{\cos x}{2}=\frac{1}{2}$

전공문제

폭이 무한히 넓은 개수로의 수리반경(Hydraulic Radius, 경심)은?

㉮ 개수로의 폭과 같다. ㉯ 개수로의 수심과 같다.

㉰ 개수로의 면적과 같다. ㉱ 계산할 수 없다.

해설

폭이 넓은 직사각형수로에서

경심 $R=\frac{A}{P}=\frac{bh}{b+2h}=\frac{h}{1+\frac{2h}{b}}\fallingdotseq h$

(∵ 폭이 넓은 수로에서 $\lim_{h\to0}\frac{h}{b}=0$ 이므로)

∴ 폭이 넓은 개수로에서의 경심은 수심과 같다.

9.6 함수의 증감과 극치

(1) 함수의 증감

함수 $f(x)$가 어떤 구간에서 정의되고, 그 구간의 임의의 두 점 x_1, x_2에 대하여

(i) $x_1<x_2$ 일 때 $f(x_1)<f(x_2)$ 이면, $f(x)$는 그 구간에서 증가(increasing)한다고 하며,

(ii) $x_1<x_2$ 일 때 $f(x_1)>f(x_2)$ 이면, $f(x)$는 그 구간에서 감소(decreasing)한다고 한다.

함수 $f(x)$가 $[a, b]$에서 연속이고, (a, b)에서 미분가능하며 (a, b)의 모든 x에 대하여

(i) $f(x)>0$ 이면, $f(x)$는 $[a, b]$에서 단조증가

(ii) $f(x)<0$ 이면, $f(x)$는 $[a, b]$에서 단조감소 한다.

증명

(i) $a<x_1<x_2<b$ 인 임의의 두 점 x_1, x_2에 대하여 평균값 정리를 쓰면 $f(x_2)-f(x_1)=(x_2-x_1)f'(c)(x_1<c<x_2)$ 그런데 (a, b)에서 항상 $f(x)>0$ 이므로 $f'(c)>0$이며 $(x_2-x_1)f'(c)>0$이다. 따라서 $f(x_2)>f(x_1)$이다. 그러므로 $f(x)$는 $[a, b]$에서 단조증가 함수이다.

(ii) (i)과 마찬가지로 증명된다.

예제 다음 함수의 증감상태를 조사하여라.

(1) $y=x^3-3x^2-9x$ (2) $y=\sin^2 x\,[0, \pi]$

풀이▶ (1) $y'=3x^2-6x-9=3(x+1)(x-3)$

(i) $x<-1$이면 $y'>0$ 이므로 y는 증가상태

(ii) $-1<x<3$ 이면 $y'<0$ 이므로 y는 감소상태

(iii) $x>3$ 이면 $y'>0$ 이므로 y는 증가상태

(2) $y'=2\sin x\cos x=\sin 2x$

(i) $0<x<\frac{\pi}{2}$ 이면 $y'>0$ 이므로 y는 증가상태

(ii) $\frac{\pi}{2}<x<\pi$ 이면 $y'<0$ 이므로 y는 감소상태

(2) 함수의 극치(극값)

함수 $f(x)$가 연속일 때 정의된 구간 내의 한점 $x=a$를 경계로 하여 증가상태에서 감소상태로 변하면 $f(x)$는 $x=a$에서 극대(maximal)가 된다고 하며, $f(a)$를 극대값(maximal value)이라고 한다. 또 감소상태에서 증가상태로 변하면 $f(x)$는 $x=a$에서 극소(minimal)가 된다고 하며, $f(a)$를 극소값(minimal value)이라고 한다. 극대값과 극소값을 합쳐 극치(극값)(extreme value)라 한다.

정리

함수 $f(x)$가 $x=a$ 의 근방에서 미분가능하고, 이점에서 극치를 가지면 $f'(a)=0$ 이다.

증명

$f(x)$가 $x=a$ 에서 극대가 된다고 하면, 충분히 작은 양수 h에 대하여

$$\frac{f(a+h)-f(a)}{h} \leq 0, \quad \frac{f(a-h)-f(a)}{-h} \geq 0$$

$$\therefore f'(a)=\lim_{h\to 0}\frac{f(a+h)-f(a)}{h} \leq 0, \quad \lim_{h\to 0}\frac{f(a-h)-f(a)}{-h} \geq 0$$

$$\therefore f'(a)=0$$

극치판정법

(i) $f'(x)=0$을 만족하는 모든 x의 값을 구하고, 그하나인 a에 대해서 x가 a를 지날 때
$f'(x)$가 양에서 음으로 변하면 $f(a)$는 극대값이고,
$f'(x)$가 음에서 양으로 변하면 $f(a)$는 극소값이다.
만약 $f'(x)$의 부호가 변하지 않으면 $f'(a)$는 극치가 아니다.

(ii) $f''(a)\neq 0$ 이면 극치가 있고, $f''(a)<0$이면 $f(a)$는 극대값이고, $f''(a)>0$이면 $f(a)$는 극소값이다.

예제 $f(x) = 2x^3-9x^2+12x-2$의 극치를 구하여라.

풀이▶ $f'(x) = 6x^2-18x-12 = 6(x-1)(x-2)$ $f'(x) = 0$인 x의 값은 $x=1$, $x=2$ 이들의 x 값의 전후에 있어서 $f'(x)$의 부호의 변화와 $f(x)$의 증감상태를 조사하면 다음과 같다.

$x=1$에서 극대값 $f(1)=3$, $x=2$에서 극소값 $f(2)=2$. 극치 판정법 (ii)를 사용하면

$f''(x)=12x-18$, $f''(1)=-6<0$, $f''(2)=6>0$

∴ 극대값 $f(1)=3$, 극소값 $f(2)=2$

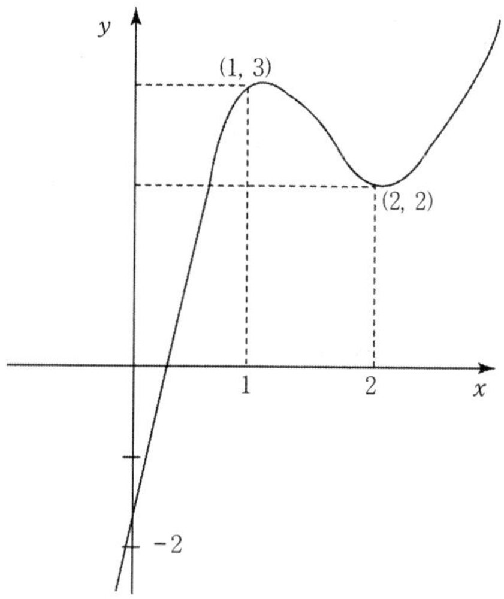

(3) 최대값과 최소값

한수 $f(x)$가 $[a, b]$의 모든 x에 대하여 $f(x) \le f(\alpha)$ $(a \le \alpha \le b)$일 때 $f(x)$는 $x=\alpha$에서 최대가 된다고 하며 $f(\alpha)$를 이 구간에서 $f(x)$의 최대값(greatest value)이라고 한다. 또는 $[a, b]$의 모든 x에 대하여 $f(x) \ge f(\beta)$ $(a \le \beta \le b)$일 때 $f(x)$는 $x=\beta$에서 최소가 된다고 하며 $f(\beta)$를 이 구간에서의 $f(x)$의 최소값(least value)이라고 한다.

(1) $f(x)$의 모든 극치를 구하기 위하여 $f(x)$가 미분가능인 점과 미분가능이 아닌 점으로 분류하고 미분가능인 점에 대해서는 앞의 정리의 방법에 의해 $f(x)=0$인 점(임계점 : critical point)만 조사하면 되고 미분가능하지 않는 연속점에 대해서는 전후의 증감상태를 보아서 극대 및 극소를 판정한다.

(2) 극대 · 극소는 최대 · 최소와 다르며 극대값이 극소값보다 반드시 크다고 만은 할 수 없다. 극대값은 다만 그 근방의 점과 비교하였을 때 가장 크다는 뜻이지 먼 곳의 점과 비교해서는 큰지 작은지 모른다.

예제 $f(x) = -x^3+3x^2+9x-1 \quad (-2 \le x \le 2)$의 최대값과 최소값을 구하여라.

풀이▶ $f'(x) = -3x^2+6x+9 = -3(x+1)(x-3) = 0$ 으로부터

$\therefore \ x=-1, \ x=3$

증감표를 그리면 아래와 같다.

x	-2		-1		2
$f'(x)$		$-$	0	$+$	
$f(x)$	1	↘	-6	↗	21

구간의 양 끝값과 극값을 비교해 보면

$\therefore$ 최대값 : $f(2)= 21$, 최소값 : $f(-1)=-6$

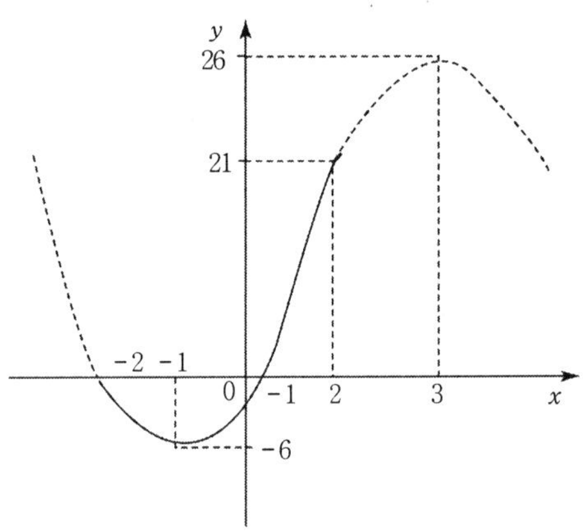

전공문제

바닥으로부터의 거리가 y(m)일 때 유속이 $V= -4y^2+y$ (m/s)인 점성유체 흐름에서 전단력이 최대가 되는 지점까지의 거리 y는?

㉮ 0 m ㉯ 1/4 m ㉰ 1/8 m ㉱ 1/12 m

해설

뉴튼의 점성법칙 $\tau = \mu \dfrac{dV}{dy}$ 에서

속도경사 $\dfrac{dV}{dy} = -8y+1 = 0$이 되는 y 값에서 전단력은 최대가 된다.

따라서, 전단력이 최대가 되는 지점까지의 거리 $y = \dfrac{1}{8}\,\mathrm{m}$ 이다.

전공문제

그림과 같이 원형단면에서 최대 단면계수를 갖는 직사각형 단면을 얻으려면 폭 b와 높이 h의 비를 얼마로 하면 되겠는가?

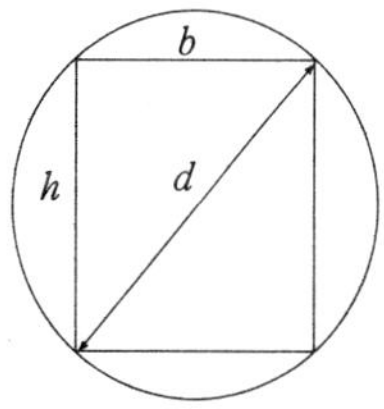

㉮ 1 : 1 ㉯ $1 : \sqrt{2}$

㉰ $1 : \sqrt{3}$ ㉱ 1 : 2

해설

위 문제는 지름이 d인 원형 봉을 직사각형 단면으로 가공할 경우 휨에 대한 저항이 가장 큰 단면을 구하는 문제이다.

$h^2 = d^2 - b^2 \rightarrow h = \sqrt{d^2 - b^2}$ ······ ① 이므로

직사각형 단면의 단면계수 $Z = \dfrac{bh^2}{6} = \dfrac{b(d^2 - b^2)}{6} = \dfrac{bd^2 - b^3}{6}$ 이다.

여기서, Z는 지름 d(상수)는 이미 주어졌기 때문에 Z는 변수 b만의 함수이다.

함수 $Z(b)$가 최대값을 가지려면 $Z(b)$를 b에 대하여 미분한 후 0으로 놓으면,

즉, $\dfrac{dZ(b)}{db} = 0$ 일 때 극값을 가지므로 $\dfrac{1}{6}(d^2 - 3b^2) = 0$에서 $d^2 - 3b^2 = 0$이 된다.

따라서, $b = \pm\dfrac{d}{\sqrt{3}}$ 이 되며 최대단면을 갖기 위한 폭 $b = \dfrac{d}{\sqrt{3}}$ 일 때 ($\because$ $b > 0$ 이므로)

또한 b를 위 식 ①에 대입하면

$$h = \sqrt{d^2 - b^2} = \sqrt{d^2 - \left(\frac{d}{\sqrt{3}}\right)^2} = \sqrt{\frac{2}{3}}\,d \text{ 가 되며,}$$

$$\therefore\ b : h : d = \frac{1}{\sqrt{3}} : \frac{\sqrt{2}}{\sqrt{3}} : 1 = 1 : \sqrt{2} : \sqrt{3} \text{ 이 된다.}$$

전공문제

최소일의 방법으로 주어진 구조물의 반력을 구하여라.

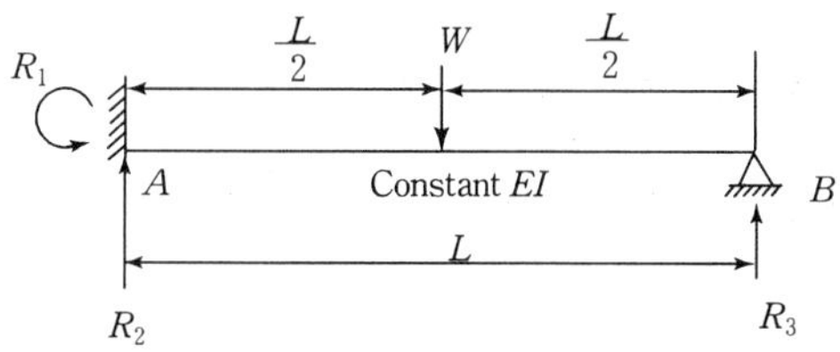

(a) 주어진 부정정보

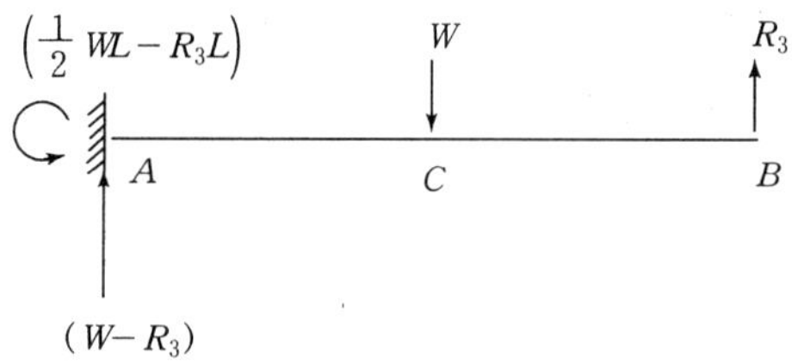

(b) 정정보와 대등한 Cantilever 보

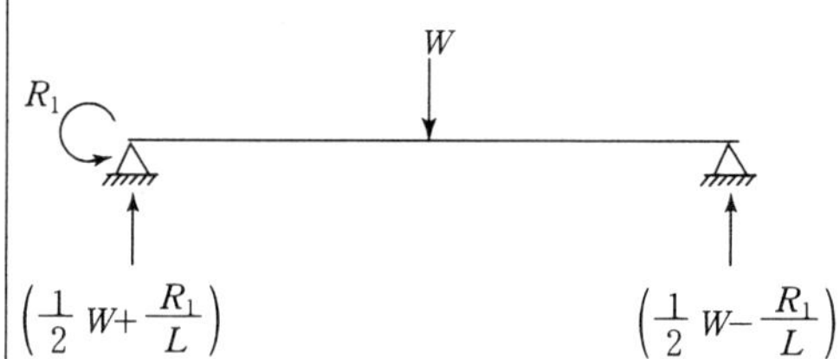

(c) 정정보와 대등한 단순보

해설

이 문제는 최소일의 정리(에너지 법)를 이용하는 문제이다. 여기서, 전단력의 영향은 무시한다. 그림과 같은 보의 내부에너지는

$$U=\int\frac{M^2}{2EI}\,dx=\int_0^{L/2}\frac{(R_3x)^2}{2EI}\,dx=\int_0^{L/2}\frac{\{R_3(L/2+x)-Wx\}^2}{2EI}\,dx \text{ 이다.}$$

첫번째 적분은 B를 원점으로 한 BC구간을 나타내고, 두 번째 적분은 C를 원점으로 한 CA구간을 나타내고 있다.
최소일의 정리를 적용하면,

$$\frac{\partial U}{\partial R_3}=\int_0^{L/2}\frac{(R_3)(x^2)}{EI}\,dx+\int_0^{L/2}\frac{[(R_3)(L/2+x)-Wx](L/2+x)}{EI}\,dx$$

$$=\left[\frac{R_3x^3}{3EI}\right]_0^{L/2}=\left[\frac{R_3(L/2+x)^3}{3EI}-\frac{WLx^2}{4EI}-\frac{Wx^3}{3EI}\right]_0^{L/2}=\frac{R_3L^3}{3EI}-\frac{5WL^3}{48EI}=0$$

위 식을 풀면 $R_3 = \frac{5}{16} W(\uparrow)$ ……………①

처음 보로 돌아가서 식 ①을 대입하면 미지의 R_3를 알 수 있으므로 주어진 구조물은 statically deteined structure가 되어 즉, 미지수의 갯수와 방정식의 개수가 동일하게 되어 문제 해결이 용이하게 된다.

$\sum F_y = 0$에서 $R_2 - W + R_3 = 0$ …… ②

식 ①을 식 ②에 대입하여 정리하면

$$\therefore R_2 = W - R_3 = W - \frac{5}{16} W = \frac{11}{16} W(\uparrow)$$

$\sum M = 0$에서 $-R_1 + \frac{1}{2} WL - R_3 L = 0$ …… ③

식 ①을 식 ③에 대입하여 정리하면

$$\therefore R_1 = \frac{1}{2} WL - R_3 L = \frac{1}{2} WL - \frac{5}{16} WL = \frac{3}{16} WL \quad (\uparrow)$$

9.7 곡선의 凹凸과 변곡점

곡선 $y=f(x)$의 그래프가 그 위의 한 점 P의 근방에서, P에서의 곡선의 접선 위쪽에 있을 때, 이 곡선은 점 P에서 아래로 볼록(convex downward)이라고 하고, 반대로 접선의 아래쪽에 있을 때, 이 곡선은 점 P에서 위로 복록(convex upward)이라고 한다. 또 곡선의 한쪽은 접선의 위쪽에 있고, 다른 한쪽은 접선의 아래쪽에 있을 때, 점 P를 이 곡선의 변곡점(point of inflection)이라고 한다.

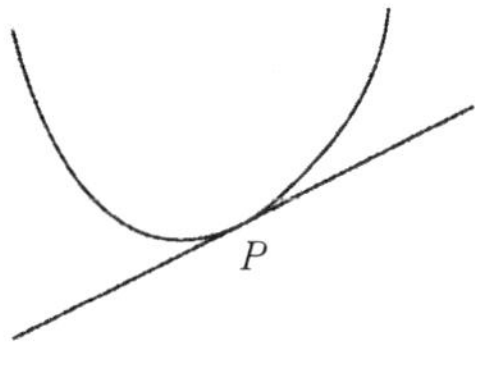

아래로 凸 (위로 凹)

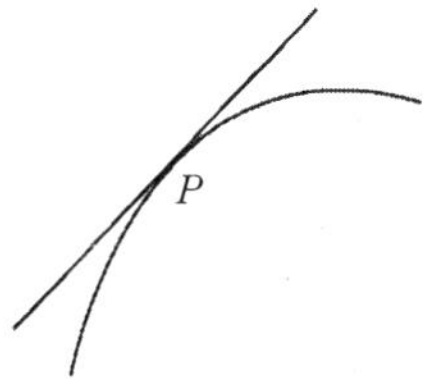

위로 凸 (아래로 凹)

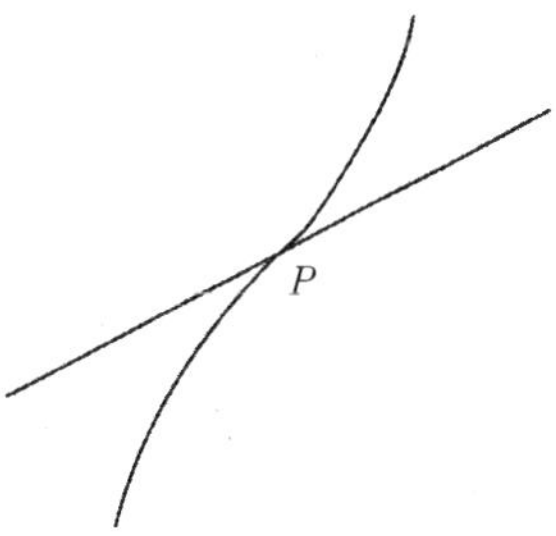

변곡점

변곡점

함수 $y=f(x)$가 한 점 $x=a$의 근방에서 연속인 $f''(x)$를 가지고 $f'(a)=0$일 때

(i) $f''(a)>0$ 이면 $y=f(x)$는 $x=a$에서 아래로 볼록이고 극소치 $f(a)$를 가진다.

(ii) $f''(a)<0$ 이면 $y=f(x)$는 $x=a$에서 아래로 오목이고 극대치 $f(a)$를 가진다.

(iii) $f''(a)=0$ 이고 x가 a를 지날 때 $f''(x)$의 부호가 변하면 점 $P(a,\ f(a))$는 변곡점이라 한다.

예제 함수 $f(x) = x^3-3x^2+3+1$의 변곡점을 구하여라.

풀이▶ $f'(x) = 3x^2-6x+3 \quad f''(x) = 6x-6 = 0 \quad \therefore x = 1$

$f''(x)$는 $x=1$을 전후로 부호가 변하므로 $x=1$일 때 변곡점이다.

$\therefore$ 변곡점은 (1, 2)이다.

예제 다음 함수의 극치, 凹凸(요철), 변곡점을 조사하여라.

(1) $y = x^3-x^2$ (2) $y = \dfrac{1}{x^2+1}$

풀이▶ (1) $y'=3x^2-2x=x(3x-2)$, $y'=0$로 하는 x의 값은 $x=0$ 또는 $x=\dfrac{2}{3}$

$y''=6x-2=2(3x-1)$, $f''\left(\dfrac{1}{3}\right)=0$

(i) $x<\dfrac{1}{3}$: $y''<0$ 이므로 곡선은 위로 볼록

(ii) $x>\dfrac{1}{3}$: $y''>0$ 이므로 곡선은 아래로 볼록

(iii) $x=\dfrac{1}{3}$: $y''=0$ 이고 그 전후에서는 y''는 $-$에서 $+$로 부호가 바뀌므로

점 $\left(\dfrac{1}{3},\ -\dfrac{3}{27}\right)$는 변곡점이다. $f''(0)=-2<0$ 이므로 $x=0$에서 극대이고 극대값은 $f(0)=0$, $f''\left(\dfrac{2}{3}\right)=2>0$이므로

$x=\dfrac{2}{3}$ 극소이고 극소값은 $f\left(\dfrac{2}{3}\right)=-\dfrac{4}{27}$

(2) $y' = -\dfrac{2x}{(x^2+1)^2}$, $y'=0$이면 $x=0$

$$y'' = -2 \cdot \frac{(x^2+1)^2 - x \cdot 2 \cdot (x^2+1) \cdot 2x}{(x^2+1)^4} = -2 \cdot \frac{(x^2+1)-4x^2}{(x^2+1)^3} = \frac{2(3x^2-1)}{(x^2+1)^3}$$

$y''_{x=0} = -2 < 0$ 이므로 $x=0$에서 극대이고 극대값은 $y_{x=0}=1$

$y''=0$ 되게 하는 x의 값은 $x = \pm \frac{1}{\sqrt{3}}$

$\therefore$ 변곡점 $\left(-\frac{1}{\sqrt{3}}, \frac{3}{4}\right)$ $\left(\frac{1}{\sqrt{3}}, \frac{3}{4}\right)$

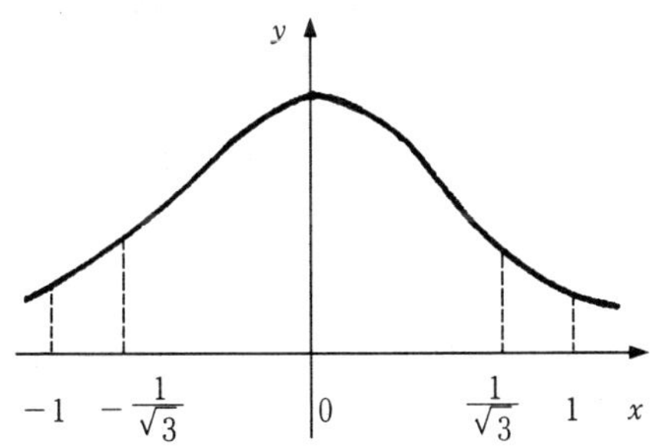

전공이론

※ 용존산소 부족곡선(DO sag curve)

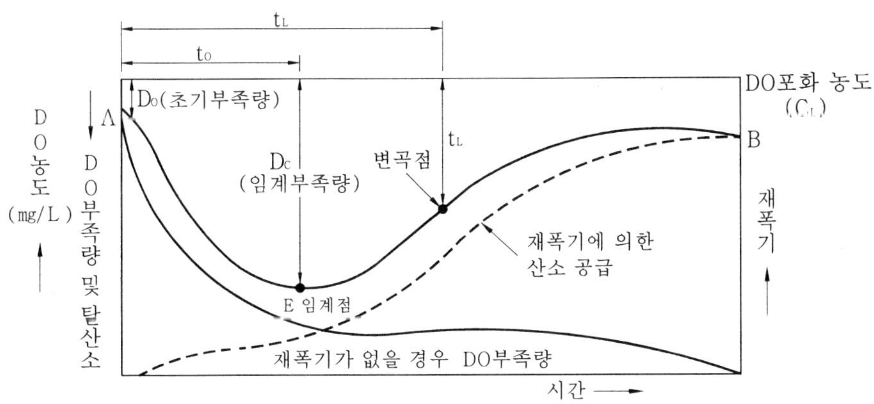

① 임계점(臨界點, Critical point) : 용존산소가 가장 부족한 지점

② **변곡점**(變曲點, Point of Inflection) : **산소 복귀율(회복속도)이 가장 큰 지점**

③ **유하시간에 따른 용존산소 부족 곡선식**에 대한 수학적 해석은 Streeter와 Phelps에 의하여 행하여졌으며, 그 결과는 다음과 같다.

$$D_t = \frac{k_1 \cdot L_0}{k_2 - k_1}(10^{-k_1 \cdot t} - 10^{-k_2 \cdot t}) + D_0 \cdot 10^{-k_2 \cdot t}$$

여기서, L_0 : 하천혼합수의 초기 극한 BOD

D_0 : 하천혼합수의 초기 D

전공문제

용존산소 부족곡선(Do Sag Curve) 에서 산소의 복귀율(회복속도)이 최대로 되었다가 감소하기 시작하는 점은?

㉮ 임계점 ㉯ 변곡점 ㉰ 오염직후점 ㉱ 포화직전점

해설

용존산소 부족곡선(Do Sag Curve)에서 산소의 복귀율(회복속도)이 최대로 되었다가 감소하기 시작하는 점은 변곡점이다.

9.8 속도(velocity), 가속도(acceleration)

속도 가속도의 정의

직선상을 움직이는 질점 P의 시각 t에 있어서의 위치를 직선상의 정점 O에서의 거리 $x = f(t)$로 나타날 때

(i) t부터 $t+\Delta x$까지의 평균속도(mean velocity) : $\frac{\Delta x}{\Delta t}$

(ii) 시각 t에서 속도(velocity) $v(t)$:

$$v(t) = \lim_{\Delta t \to 0} \frac{\Delta x}{\Delta t} = \frac{dx}{dt} = \frac{df(t)}{dt}$$

(iii) 시각 t에서의 가속도 $a(t)$:

$$a(t) = \lim_{\Delta t \to 0} \frac{\Delta v}{\Delta t} = \frac{dv}{dt} = \frac{d^2 x}{dt^2} = \frac{d^2 f(t)}{dt^2}$$

평면상의 질점 P의 운동을 생각해 보면 P의 좌표를 $(x,\ y)$라 하면 $x,\ y$는 시간 t의 함수이다. 이때 $x,\ y$가 시간 t를 매개변수로 하여 $x=f(t)$, $y=g(t)$로 나타났다고

하자, 그 때 질점 P의 위치 벡터를 $\overrightarrow{OP}=\vec{r}(t)=x\vec{i}+y\vec{j}$ 라 하면 벡터 $\vec{r}(t)$는 시간 t에 의하여 변화한다. 일반적으로 벡터를 하나의 변수의 함수로 볼 수 있을 때 이것을 벡터 함수라 한다. 보통 함수의 정의와 같이 극한치 $\lim_{h\to 0}\dfrac{\vec{r}(t+h)-\vec{r}(t)}{h}$ 가 존재할 때 v를 $\vec{r}$의 벡터 도함수라 하고 $\dfrac{d\vec{r}}{dt}$, $\dot{\vec{r}}$ 등으로 표시한다.

특히, $\vec{r}(t)$ 각 운동하는 질점의 위치 벡터일 때 그 도함수 v를 속도 벡터라 하고 v의 도함수 a를 가속도 벡터라 한다.

즉, $\vec{v}=\dfrac{d\vec{r}}{dt}=\dfrac{dx}{dt}\vec{i}+\dfrac{dy}{dt}\vec{j}=\dot{x}\vec{i}+\dot{y}\vec{j}$, $\vec{a}=\dot{\vec{v}}=\ddot{\vec{r}}=\ddot{x}\vec{i}+\ddot{y}\vec{j}$ 이다.

예제 지상 30 m의 높이에서 초속 25 m의 속도로 바로 위로 던진 물체의 t초 후의 지상으로부터의 높이를 hm라 하면 $h=30+25t-5t^2$ 이 된다. 3초 후의 물체의 속도와 가속도는?

풀이▶ $\dfrac{dh}{dt}=25-10t$

3초 후의 속도는 $t=3$을 대입하면 $V=\dfrac{dh}{dt}=25-30=-5$

$\therefore\ V=-5\text{ m/sec}$

3초 후의 가속도 $a=\dfrac{dV}{dt}=-10$

$\therefore\ a=-10\text{ m/sec}^2$

9.9 편미분법

(1) 2변수 함수의 극한

D가 실수의 순서쌍 $(x,\ y)$들의 한 집합이고, R가 한 실수 z들의 집합일 때 D의 각 원소 $(x,\ y)$에 R의 원소 z를 하나씩 대응시키는 대응규칙 f를 두 변수 $x,\ y$의 함수라 하고 $f(x,\ y)$ 또는 $z=f(x,\ y)$로 나타낸다.

이 때 D를 함수 f의 정의역, R를 f의 치역이라 한다. 여기서 독립적으로 변하는 두 변수 x, y를 가진 함수 f를 2변수 함수(function of two variables)라 하고, x, y를 독립변수, z를 종속변수라 한다. 2변수 함수 $z=(f(x,\ y)$의 graph는 실수의 순서 3원들의 집합 $G=(x,\ y,\ z)\mid(x,\ y)\in D,\ z=f(x,\ y)$이며, 공간의 한 곡면(surface)을 나타낸다. 일반적으로 독립적으로 변하는 n개의 변수 $x,\ y,\ z,\ \cdots,\ w$에 대해서 한 순서 n원 $(x,\ y,\ z,\ \cdots,\ w)$에 단 하나의 값 u를 대응시키는 대응규칙 f를 n개의 변수 $x,\ y,\ z,\ \cdots,\ w$의 함수라 하고, $f(x,\ y,\ z,\ \cdots,\ w)$ 또는 $u=f(x,\ y,\ z,\ \cdots,\ w)$로 나타내며 n 변수함수(function of n variables)라 한다. 또, 2개 이상의 변수를 갖는 함수를 통틀어 다변수 함수라 한다.

(2) 편도함수

2변수함수인 두 독립변수의 함수를 $z=f(x,\ y)$라 할 때 y를 고정하면 z는 x만의 함수가 된다. 따라서 x에 관한 z의 도함수를 계산할 수 있다. 이와같이 구한 도함수를 x에 관한 z의 편도함수(partial derivative)라 하고, z_x, f_x, $f_x(x,\ y)$, $\frac{\partial z}{\partial x}$, $\frac{\partial f}{\partial x}$, $\frac{\partial}{\partial x}f(x, y)$ 등으로 나타낸다. 같은 방법으로 x를 고정하면 z는 y만의 함수가 된다. z를 y에 관해서 미분한 것을 $\frac{\partial z}{\partial y}$로 표시하며 이를 y에 관한 z의 편도함수라 하며, z_y, f_y, $f_y(x,\ y)$, $\frac{\partial z}{\partial y}$, $\frac{\partial f}{\partial y}$, $\frac{\partial}{\partial y}f(x,\ y)$ 등으로 나타낸다.

예제 $z=x^2+3xy-4y^2$ 일 때 $\frac{\partial z}{\partial x}$, $\frac{\partial z}{\partial y}$을 구하여라.

풀이▶ $\frac{\partial z}{\partial x}=2x+3y,\qquad \frac{\partial z}{\partial y}=3x-8y$

예제 함수 $f(x,\ y)=xy^2+x^3$일 때 점 (1, 2)에서 함수 $f(x,\ y)$의 x 및 y에 관한 편미분 계수를 구하여라.

풀이▶ $\frac{\partial f}{\partial x}=f_x(x,\ y)\ y^2+3x^2 \qquad \therefore\ f_x(1,\ 2)=4+3=7$

$\frac{\partial f}{\partial y}=f_y(x,\ y)=2xy \qquad \therefore\ f_y(1, 2)=2\times1\times2=4$

편도함수의 기호는 다음과 같은 여러 가지 기호가 있으며 이 책에서는 Leibnitz와 Lagrange의 기호를 사용하였다.

Lagrange 기호 : f_x, f_y, z_x, z_y, $f_x(x, y)$, $f_y(x, y)$

Arb gast 기호 : D_xf, D_yf, D_xz, D_yz, $D_xf(x, y)$, $D_yf(x, y)$

Leibnitz 기호 : $\frac{\partial f}{\partial x}$, $\frac{\partial f}{\partial y}$, $\frac{\partial z}{\partial x}$, $\frac{\partial z}{\partial y}$, $\frac{\partial}{\partial x}f(x,y)$, $\frac{\partial z}{\partial y}f(x,y)$

전공이론

한계수심은 한계유속으로 흐를 때의 수심이다.

즉, 유량 Q가 일정할 때 비에너지가 최소로 되는 수심을 말한다.

따라서, 비에너지를 수심에 대하여 편미분하면

$$\frac{\partial H_e}{\partial h} = \frac{\partial}{\partial h}\left(h + \frac{\alpha Q^2}{2gA^2}\right) = 1 + \frac{\alpha Q^2}{2g}\frac{\partial}{\partial h}\left(\frac{1}{A^2}\right) = 0$$

따라서, $1 - \frac{\alpha Q^2}{gA^3}\frac{\partial A}{\partial h} = 0$, $\frac{\partial A}{\partial h} = \frac{gA^3}{\alpha Q^2}$ 이고

일반적으로 $A = ah^n$이므로 $\frac{\partial A}{\partial h} = nah^{n-1}$ 이므로 대입하여 정리하면

$$\therefore h_c = \left(\frac{n\alpha Q^2}{ga^2}\right)^{\frac{1}{2n+1}}$$ 이다.

이 식이 한계수심의 일반식이다.

(3) 미분 연산자

미분 연산자인 ∇(nabla 또는 del이라 읽는다.)을 벡터의 성분으로 표시하면 $\nabla = \left(\frac{\partial}{\partial x}, \frac{\partial}{\partial y}, \frac{\partial}{\partial z}\right)$와 같이 나타낼 수 있고 방향을 나타내는 벡터인 $\vec{v}$를 성분으로 표시하면 $\vec{v} = (u, v, w)$로 나타낼 수 있다. ∇과 $\vec{v}$를 내적하면 $\nabla \cdot \vec{v} = \frac{\partial u}{\partial x} + \frac{\partial v}{\partial y} + \frac{\partial w}{\partial z}$ 와 같이 표현되며 따라서 $\nabla \cdot \vec{v} = \frac{\partial u}{\partial x} + \frac{\partial v}{\partial y} + \frac{\partial w}{\partial z} = 0$ 일 때를 연속방정식이라고 한다.

마찬가지로 ∇^2을 벡터의 성분으로 표시하면 $\nabla^2 = \left(\frac{\partial^2}{\partial x^2}, \frac{\partial^2}{\partial y^2}, \frac{\partial^2}{\partial z^2}\right)$와 같이 나타낼 수 있고 ∇^2과 $\vec{v}$를 내적하면 $\nabla^2 \cdot \vec{v} = \frac{\partial^2 u}{\partial x^2} + \frac{\partial^2 v}{\partial y^2} + \frac{\partial^2 w}{\partial z^2}$ 와 같이 표현되며

따라서, $\nabla^2 \cdot \vec{v} = \dfrac{\partial^2 u}{\partial x^2} + \dfrac{\partial^2 v}{\partial y^2} + \dfrac{\partial^2 w}{\partial z^2} = 0$ 일 때를 Laplace 방정식이라고 한다.

전공문제

정상류 비압축성 유체에 대한 다음의 속도 성분 중에서 연속방정식을 만족시키는 식은?

㉮ $\begin{cases} u = 3x^2 - y \\ v = 2y^2 - yz \\ w = y^2 - 2y \end{cases}$ ㉯ $\begin{cases} u = 2x^2 - xy \\ v = y^2 - 4xy \\ w = y^2 - yz \end{cases}$

㉰ $\begin{cases} u = x^2 - y \\ v = y^2 - xy \\ w = x^2 - yz \end{cases}$ ㉱ $\begin{cases} u = 2x^2 - yz \\ v = 2y^2 - 3xy \\ w = z^2 - 2y \end{cases}$

해설

3차원 흐름의 연속방정식은 $\dfrac{\partial u}{\partial x} + \dfrac{\partial v}{\partial y} + \dfrac{\partial w}{\partial z} = 0$ ($\nabla \cdot \vec{u} = 0$) 이다.

㉯ 인 경우 $\dfrac{\partial u}{\partial x} = 4x - y$, $\dfrac{\partial v}{\partial y} = 2y - 4x$, $\dfrac{\partial w}{\partial z} = -y$ 을 대입하면,

$4x - y + 2y - 4x - y = 0$ 이므로 연속방정식을 만족시킨다.

전공문제

지하수의 2차원 흐름에 대한 연속방정식은?

㉮ $\dfrac{\partial^2 h}{\partial x^2} - \dfrac{\partial^2 h}{\partial y^2} = 1$ ㉯ $\dfrac{\partial^2 h}{\partial x^2} + \dfrac{\partial^2 h}{\partial y^2} = 1$

㉰ $\dfrac{\partial^2 h}{\partial x^2} - \dfrac{\partial^2 h}{\partial y^2} = 0$ ㉱ $\dfrac{\partial^2 h}{\partial x^2} + \dfrac{\partial^2 h}{\partial y^2} = 0$

해설

2차원 흐름에 대해서 $\nabla^2 = \dfrac{\partial^2}{\partial x^2} + \dfrac{\partial^2}{\partial y^2}$ 이고,

지하수 흐름은 Laplace 방정식을 만족시키므로

$\therefore \nabla^2 \cdot \vec{h} = \dfrac{\partial^2 h}{\partial x^2} + \dfrac{\partial^2 h}{\partial y^2} = 0$ 이다.

전공이론

속도포텐셜

속도 V의 x, y, z방향 성분을 u, v, w라 하면 위치 x, y, z 및 시간 t에 관계를 편미분식으로 나타낼 수 있는데, 함수를 ϕ라 하면 이를 속도포텐셜이라 한다(이 때의 흐름을 비회전류라 한다).

$$u = \frac{\partial\phi}{\partial x},\quad v = \frac{\partial\phi}{\partial y},\quad w = \frac{\partial\phi}{\partial z}$$

위 식을 정상류이고 비압축성인 경우에 Euler의 연속방정식에 대입하면

$$\nabla^2 \cdot \phi = \frac{\partial^2\phi}{\partial x^2} + \frac{\partial^2\phi}{\partial y^2} + \frac{\partial^2\phi}{\partial z^2} = 0 \text{ 이다.}$$

위 식을 Laplace의 방정식이라 한다.

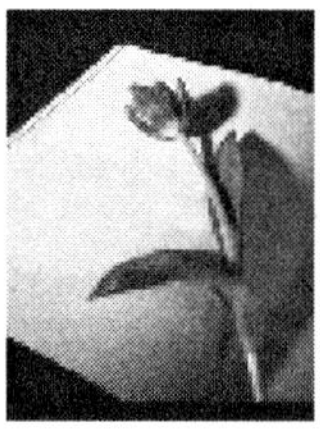

10 적분법

10.1 부정적분과 기본공식

함수 $f(x)$를 도함수로 하는 함수, 즉 $F'(x)=f(x)$인 함수 $F(x)$를 $f(x)$의 원시함수(primitive function) 또는 부정적분(indefinite integral)(적분이라고도 함)이라 한다. 함수 $f(x)$의 부정적분의 하나를 $F(x)$라 할 때, $f(x)$의 임의의 부정적분은 $F(x)+C$의 꼴로 나타내며, 이것을 기호로 표현하면 $\int f(x)dx=F(x)+C$ (C는 임의의 상수)로 나타낸다.

이 때, C를 적분상수(integral constant), $f(x)$를 피적분 함수(integrand), x를 적분변수(integral variable)라 하고 $f(x)$의 원시함수를 구하는 것을 $f(x)$를 적분한다(integrate)고 하고 그 계산법을 적분법(integration)이라 한다.

기호 $\int$은 Sum의 머리글자 S의 변형으로써 적분 또는 인티그랄(integral)이라 읽는다. 그리고 dx는 x에 관하여 적분한다는 뜻이다.

예제 다음에서 $f(x)$, $g(x)$를 구하여라.

(1) $\int f(x)dx=x^4+2x^2-3x+C$

(2) $\int (3-x)g(x)dx = \frac{1}{3}x^3 - 2x^2 + 3x + C$

풀이▶ (1) $f(x)$는 우변을 미분한 것이므로 $f(x)=4x^3+4x-3$

(2) $(3-x)g(x)$는 우변 $\frac{1}{3}x^3-2x^2+3x+C$를 미분한 것이므로

$(3-x)g(x) = x^2-4x+3 = (x-1)(x-3)$

$\therefore\ g(x) = 1-x$

위의 예제로부터 알 수 있듯이 적분법은 미분법의 역산이다. 따라서, $f(x)$의 원시함수의 도함수는 다시 $f(x)$가 된다.

부정적분

$$\int f(x)\,dx = F(x) + C$$

미분

예제 다음 등식을 만족시키는 상수 a, b, c의 값을 구하여라.

$$\int (6x^2+ax-3)\,dx = bx^3+2x^2-cx+2$$

풀이▶ $6x^2+ax-3 = (bx^3+2x^2-cx+2)' = 3bx^2+4x-c$

$\therefore\ 6=3b,\ a=4,\ -3=-c \quad \therefore\ a=4,\ b=2,\ c=3$

예제 다음 등식이 성립됨을 증명하여라.

(1) $\frac{d}{dx}\left(\int f(x)\,dx\right) = f(x)$ (2) $\int\left(\frac{d}{dx}f(x)\right)dx = f(x)+C$

증명

(1) $f(x)$의 부정적분의 하나를 $F(x)$라 하면

$\int f(x)\,dx = F(x)+C \qquad \therefore\ F'(x)=f(x)$

$\therefore\ \frac{d}{dx}\left(\int f(x)\,dx\right) = \frac{d}{dx}(F(x)+C) = F'(x) = f(x)$

$\therefore\ \frac{d}{dx}\left(\int f(x)\,dx\right) = f(x)$

(2) $\int\left(\frac{d}{dx}f(x)\right)dx=F(x)$라 하면 $\frac{d}{dx}F(x)=\frac{d}{dx}f(x)$

$\therefore \frac{d}{dx}F(x)-\frac{d}{dx}f(x)=0$ $\therefore \frac{d}{dx}(F(x)-f(x))=0$

$\therefore F(x)-f(x)=C$ $\therefore F(x)=f(x)+C$

$\therefore \int\left(\frac{d}{dx}f(x)\right)dx=f(x)+C$

전공이론

※ 하중-SFD-BMD 관계

임의의 하중을 받는 보에서 미소구간 dx(C점과 D점 사이)를 살펴보면 다음과 같다.
그림 (a)는 임의 하중에 대한 SFD(Shear Force Diagram, 전단력도)와 BMD(Bending Moment Diagram, 휨모멘트도)이고, 그림 (b)는 미소구간 dx의 FBD이다.

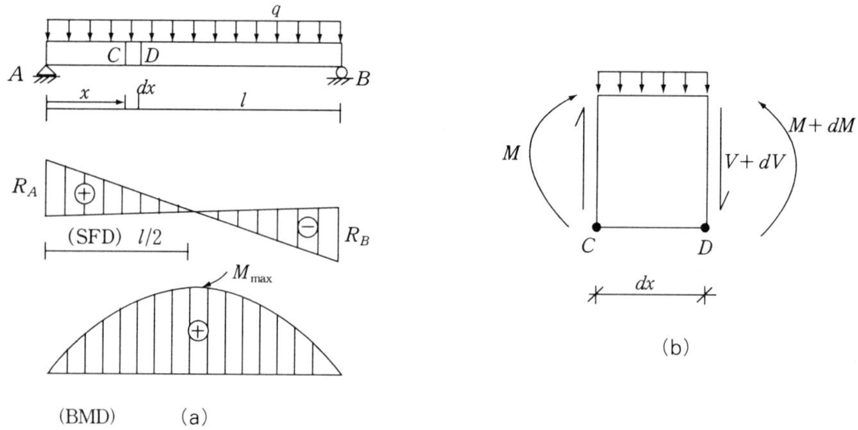

그림 1 하중, 전단력, 휨모멘트 관계

미소구간 dx에 힘과 모멘트의 평형조건을 적용하면 그림 1(b)에서

$$\Sigma F_y=0\ (\uparrow):\quad V-(V+dV)-q\cdot dx=0$$

$$\therefore \frac{dV}{dx}=-q \qquad ①$$

$$\Sigma M_D=0\ (\curvearrowright):\quad M+V\cdot dx-(M+dM)-q\cdot dx\cdot\frac{dx}{2}=0$$

2차 이상의 고차 미소항을 제거하여 정리하면

$$\therefore\ \frac{dM}{dx}=V \qquad ②$$

식 ②를 거리(길이) x에 대하여 양변을 미분하고 정리하면

$$\frac{dM^2}{dx^2}=\frac{dV}{dx}=-q \qquad ③$$

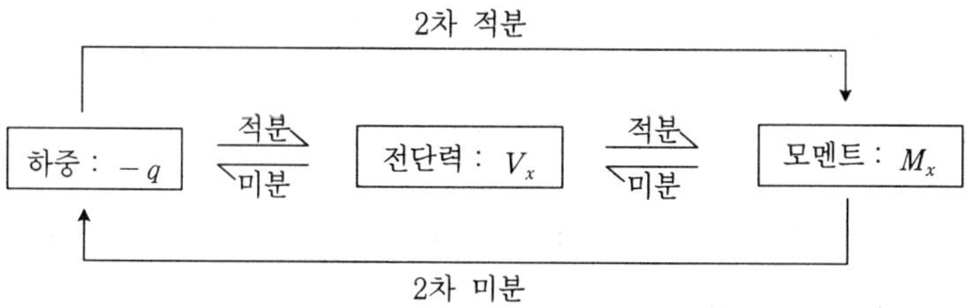

$$-\int_{x_1}^{x_2} q\,dx=V \qquad -\int_{x_1}^{x_2} V_x\,dx=M \qquad -\int_{x_1}^{x_2}\int_{x_1}^{x_2} q\,dxdx=M$$

$$\frac{dM}{dx}=V \qquad \frac{dV}{dx}=-q \qquad \frac{dM^2}{dx^2}=-q$$

단면력(전단력, 휨모멘트)의 특성(그림 2(b))

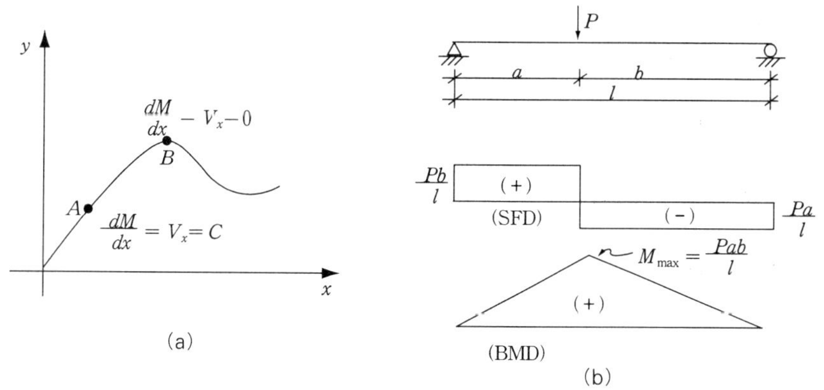

그림 2 전단력과 휨모멘트 관계

① $\frac{dV}{dx}=-q$: 전단력(V)의 기울기를 의미하며 $q=0$인 경우는 하중이 0인 경우이며 전단력은 일정하다. 그림 2(b)의 SFD에서 전단력은 일정한 값 $\frac{Pb}{l}$, $\frac{Pa}{l}$ 을 갖는다.

② $V_x = -\int_{x_1}^{x_2} q\,dx$: 어느 구간까지 재하된 하중의 크기나 면적의 절대값은 그 점의 전단력과 같다. 그림 2(b)

③ $M_x = \int_{x_1}^{x_2} V_x dx$: 어떤 구간의 SFD면적의 절대값의 합은 그 지점의 휨모멘트 값이다. 그림 2(b)에서 집중하중 P가 작용하는 휨모멘트는 SFD의 면적과 같다.

SFD에서 (+)부분의 면적 $= \left| \frac{Pb}{l} \times a \right| = \left| -\frac{Pa}{l} \times b \right|$ = (−)부분의 면적 $= M_{\max} = \frac{Pab}{l}$

④ $\int_{x_1}^{x_2} V_x dx.\ \int_0^l V dx = \int_0^l dM = (M)_{x=l} - (M)_{x=0} = 0$: 전단력의 대수의 합은 0이다. 즉, 전단력도 면적의 대수합은 0이다. 이것은 전단력도에서 (+) 부분과 (−) 부분의 면적이 같다는 의미이기도 하다.

⑤ $\frac{dM}{dx} = V$: 휨모멘트(M)의 기울기를 의미하며 휨모멘트의 기울기가 0인 경우 즉, 전단력이 0인 경우는 휨모멘트가 최대 혹은 최소가 된다. 그림 2(a)

적분법 공식

(i) $\int k\,dx = kx + C$ (k는 상수)

(ii) $\int x^n dx = \frac{1}{n+1} x^{n+1} + C$ (n : 실수, $n \neq -1$)

$n = -1$일 때는 $\int \frac{1}{x} dx = \ln|x| + C$

(iii) $\int kf(x)dx = k\int f(x)dx$ (k는 상수)

(iv) $\int \{f(x) \pm g(x)\}dx = \int f(x)dx \pm \int g(x)dx$ (복호동순)

증명

적분공식의 증명은 우변을 미분한 것이 좌변의 피적분 함수가 됨을 보이면 된다.

(i) $\frac{d}{dx}(kx + C) = k \qquad \therefore \int k\,dx = kx + C$

(ii) $\frac{d}{dx}\left(\frac{1}{n+1} x^{n+1} + C\right) = (n+1)\frac{1}{n+1} x^n = x^n$

$$\therefore \int x^n dx = \frac{1}{n+1}x^{n+1} + C \ (n \neq -1)$$

$n=-1$일 때는 $\frac{d}{dx}(\ln|x|+C)=\frac{1}{x}$

$$\therefore \int \frac{1}{x}dx = \ln|x| + C$$

(iii) $\frac{d}{dx}\left\{k\int f(x)dx\right\} = k\frac{d}{dx}\left\{\int f(x)dx\right\} = kf(x)$

$$\therefore \int kf(x)dx = k\int f(x)dx$$

(iv) $\frac{d}{dx}\int\{f(x)\pm g(x)\}dx = \frac{d}{dx}\left\{\int f(x)dx\right\} \pm \frac{d}{dx}\left\{\int g(x)dx\right\} = f(x) \pm g(x)$

$$\int\{f(x)\pm g(x)\}dx = \int f(x)dx \pm \int g(x)dx$$

예제 다음 함수를 적분하여라.

(1) $\int(-2)dx$　　　(2) $\int(x^2-6x+5)dx$

(3) $\int 3x\sqrt[3]{x}dx$　　　(4) $\int \frac{1-x}{\sqrt{x}}dx$

풀이▶ (1) $\int(-2)dx = -2x+C$

(2) $\int(x^2-6x+5)dx = \int x^2dx - \int 6xdx + \int 5dx = \frac{1}{3}x^3 - 3x^2 + 5x + C$

(3) $\int 3x\sqrt[3]{x}dx = \int 3x^{\frac{4}{3}}dx = 3\times\frac{1}{\frac{4}{3}+1}x^{\frac{4}{3}+1} + C = \frac{9}{7}x^2\sqrt[3]{x} + C$

(4) $\int \frac{1-x}{\sqrt{x}}dx = \int\left(\frac{1}{\sqrt{x}} - \sqrt{x}\right)dx = \int x^{-\frac{1}{2}}dx - \int x^{\frac{1}{2}}dx = 2x^{\frac{1}{2}} - \frac{2}{3}x^{\frac{3}{2}} + C$

$= 2\sqrt{x} - \frac{2}{3}x\sqrt{x} + C$

전공문제

처짐각, 처짐, 전단력 및 휨모멘트에 대한 관계식 중 잘못된 곳은?

㉮ $\theta = -\int \frac{M}{EI}dx$　　　㉯ $y = -\int\int \frac{S}{EI}dx \cdot dx$

㉰ $S = -\int w\,dx$　　　㉱ $M = -\int\int w\,dx \cdot dx$

해설

처짐 $y=\int\int\frac{M}{EI}dx\cdot dx$

전공문제

평면상 x, y방향의 속도성분이 각각 $u=-ky$, $v=kx$ 인 흐름에서 유선의 형태는?

㉮ 쌍곡선 ㉯ 원 ㉰ 타원 ㉱ 포물선

해설

2차원 흐름의 유선의 방정식 $\frac{dx}{u}=\frac{dy}{v}$ 에서 $u=-ky$, $v=kx$ 를 대입하면

$\frac{dx}{-ky}=\frac{dy}{kx}$ 에서 $x\,dx+y\,dy=0$ 이다.

적분하면 $\frac{1}{2}x^2+\frac{1}{2}y^2=C \rightarrow x^2+y^2=C$(원) 이므로

∴ 유선은 원의 형태이다.

10.2 초월함수의 적분법

초월함수의 적분법공식

(1) $\int a^x dx=\frac{a^x}{\ln a}+C$ $(a>0,\ a\neq1)$

(2) $\int e^x dx=e^x+C$

(3) $\int \sin x dx=-\cos x+C$

(4) $\int \cos x dx=\sin x+C$

(5) $\int \sec^2 x dx=\tan x+C$

(6) $\int \operatorname{cosec}^2 x dx=-\cot x+C$

(7) $\int \sec x\tan x dx=\sec x+C$

(8) $\int \operatorname{cosec} x\cot x dx=-\operatorname{cosec} x+C$

(9) $\int \tan x dx=\ln|\sec x|+C=-\ln|\cos x|+C$

(10) $\int \cot x dx = \ln|\sin x| + C = -\ln|\operatorname{cosec} x| + C$

(11) $\int \sec x dx = -\ln|\sec x - \tan x| + C$

(12) $\int \operatorname{cosec} x dx = \ln|\operatorname{cosec} x - \cot x| + C$

위의 공식 중 삼각함수의 적분공식인 (3)~(8)은 삼각함수 단원에서 공부했던 다음 그림을 참고로 하여 기억해 두면 쉽게 암기할 수 있다.

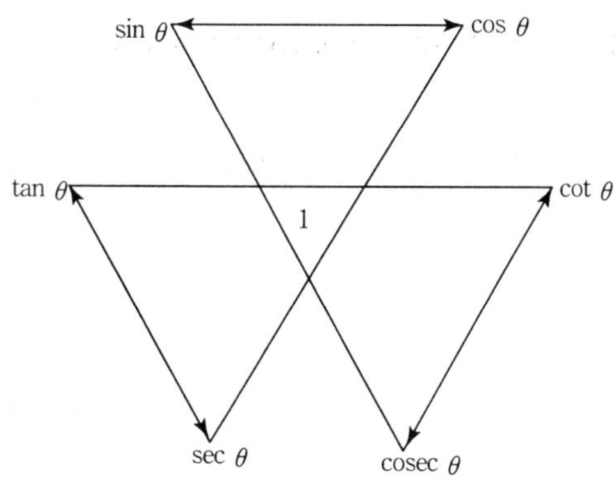

예제 다음 부정적분을 구하여라

(1) $\int (3e^x - 4x + 2)dx$

(2) $\int e^{x+1}dx$

(3) $\int 10^{x+2}dx$

(4) $\int (2e^x - 3^x)dx$

(5) $\int (\sin x + 2\cos x)dx$

(6) $\int \tan^2 x dx$

(7) $\int \cot^2 x dx$

(8) $\int \frac{1}{1-\sin^2 x} dx$

풀이▶

(1) $\int (3e^x - 4x + 2)dx = 3e^x - 2x^2 + 2x + C$

(2) $\int e^{x+1}dx = e\int e^x dx = e \cdot e^x + C = e^{x+1} + C$

(3) $\int 10^{x+2}dx = 10^2 \int 10^x dx = 10^2 \cdot \frac{10^x}{\ln 10} + C = \frac{10^{x+2}}{\ln 10} + C$

(4) $\int (2e^x - 3^x)dx = 2e^x - \frac{3^x}{\ln 3} + C$

(5) $\int(\sin x+2\cos x)dx=-\cos x+2\sin x+C$

(6) $\int \tan^2 x dx=\int(\sec^2 x-1)dx=\tan x-x+C$

(7) $\int \cot^2 x dx=\int(\mathrm{cosec}^2 x-1)dx=-\cot x-x+C$

(8) $\int \frac{1}{1-\sin^2 x}dx=\int \frac{1}{\cos^2 x}dx=\int \sec^2 x dx=\tan x+C$

10.3 치환적분법(Integration by substitution)

치환적분은 변수가 계산상 복잡하거나 곱의 형태로 되어 있을 때 그 함수를 임의의 다른 변수로 치환하여 계산하는 적분법이다.

치환적분법 공식 I

$\int f(x)dx$ 에서 $x=g(t)$ 로 치환하면 $\int f(x)dx=\int f\{g(t)\}g'(t)dt$

증명

$\int f(x)dx=F(x)$, 즉 $\frac{d}{dx}F(x)=f(x)$라 하자.

$x=g(t)$로 치환하여 $F(x)$를 t의 함수 $F\{g(t)\}$로 생각하면

$$\frac{d}{dx}F(x)=\frac{d}{dx}F(x)\cdot\frac{dx}{dt}=f(x)\cdot\frac{dx}{dt}=f\{g(t)\}\cdot\frac{d}{dx}g(t)=f\{g(t)\}g'(t)$$

$$\therefore\ F(x)=\int f(x)dx=\int f\{g(t)\}g'(t)dt$$

치환적분법 공식 II

(1) $\int f(x)dx=F(x)+C$ 이면

$\int f(ax+b)\,dx=\frac{1}{a}F(ax+b)+C$ (단, a, b는 상수, $a\neq 0$)

(2) $n\neq -1$이면 $\int\{f(x)\}^n f'(x)\,dx=\frac{1}{n+1}\{f(x)\}^{n+1}+C$

$n=-1$이면 $\int\frac{f'(x)}{f(x)}dx=\ln|f(x)|+C$

증명

(1) $ax+b=t$ 라 하면 $adx=dt$

$$\therefore \int f(ax+b)dx=\int f(t)\cdot\frac{1}{a}dt=\frac{1}{a}\int f(t)dt=\frac{1}{a}F(t)+C=\frac{1}{a}f(ax+b)+C$$

(2) $n\neq-1$일 때

$f(x)=t$라 하면, $f'(x)dx=dt$

$$\int\{f(x)\}^n f'(x)dx - \int t^n dt=\frac{1}{n+1}t^{n+1}+C=\frac{1}{n+1}\{f(x)\}^{n+1}+C$$

$n=-1$일 때

$$\int\frac{f'(x)}{f(x)}dx=\int\frac{1}{t}dt=\ln|t|+C=\ln|f(x)|+C$$

예제 다음 부정적분을 구하여라.

(1) $\int(2x+5)^{10}dx$　　(2) $\int e^{2x+1}dt$

(3) $\int(x^2+2x+2)^5(x+1)dx$　　(4) $\int\frac{1+\cos x}{x+\sin x}dx$

풀이▶ (1) $2x+5=t$로 치환하면 $2dx=dt$　　$\therefore\ dx=\frac{1}{2}dt$

$$\therefore \int t^{10}\frac{1}{2}dt=\frac{1}{2}\times\frac{1}{11}\cdot t^{11}+C=\frac{1}{22}(2x+5)^{11}+C$$

(2) $2x+1=t$로 치환하면 $2dx=dt$　　$\therefore\ dx=\frac{1}{2}dt$

$$\therefore \int e^t\frac{1}{2}dt=\frac{1}{2}\int e^t dt=\frac{1}{2}e^t+C=\frac{1}{2}e^{2x+1}+C$$

(3) $x^2+2x+2=t$로 치환하면 $(2x+2)dx=dt$　　$\therefore\ (x+1)dx=\frac{1}{2}dt$

$$\therefore \int t^5\cdot\frac{1}{2}dt=\frac{1}{2}\times\frac{1}{6}\cdot t^6+C=\frac{1}{12}(x^2+2x+2)^6+C$$

(4) $x+\sin x=t$로 치환하면 $(1+\cos x)dx=dt$

$$\therefore \int\frac{1}{t}dt=\ln|t|+C=\ln|x+\sin x|+C$$

10.4 부분적분법(Integration by parts)

부분적분법 공식

$$\int f'(x)g(x)dx = f(x)g(x) - \int f(x)g'(x)dx$$

특히, $f(x) = x$ 즉, $f'(x) = 1$이면

$$\int g(x)\,dx = xg(x) - \int xg'(x)dx$$

증명

$\{f(x)g(x)\}' f'(x)g(x) + f(x)g'(x)$ 이므로

$$f(x)g(x) = \int f'(x)g(x)dx + \int f(x)g'(x)dx$$

$$\therefore \int f'(x)g(x)dx = f(x)g(x) - \int f(x)g'(x)dx$$

특히, $f(x) = x$ 이면, $f'(x) = 1$이므로 $\int g(x)dx = xg(x) - \int xg'(x)dx$

간단한 부정적분의 부분적분법

다음 식과 같이 정함수×지수함수, 정함수×삼각함수의 형태일 때 부분적분을 간단히 적분하는 방법이 있다.

적분 적분 적분

$$\int f' \cdot g\,dx = g \cdot f - g' \cdot F + g'' \cdot \square - g''' \cdot \diamond + \cdots\cdots$$ (부호는 교대로 한다.)

미분 미분 미분

적분 적분

$$\int e^{ax}\cos bx\,dx = \frac{a^2}{a^2+b^2}\,(\triangle \cdot \square - \vee \cdot \diamond)$$ (지수함수와 삼각함수의 곱의 형태일 때)

그대로 미분

예제 다음 부정적분을 구하여라.

(1) $\int xe^x dx$ (2) $\int xe^{3x} dx$

(3) $\int x\sin x dx$ (4) $\int x\cos x dx$

(5) $\int x^2 e^x dx$ (6) $\int x^2 \sin x dx$

(7) $\int x^2 \cos x dx$ (8) $\int \ln x dx$

풀이▶ (1) (i) $f'(x) = e^x$, $g(x) = x$ 라 하면 $f(x) = e^x$, $g'(x) = 1$이므로

$$\int xe^x dx = e^x x - \int e^x 1 dx = xe^x - e^x + C$$

(ii) 다음과 같이 간단한 부분적분법을 활용하는 것이 더욱 간편하다.

$$\int xe^x dx = xe^x - 1 \cdot e^x + C = (x-1)e^x + C$$

(2) (i) $f'(x) = e^{3x}$, $g(x) = x$라 하면 $f(x) = \frac{1}{3}e^{3x}$, $g'(x) = 1$이므로

$$\int xe^{3x} dx = \frac{1}{3}e^{3x}x - \int \frac{1}{3}e^{3x}1 dx = \frac{1}{3}xe^{3x} - \frac{1}{9}e^{3x} + C$$

(ii) $\int xe^{3x} dx = x\frac{1}{3}e^{3x} - 1 \cdot \frac{1}{9}e^{3x} + C = \frac{1}{3}xe^{3x} - \frac{1}{9}e^{3x} + C$

(3) (i) $f'(x) = \sin x$, $g(x) = x$라 하면 $f(x) = -\cos x$, $g'(x) = 1$이므로

$$\int x\sin x dx = (-\cos x)x - \int (-\cos x) \cdot 1 dx$$

$$= -x\cos x + \int \cos x dx = -x\cos x + \sin x + C$$

(ii) $\int x\sin x dx = x(-\cos x) - 1(-\sin x) + C = -x\cos x + \sin x + C$

(4) (i) $f'(x) = \cos x$, $g(x) = x$라 하면 $f(x) = \sin x$, $g'(x) = 1$이므로

$$\int x\cos x dx = (\sin x)x - \int \sin x \cdot 1 dx$$

$$= x\sin x - \int \sin x dx = x\sin x + \cos x + C$$

(ii) $\int x\cos x dx = x(\sin x) - 1(-\cos x) + C = x\sin x + \cos x + C$

(5) (i) $f'(x) = e^x$, $g(x) = x^2$ 라 하면 $f(x) = e^x$, $g'(x) = 2x$ 이므로

$$\int x^2 e^x dx = x^2 \cdot e^x - \int 2x \cdot e^x dx = x^2 e^x + 2\int x e^x dx$$

$$= x^2 e^x - 2\left(x \cdot e^x - \int 1 \cdot e^x dx\right) = x^2 e^x - 2xe^x + 2e^x + C$$

(ii) $\int x^2 e^x dx = x^2 e^x - 2xe^x + 2e^x + C = (x^2 - 2x + 2)e^x + C$

(6) (i) $f'(x) = \sin x$, $g(x) = x^2$라 하면 $f(x) = -\cos x$, $g'(x) = 2x$ 이므로

$$\int x^2 \sin x dx = x^2 \cdot (-\cos x) - \int 2x \cdot (-\cos x) dx$$

$$= -x^2 \cos x + 2\int x\cos x dx = -x^2 \cos x + 2\left(x\sin x - \int 1 \cdot \sin x dx\right)$$

$$= -x^2 \cos x + 2x\sin x + 2\cos x + C$$

(ii) $\int x^2 \sin x dx = x^2(-\cos x) - 2x(-\sin x) + 2\cos x + C$

$$= -x^2 \cos x + 2x\sin x + 2\cos x + C$$

(7) (i) $f'(x) = \cos x$, $g(x) = x^2$라 하면 $f(x) = \sin x$, $g'(x) = 2x$ 이므로

$$\int x^2 \cos x dx = x^2 \cdot \sin x - \int 2x \cdot \sin x dx = x^2 \sin x + 2\int x\sin x dx$$

$$= x^2 \sin x - 2\left(x \cdot (-\cos x) - \int 1 \cdot \cos x dx\right) = x^2 \sin x + 2x\cos x + 2\sin x + C$$

(ii) $\int x^2 \cos x dx = x^2(\sin x) - 2x(-\cos x) + 2(-\sin x) + C$

$$= x^2 \sin x + 2x\cos x + 2\sin x + C$$

(8) $f'(x) = 1$, $g(x) = \ln x$ 라 하면, $f(x) = x$, $g'(x) = \dfrac{1}{x}$ 이므로

$$\int \ln x dx = x\ln x - \int x\frac{1}{x} dx = x\ln x - x + C$$

예제 다음 부정적분을 구하여라.

$$I = \int e^{ax} \cos bx dx$$

풀이▶ (i) $I = \int e^{ax} \cos bx dx$ 라 하고

$$I = \int e^{ax} \cos bx dx = \frac{1}{a} e^{ax} \cos bx + \frac{b}{a} \int e^{ax} \sin bx dx$$

$$= \frac{1}{e^{ax}} \cos bx + \frac{b}{a} \left\{ \frac{1}{a} e^{ax} \sin bx - \frac{b}{a} \int e^{ax} \cos bx dx \right\}$$

$$= \frac{1}{a} e^{ax} \cos bx + \frac{b}{a^2} e^{ax} \sin bx - \frac{b^2}{a^2} I$$

$$\therefore I = \frac{e^{ax}}{a^2 + b^2} (a \cos bx + b \sin bx) + C$$

(ii) 간단한 부분적분법을 활용한 경우이다.

$$\int e^{ax} \cos bx = \frac{a^2}{a^2 + b^2} \left(\cos bx \cdot \frac{1}{a} e^{ax} - (-b \sin bx) \cdot \frac{1}{a^2} e^{ax} \right) + C$$

$$= \frac{e^{ax}}{a^2 + b^2} (a \cos bx + b \sin bx) + C$$

예제 (1) $\int e^x \cos x dx$ (2) $\int e^x \sin x dx$

풀이▶ 지수함수와 삼각함수의 곱의 형태는 부분적분법에 의한 풀이가 복잡하므로 간단한 적분법을 활용하면

(1) $\int e^x \cos dx = \frac{1}{1+1} (e^x \cos x - (-\sin x) e^x) + C = \frac{1}{2} e^x (\cos x + \sin x) + C$

(2) $\int e^x \sin dx = \frac{1}{1+1} (e^x \sin x - e^x \cos x) + C = \frac{1}{2} e^x (\sin x - \cos x) + C$

10.5 유리함수의 적분법
(Integration of rational function and irrational function)

유리함수 $\frac{f(x)}{g(x)}$ 에서 $f(x)$의 차수가 $g(x)$의 차수보다 낮지 않을 경우 $f(x)$를 $g(x)$로 나누어서 그 몫을 $Q(x)$, 나머지를 $R(x)$라 할 때 $\frac{f(x)}{g(x)} = Q(x) + \frac{R(x)}{g(x)}$ 가 되므로 $Q(x)$는 x의 정식이 되어 쉽게 적분되고, $R(x)$는 $g(x)$보다 낮은 차수의 정식이 된다. 이 때 $\frac{R(x)}{g(x)}$는 부분분수(partial fraction)로 분해하여 분모가 일차식 또는 이차식의 누승으로 되도록 한 후 적분하면 된다.

예제 다음 부정적분을 구하여라.

(1) $\int \frac{x^2+1}{x-1}\,dx$ (2) $\int \frac{x^2+x+2}{x^2-1}\,dx$

(3) $\int \frac{x+1}{(x-1)(x-2)}\,dx$ (4) $\int \frac{1}{x(x^2+1)}\,dx$

풀이▶ (1) $\frac{x^2+1}{x-1} = x+1+\frac{2}{x-1}$ 이므로

$$\therefore \int \frac{x^2+1}{x-1}\,dx = \int\left(x+1+\frac{2}{x-1}\right)dx = \frac{1}{2}x^2+x+2\ln|x-1|+C$$

(2) $\frac{x^2+x+2}{x^2-1} = 1+\frac{x+3}{x^2-1} = 1+\frac{2}{x-1}-\frac{1}{x+1}$ 이므로

$$\therefore \int \frac{x^2+x+2}{x^2-1}\,dx = \int(1+\frac{2}{x-1}-\frac{1}{x+1})dx$$

$$= x+2\ln|x-1|-\ln|x+1|+C$$

$$= x+\ln\frac{(x-1)^2}{|x+1|}+C$$

(3) $\frac{x+1}{(x-1)(x-2)}$ 을 부분분수로 분해하면

$\frac{x+1}{(x-1)(x-2)} = \frac{A}{x-1}+\frac{B}{x-2}$ 를 만족하는 A와 B의 값을 먼저 구한다.

오른쪽 항을 통분하면 A=−2, B=3 이다.

$$\therefore \int \frac{x+1}{(x-1)(x-2)}\,dx = \int\left(\frac{-2}{x-1}+\frac{3}{x-2}\right)dx$$

$$= -2\ln|x-1|+3\ln|x-2|+C$$

(4) $\frac{1}{x(x^2+1)} = \frac{A}{x}+\frac{Bx+C}{(x^2+1)}$ 을 만족시키는 A, B, C의 값을 먼저 구하면

A=1, B=−1, C=0 이다.

$$\therefore \int \frac{1}{x(x^2+1)}\,dx = \int \frac{1}{x}\,dx - \int \frac{x}{x^2+1}\,dx = \ln|x| - \frac{1}{2}\ln(x^2+1)+C$$

10.6 정적분의 정의와 성질

폐구간 $[a,\ b]$에서 함수 $y=f(x)$가 연속일 때 그 구간을 n등분하여 각 분점의 x좌표를 각각 $x_0,\ x_1,\ x_2,\ x_3,\ \cdots x_n$이라 하고 $\dfrac{b-a}{n}=\Delta x$라 할 때 $\lim\limits_{n\to\infty}\sum\limits_{k=1}^{n}f(x_k)\Delta x$의 값을 a에서 b까지의 함수 $f(x)$의 정적분(definite integral) 또는 Riemann 적분이라 하고 이를 $\int_a^b f(x)\,dx$로 나타낸다. $f(x)$의 부정적분의 하나를 $F(x)$라 하면 정적분 $\int_a^b f(x)\,dx=[F(x)]_a^b=F(b)-F(a)$ 이다. 따라서 적분구간이 상수의 범위일 때는 정적분의 값은 상수이며 또한 적분구간이 같으면 적분변수는 달라도 정적분의 값은 같다. 여기서, 함수 $f(x)$를 피적분 함수, a와 b를 적분한계(integral limits), a를 아래 끝(lower limit), b를 위 끝(upper limit)이라 하고 정적분의 값을 구하는 것을 $f(x)$를 a에서 b까지 **적분한다**고 말한다.

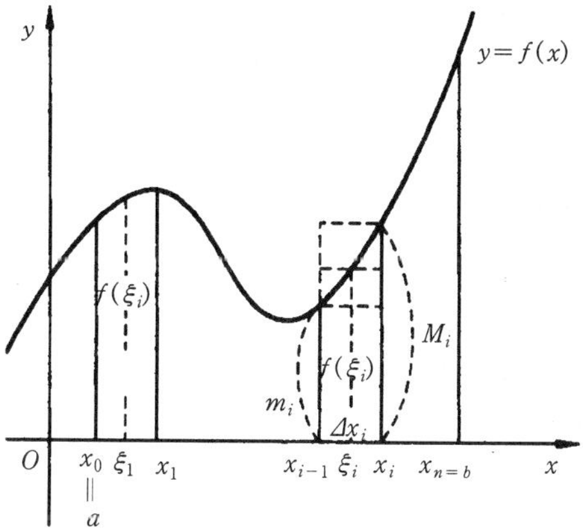

1. 연속함수 $f(x)$가 $[a,\ b]$의 모든 점에서 $f(x)\geq 0$ 이면 $\int_a^b f(x)\,dx$는 곡선 $y=f(x)$, x축, $x=a$ 및 $x=b$로 둘러싸인 도형의 면적을 나타낸다.
2. $f(x)$가 $[a,\ b]$에서 적분가능일 때, $[a,\ b]$를 소구간 $[x_{i-1},\ x_i]$로 분할하는 방법과 $x_{i-1}\leq\xi_i\leq x_i$ 인 ξ_i를 잡는 방법에 관계없이 정적분의 값이 정해지므로, 실제로 정적분의 값을 계산하는데는 편리하게 $[a,\ b]$를 n등분하여 $\Delta x=\dfrac{b-a}{n}$, $\xi_k=x_k=a+k\Delta x$ 라고 두면

$$\int_a^b f(x)\,dx = \lim_{n\to\infty}\sum_{k=1}^{n} f(a+k\Delta x)\Delta x$$ 또는 $\xi_k = x_k - 1$로 잡으면

$$\int_a^b f(x)\,dx = \lim_{n\to\infty}\sum_{k=0}^{n-1} f(a+k\Delta x)\Delta x$$ 이다.

예제 다음 식을 정적분으로 표시하여라.

$$\lim_{n\to\infty}\frac{1}{n}\left(1+\sqrt{1+\frac{1}{n}}+\sqrt{1+\frac{2}{n}}\cdots\cdots\sqrt{1+\frac{n-1}{n}}\right)$$

풀이▶ $\frac{1}{n}\left(1+\sqrt{1+\frac{1}{n}}+\sqrt{1+\frac{2}{n}}\cdots\cdots\sqrt{1+\frac{n-1}{n}}\right)=\sum_{k=0}^{n-1}\sqrt{1+\frac{k}{n}}\cdot\frac{1}{n}$ 이므로

$a=0$, $b=1$, $\Delta x=\frac{b-a}{n}=\frac{1}{n}$로 잡으면 $a+k\Delta x=\frac{k}{n}\leftrightarrow x$

$$\therefore \lim_{n\to\infty}\sum_{k=0}^{n-1}\sqrt{1+\frac{k}{n}}\cdot\frac{1}{n}=\lim_{n\to\infty}\sum_{k=0}^{n-1}\sqrt{1+k\Delta x}\,\Delta x=\int_0^1\sqrt{1+x}\,dx$$

전공이론

※ 단면 1차 모멘트

－단면 경계의 구분이 가능한 단면

$$G_x=\int \bar{y}\,dA=\Sigma A_i y_i=A\cdot y_c$$
$$G_y=\int \bar{x}\,dA=\Sigma A_i x_i=A\cdot x_c$$

－단면 경계의 구분이 불가능한 단면

$$G_x=\int \bar{y}\,dA\neq\Sigma A_i y_i=A\cdot y_c$$
$$G_y=\int \bar{x}\,dA\neq\Sigma A_i x_i=A\cdot x_c$$

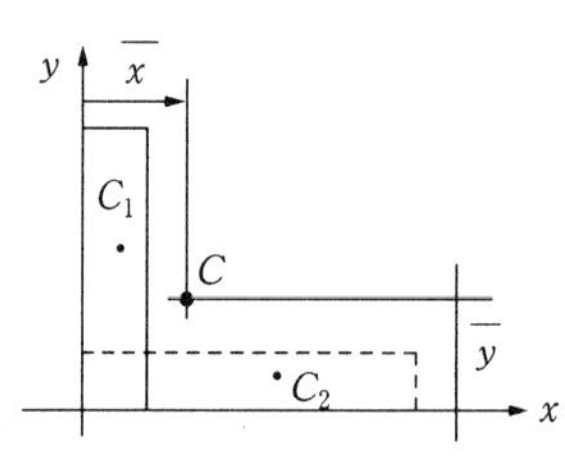

단면경계의 구분이 불가능한 단면

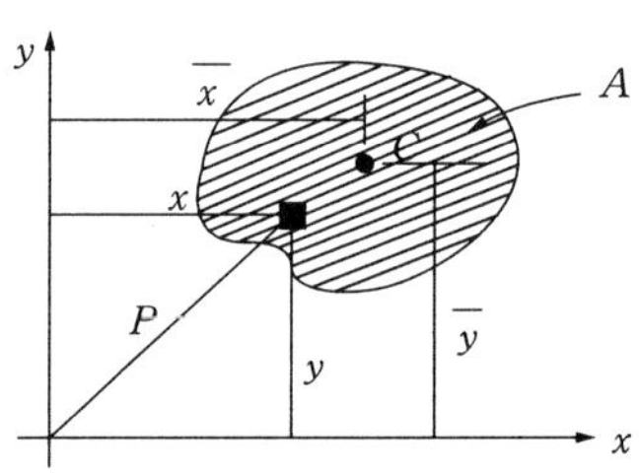

단면경계의 구분이 가능한 단면

전공이론

※ 단면 2차 모멘트=면적의 관성모멘트

정의 : $I_x = \int y^2 dA,\quad I_y = \int x^2 dA$

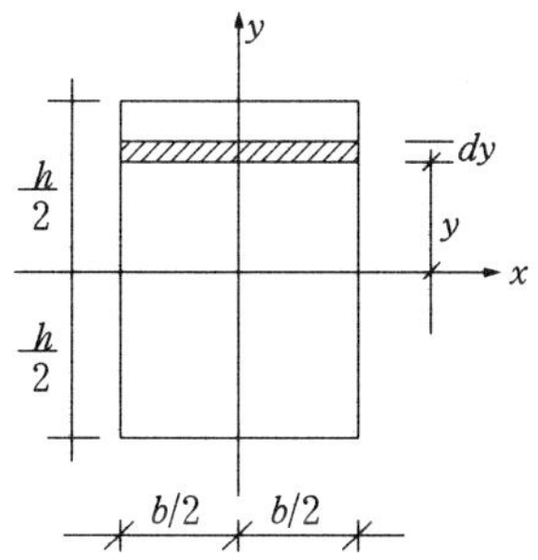

직사각형 단면의 I_x, I_y

$$I_x = \int_{-\frac{h}{2}}^{\frac{h}{2}} y^2 b \cdot dy = 2b \int_0^{\frac{h}{2}} y^2 dy$$

$$= \frac{2b}{3}\left[y^3\right]_0^{\frac{h}{2}} = \frac{2b}{3}\frac{h^3}{8}$$

$$\therefore I_x = \frac{bh^3}{12}$$

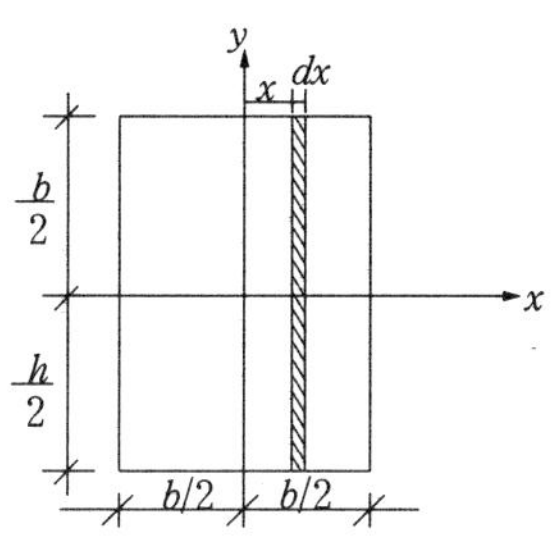

$$I_y = \int_{-\frac{b}{2}}^{\frac{b}{2}} x^2 = 2h \int_0^{-\frac{b}{2}} x^2 dx$$

$$= \frac{2b}{3}\left[x^3\right]_0^{\frac{b}{2}} = \frac{hb^3}{12}$$

$$\therefore I_y = \frac{bh^3}{12}$$

전공문제

다음 단면에 대해 단면 1차모멘트, 단면 2차모멘트를 구하시오.

$$y = f(x) = h\left(1 - \frac{x^2}{b^2}\right)$$

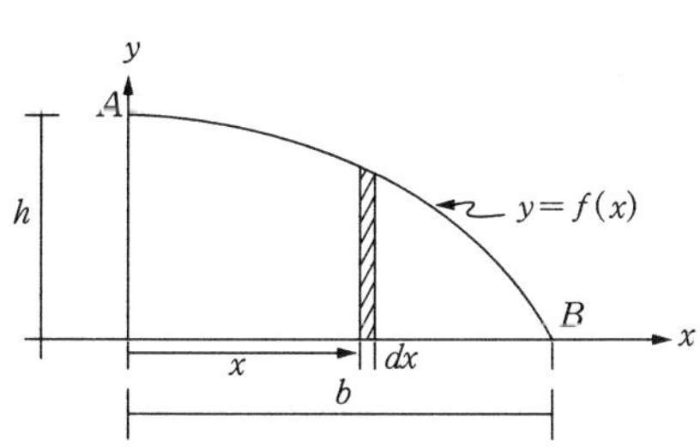

해설

$$dA = y \cdot dx = h\left(1 - \frac{x^2}{b^2}\right)dx$$

$$A = \int dA = \int_0^b h\left(1 - \frac{x^2}{b^2}\right)dx = h\left[x - \frac{x^3}{3b^2}\right]_0^b = h\left(b - \frac{b}{3}\right) = \frac{2bh}{2}$$

$$Q_x = \int \bar{y}\,dA = \int \frac{y}{2}\,dA = \int_0^b \frac{h^2}{2}\left(1 - \frac{x^2}{b^2}\right)^2 dx$$

$$= \frac{h^2}{2}\int_0^b\left(1 - \frac{2x^2}{b^2} + \frac{x^4}{b^4}\right)dx = \frac{4bh^2}{15}$$

$$Q_y = \int \bar{x}\,dA = \int_0^b hx\left(1 - \frac{x^2}{b^2}\right)dx = h\int_0^b\left(x - \frac{x^3}{b^2}\right)dx = \frac{b^2h}{4}$$

$$I_y = \int x^2 dA = \int_0^b x^2 h\left(1 - \frac{x^2}{b^2}\right)dx = h\int_0^b\left(x^2 - \frac{x^4}{b^2}\right)dx$$

$$= h\left[\frac{x^3}{3} - \frac{x^5}{5b^2}\right]_0^b = \frac{2hb^3}{15}$$

$$I_x = \int_0^b \frac{y^3}{3}\,dx = \int_0^b \frac{h^3}{3}\left(1 - \frac{x^2}{b^2}\right)^3 dx$$

$$= \frac{h^3}{3}\int_0^b\left(1 - 3\frac{x^2}{b^2} + 3\left(\frac{x^4}{b^4}\right) - \frac{x^2}{b^2}\right)dx$$

$$= \frac{h^3}{3}\left[x - \frac{x^3}{b^2} + \frac{3x^5}{5b^4} - \frac{x^3}{3b^2}\right]_0^b = \frac{16bh^3}{105}$$

10.7 정적분과 부정적분 사이의 관계

정적분의 기본정리

함수 $y = f(x)$가 폐구간 [a, b]에서 연속일 때, $f(x)$의 원시함수의 하나를 $F(x)$라 하면,

$$\int_a^b f(x)\,dx = F(b) - F(a) = [F(x)]_a^b$$

증명

$\int_a^x f(t)dt$는 $f(x)$의 원시함수의 하나이므로 하나의 상수 C가 존재하여 $\int_a^x f(t)dt$

$= F(x)+C$, 여기서, $x=a$ 라 하면 $\int_a^a f(t)dt=0$ 이므로 $C=-F(a)$

$\therefore \int_a^x f(t)dt = F(x)-F(a)$

또, $x=b$ 라 하면 $\int_a^b f(t)dt = f(b)-f(a)$, 즉, $\int_a^b f(x)\,dx = F(b)-F(a)$

여기서, $F(x)$를 하나의 함수라 할 때 $F(b)-F(a)$를 $[F(x)]_a^b$로 나타내어 쓰기로 한다.

부정적분은 원시함수를 구하는 것이고, 정적분은 주어진 함수에 대해서 수열의 합의 극한치를 구하여 특정값을 얻는 것이다.

예제 다음 정적분의 값을 구하여라.

(1) $\int_0^2 4x^3\,dx$　　(2) $\int_0^2 \sqrt{x}\,dx$　　(3) $\int_0^\pi \cos x\,dx$

(4) $\int_1^4 \left(\sqrt{x}-\frac{2}{x}\right)dx$　　(5) $\int_0^1 \frac{x^3}{x+1}\,dx - \int_0^1 \frac{1}{t+1}\,dt$　　(6) $\int_1^2 \frac{1}{x}\,dx$

(7) $\int_0^{\frac{\pi}{2}} \sin 2x dx$　　(8) $\int_0^2 e^{-x}dx$

풀이▶ (1) $\int_0^2 4x^3dx=[x^4]_0^2=2^4-0^4=16$

(2) $\int_0^1 \sqrt{x}dx=\int_0^1 x^{\frac{1}{2}}dx=\left[\frac{2}{3}x^{\frac{3}{2}}\right]_0^1=\frac{2}{3}$

(3) $\int_0^\pi \cos dx=[\sin x]_0^\pi=\sin\pi-\sin 0=0$

(4) $\int_1^4 \left(\sqrt{x}-\frac{2}{x}\right)dx=\left[\frac{2}{3}x\sqrt{x}-2\ln|x|\right]_1^4=\left(\frac{2}{3}\cdot 8-2\ln 4\right)-\frac{2}{3}-2\ln 1$

$=\frac{14}{3}-2\ln 4$

(5) 준식 $=\int_0^1 \frac{x^3}{x+1}dx+\int_0^1 \frac{1}{x+1}dx=\int_0^1 \frac{x^3+1}{x+1}dx$

$=\int_0^1 (x^2-x+1)dx=\left[\frac{1}{3}x^3-\frac{1}{2}x^2+x\right]_0^1=\frac{4}{3}-\frac{1}{2}=\frac{5}{6}$

(6) $\int_1^2 \frac{1}{x}dx = [\ln|x|]_1^2 = \ln 2 - \ln 1 = \ln 2$

(7) $\int_0^{\frac{\pi}{2}} \sin 2x dx = \left[-\frac{1}{2}\cos 2x\right]_0^{\frac{\pi}{2}} = \left(-\frac{1}{2}\cos\pi\right) - \left(-\frac{1}{2}\cos 0\right) = \frac{1}{2} + \frac{1}{2} = 1$

(8) $\int_0^2 e^{-x}dx = [-e^{-x}]_0^2 = -e^{-2} - (-e^0) = 1 - e^{-2} = 1 - \frac{1}{e^2}$

정적분의 성질

(i) $\int_a^b kf(x)dx = k\int_b^a f(x)dx$ (k는 상수)

(ii) $\int_a^b f(x)dx = -\int_b^a f(x)dx$

(iii) $\int_a^a f(x)dx = 0$

(iv) $\int_a^b \{f(x) \pm g(x)\}dx = \int_a^b f(x)dx \pm \int_a^b g(x)dx$ (복호동순)

(v) $\int_a^b f(x)dx = \int_a^c f(x)dx + \int_c^b f(x)dx$

(vi) $[a,\ b]$에서 $f(x) \geq g(x)$이면, $\int_a^b f(x)dx \geq \int_a^b g(x)dx$

① $\int_a^b f(x)dx = \int_a^b f(t)dt = \int_a^b f(y)dy$

② $\frac{d}{dx}\int_a^x f(t)dt = f(x)$

③ $\frac{d}{dx}\int_x^{x+a} f(t)dt = f(x+a) - f(x)$

④ $\int_{-a}^a f(x)dx = 0$ (단, $f(x)$는 기함수일 때)

⑤ $\int_{-a}^a f(x)dx = 2\int_0^a f(x)dx$ (단, $f(x)$는 우함수일 때)

특히, $[a,\ b]$에서 $f(x) \geq 0$이면, $\int_a^b f(x)dx \geq 0$

(vii) $f(x)$가 $[a,\ b]$에서 적분가능하면, $|f(x)|$도 적분가능하고

$$\left|\int_a^b f(x)dx\right| \leq \int_a^b |f(x)|dx$$

정적분 값은 정의에 의하면, 피적분 함수의 모양과 아래끝 및 위끝에 따라서 정해지므로 적분변수는 x이거나, t이거나, u이거나 상관이 없다. 즉, $\int_a^b |f(x)|dx = \int_a^b |f(t)|dt = \int_a^b |f(u)|du$ 이다.

예제 다음 정적분을 계산하여라.

(1) $\int_3^1 (x^2-4x+3)dx$ (2) $\int_0^1 3x^2dx+\int_1^3 3x^2dx$

(3) $\int_{-\pi}^{\pi} \sin x dx$ (4) $\int_{-\frac{\pi}{2}}^{\frac{\pi}{2}} \cos x dx$

(5) $\int_{-1}^1 (x^5+2x^3+3x^2+1)dx$

풀이▶ (1) 정적분의 성질 (ii)로부터

$\int_3^1 (x^2-4x+3)dx=-\int_1^3 (x^2-4x+3)dx$ 이므로

$$\therefore -\int_1^3 (x^2-4x+3)dx=-\left[\frac{1}{3}x^3-2x^2+3x\right]_1^3$$

$$=-\left\{\frac{1}{3}(3^3-1^3)-2(3^2-1^2)+3(3-1)\right\}=-\frac{4}{3}$$

(2) 정적분의 성질 (iv)로부터

$$\int_0^1 3x^2dx+\int_1^3 3x^2dx=\int_0^3 3x^2dx=[x^3]_0^3=3^3=27$$

(3) 정적분의 성질 (vi)-④로부터 $\sin x$는 기함수이므로

$$\therefore \int_{-\pi}^{\pi} \sin x dx=0$$

(4) 정적분의 성질 (vi)-⑤로부터 $\cos x$는 우함수이므로

$$\therefore \int_{-\frac{\pi}{2}}^{\frac{\pi}{2}} \cos x dx=2[\sin x]_0^{\frac{\pi}{2}}=2$$

(5) 정적분의 성질 (vi)-④, ⑤로부터

$$\therefore \int_{-1}^1 (x^5+2x^3+3x^2+1)dx=\int_{-1}^1 (x^5+2x^3)dx+\int_{-1}^1 (3x^2+1)dx$$

$$=0+2\int_0^1 (3x^2+1)dx=2[x^3+x]_0^1=4$$

예제 다음 각 함수를 x에 관하여 미분하여라.

(1) $y=\int_2^x (t^4+5t^2-3t+1)dt$ (2) $y=\int_0^x e^t \sin t dt$

(3) $y=\int_x^{x+1} (2t^2+1)dt$ (4) $y=\int_x^{x+1} \ln t\, dt\ (x>0)$

풀이▶ (1) 정적분의 성질 (vi)-②로부터 $y'=x^4+5x^2-3x+1$

(2) 정적분의 성질 (vi)-②로부터 $y'=e^x \sin x$

(3) 정적분의 성질 (vi)-③으로부터 $y'=\{2(x+1)^2+(x+1)\}-(2x^2+x)=4x+3$

(4) 정적분의 성질 (vi)-③으로부터 $y'=\ln(x+1)-\ln x=\ln\frac{x+1}{x}$

전공문제

다음 그림에서 빗금친 부분의 x축에 관한 단면 2차 모멘트는?

㉮ $I_x = 56.2\ \text{cm}^4$ ㉯ $I_x = 58.5\ \text{cm}^4$

㉰ $I_x = 61.7\ \text{cm}^4$ ㉱ $I_x = 64.4\ \text{cm}^4$

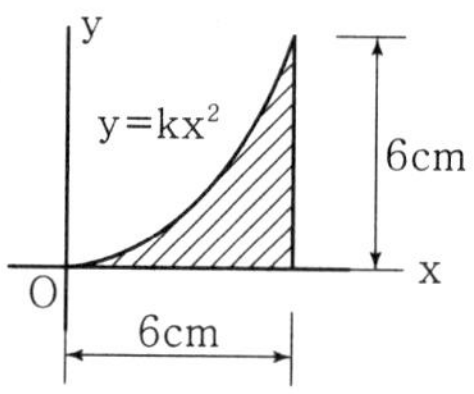

해설

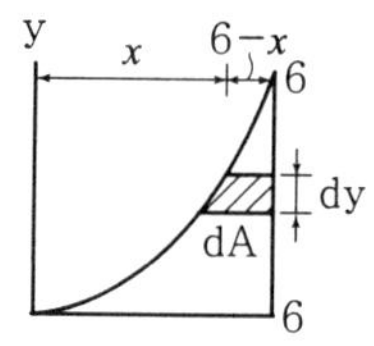

적분식을 이용해서 계산하므로 다소 어려운 문제이다.

미소면적 dA를 구하면 $dA=(b-x)$이므로

$I_x=\int_A y^2 dA=\int_0^6 y^2(6-x)dy$ 가 된다.

전공문제

그림과 같은 2힌지 원호 아치에 등분포 하중이 작용할 때 A, B 점의 반력을 구하시오.

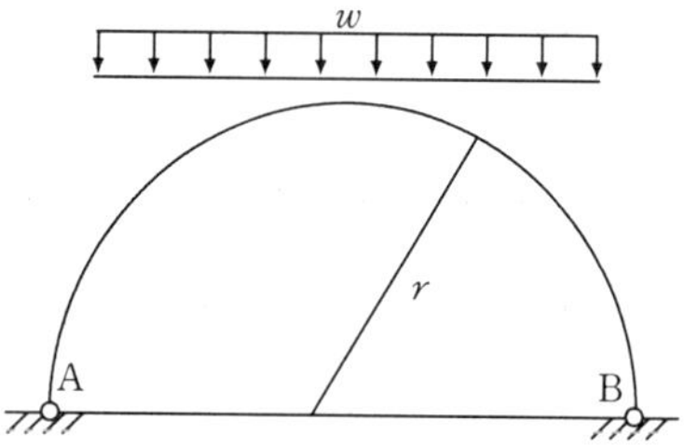

해설

1차 부정정 구조물이므로 최소일의 방법으로 해석한다. 축력과 전단력의 영향은 무시하고 H_A를 과잉력으로 잡는다.

$$\triangle_{AH} = \int_0^s \frac{M_\theta}{EI}\left(\frac{\partial M_\theta}{\partial H_A}\right) ds = 0$$

반력산정

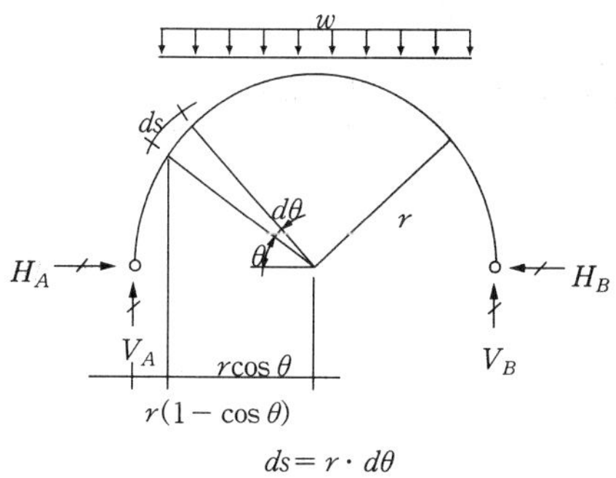

$-\Sigma H = 0(\nrightarrow)$: $H_A = H_B$

$\Sigma F = 0(\uparrow)$: $V_A = V_B = wr$

1) M_θ

$$\Sigma M_\theta = 0(\circlearrowright) : V_A \cdot r(1-\cos\theta) - H_A \cdot r \cdot \sin\theta - wr^2(1-\cos\theta)^2/2 - M_\theta = 0$$

$$M_\theta = wr^2(1-\cos\theta) - H_A r\sin\theta - \frac{wr^2}{2}(1-\cos\theta)^2$$

$$= wr^2(1-\cos\theta)\left(1-\frac{1}{2}(1-\cos\theta)\right) - H_a r\sin\theta$$

$$= wr^2(1-\cos\theta)\left(\frac{1}{2}+\frac{1}{2}\cos\theta\right) - H_A r\sin\theta$$

$$= \frac{wr^2}{2}(1-\cos\theta)(1+\cos\theta) - H_A \cdot r \cdot \sin\theta$$

$$= \frac{wr^2}{2}(1-\cos^2\theta) - H_A r\sin\theta$$

$$= \frac{wr^2}{2} - \frac{wr^2}{2}\sin^2\theta - H_A r\sin\theta, \quad \frac{\partial M_\theta}{\partial H_A} = -r\sin t\theta$$

2) 최소일의 방법 적용

$$\Delta_{AH} = \int_0^s \frac{M_\theta}{EI}\left(\frac{\partial M_\theta}{\partial H_A}\right) ds = 0$$

$$\Delta_{AH} = \frac{2}{EI}\int_0^{\frac{\pi}{2}}\left(\frac{wr^2}{2} - \frac{wr^2}{2}\cos^2\theta - H_A \cdot r\sin\theta\right)(-r\sin\theta) \cdot r \cdot d\theta$$

$$= \frac{2r^3}{EI}\int_0^{\frac{\pi}{2}}\left(-\frac{wr}{2}\sin\theta + \frac{wr}{2}\cos^2\theta \cdot \sin\theta + H_A\sin^2\theta\right)d\theta$$

$$= \frac{2r^3}{EI} \int_0^{\frac{\pi}{2}} \left(-\frac{wr^2}{2} \sin\theta + \frac{wr^2}{2} \sin\theta - \frac{wr}{2} \sin^3\theta + H_A \sin^2\theta \right) d\theta$$

$$= \frac{2r^3}{EI} \int_0^{\frac{\pi}{2}} \left(-\frac{wr^2}{2} \left(\frac{3\sin\theta - \sin 3\theta}{4} \right) + H_A \left(\frac{1-\cos 2\theta}{2} \right) \right) d\theta$$

$$= \frac{2r^3}{EI} \left[-\frac{wr^2}{2} \left(-\frac{3}{4} \cos\theta + \frac{1}{12} \cos 3\theta \right) + H_A \left(\frac{\theta}{2} - \frac{1}{4} \sin 2\theta \right) \right]_0^{\frac{\pi}{2}} = 0$$

$\Delta_{AH} = 0$에서

$$H_A \cdot \frac{\pi}{4} - \left(-\frac{wr}{2} \right) \left(-\frac{3}{4} + \frac{1}{12} \right) = 0$$

$$H_A \cdot \frac{\pi}{4} + \frac{wr}{2} \left(-\frac{3}{2} \right) = 0$$

$$H_A = \frac{4wr}{3\pi}$$

$$\therefore H_A = \frac{4wr}{3\pi}, \quad H_B = \frac{4wr}{3\pi}$$

$$V_A = \pi r, \quad V_B = \pi r$$

3배각 공식 $\sin 3\theta = 3\sin\theta - 4\sin^3\theta$에서 $\sin^3\theta = \frac{3\sin\theta - \sin 3\theta}{4}$ 이고
2배각 공식 $\cos 2\theta = 1 - 2\sin^2\theta$에서 $\sin^2\theta = \frac{1-\cos 2\theta}{2}$ 를 이용하였다.

10.8 정적분의 계산

[정적분의 치환적분법]

함수 $f(x)$가 $[a, b]$에서 연속이고 $\phi(t)$, $\phi'(t)$도 연속이고 x가 a에서 b까지 변할 때 $x = \phi(t)$인 t가 α에서 β까지의 단조함수로 변환하면 $\int_a^b f(x)dx = \int_\alpha^\beta f(\phi(t))\phi'(t)dt$ 이다.

부정적분을 할 때는 치환적분에서는 항상 처음 변수로 고쳐 써야 하지만 정적분에서는 그럴 필요가 없다.

정적분의 치환적분법의 계산

함수 $f(t)$가 $[\alpha, \beta]$에서 연속이고 $\phi(x)$ 및 $\phi'(x)$는 연속이며, x가 a에서 b까지 변할 때 $t=\phi(x)$가 α에서 β까지 단조로 변한다고 하면

$$\int_a^b f(\phi(x))\phi'(x)dx = \int_\alpha^\beta f(t)dt$$

이 치환적분법은 $\int_a^b f(\phi(x))\phi'(x)dx$에서 $\phi(x)=t$로 치환해서 변수를 새로운 변수 t로 $\phi'(x)dx$를 dt로, 적분한계 a, b를 α, β로 바꾸어 놓은 공식이다.

예제 다음 정적분의 값을 구하여라.

(1) $\int_0^1 (1+x)\sqrt{(1-x)}dx$ (2) $\int_1^e \ln{}^x\sqrt{x}dx$

(3) $\int_0^{\frac{\pi}{2}} (1-\cos^2 x)\sin x dx$ (4) $\int_{-a}^a \sqrt{a^2-x^2}dx$ ($a>0$)

풀이▶ (1) $\sqrt{1-x}=t$로 놓으면 $x=1-t^2$ 이고 $dx=(-2t)dt$

$x=0\,;\,t=1,\ x=1\,;\,t=0$ 이므로

$$준식 = \int_1^0 (1+1-t^2)t(-2t)dt = 2\int_0^1 (t^2-t^4)dt = 2\left[\frac{2}{3}t^3-\frac{1}{5}t^5\right]_0^1$$

$$= 2\left(\frac{2}{3}-\frac{1}{5}\right) = \frac{14}{15}$$

(2) $\ln x=t$로 놓으면 $\frac{1}{x}dx=dt$, $x=1\,;\,t=0$, $x=e\,;\,t=1$이므로

$$준식 = \int_1^e \ln x^{\frac{1}{x}}dx = \int_1^e \frac{1}{x}\ln x dx = \int_0^1 tdt = \left[\frac{1}{2}t^2\right]_0^1 = \frac{1}{2}$$

(3) $\cos x=t$로 놓으면 $-\sin x dx=dt$, $x=0\,;\,t=1$, $x=\frac{\theta}{2}\,;\,t=0$ 이므로

$$준식 = \int_1^0 (1-t^2)(-dt) = \int_0^1 (1-t^2)dt = \left[t-\frac{1}{3}t^3\right]_0^1 = 1-\frac{1}{3} = \frac{2}{3}$$

(4) 이와 같은 유형을 삼각치환법이라 한다.

$x=a\sin\theta\left(-\frac{\pi}{2}\le\theta\le\frac{\pi}{2}\right)$라 하면 $dx=a\cos\theta d\theta$이고, $x=a\,;\,\theta=\frac{\pi}{2}$,

$x=-a$; $\theta=-\frac{\pi}{2}$ 이므로

$$\text{준식} = \int_{-\frac{\pi}{2}}^{\frac{\pi}{2}} \sqrt{a^2-a^2\sin^2\theta}\cdot a\cos\theta d\theta = \int_{-\frac{\pi}{2}}^{\frac{\pi}{2}} a^2\cos^2\theta d\theta$$

$$= 2\times\frac{a^2}{2}\left[\theta+\frac{1}{2}\sin 2\theta\right]_0^{\frac{\pi}{2}} = \frac{1}{2}\pi a^2$$

[정적분의 부분적분법]

정적분의 부분적분법 계산

구간 [a, b]에서 $f(x)$, $g(x)$가 미분가능하고 $f'(x)$, $g'(x)$가 적분가능하면

$\therefore \int_a^b f'(x)g(x)dx = [f(x)g(x)]_a^b - \int_a^b f(x)g'(x)dx$ 이다.

증명

$F(x)=f(x)g(x)$라 두면 $F'(x)=f'(x)g(x)+f(x)g'(x)$이다.

따라서 $F(x)$, $F'(x)$는 적분가능이고 $F(x)$는 연속이므로 정적분과 부정적분의 관계에 의하여

$$F(b)-F(a)=\int_a^b f'(x)g(x)dx+f(x)g'(x)dx = \int_a^b f'(x)g(x)dx+\int_a^b f(x)g'(x)dx$$

$$\therefore \int_a^b f'(x)g(x)dx=[f(x)g(x)]_a^b-\int_a^b f(x)g'(x)dx$$

간단한 정적분의 부분적분법의 계산

다음 식과 같이 정함수×지수함수, 정함수×삼각함수의 형태일 때 정적분의 부분적분을 간단히 적분하는 방법이 있다.

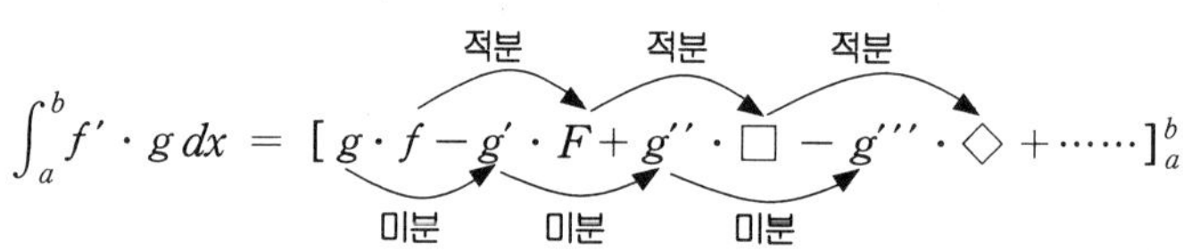

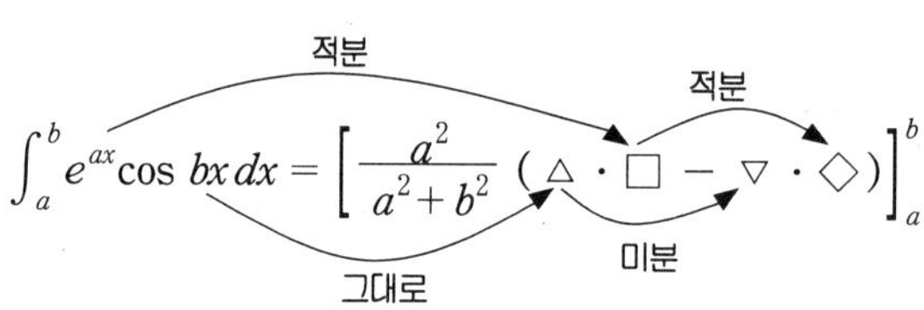

예제 다음 정적분의 값을 구하라.

(1) $\int_1^e xe^x dx$ (2) $\int_0^{\frac{\pi}{2}} x\sin x dx$ (3) $\int_0^{\pi} x\cos x dx$

(4) $\int_0^1 x^2e^x dx$ (5) $\int_0^1 x^2e^{2x} dx$ (6) $\int_0^{\pi} x^2\sin x dx$

풀이▶ (1) (i) $f'(x)=e^x$, $g(x)=x$로 놓으면 $f(x)=e^x$, $g'(x)=1$이므로

$$\int_1^c xe^x dx=[e^x x]_1^e-\int_1^e e^x 1dx=e^e\cdot e-e-[e^x]_1^e=(e-1)e^e$$

정적분인 경우에는 특히, 간단한 부분적분을 활용하는 것이 간편하다.

(ii) $\int_1^e xe^x dx=[xe^x-1\cdot e^x]_1^e=(e\cdot e^e-e^e)-0=e^e(e-1)$

(2) (i) $f'(x)=\sin x$, $g(x)=x$로 놓으면 $f(x)=-\cos x$, $g'(x)=1$이므로

$$\int_0^{\frac{\pi}{2}} x\sin x dx=[x(-\cos x)]_0^{\frac{\pi}{2}}-\int_0^{\frac{\pi}{2}}(-\cos x)dx=0+\int_0^{\frac{\pi}{2}}\cos x dt$$

$$=0+[\sin x]_0^{\frac{\pi}{2}}=1$$

(ii) $\int_0^{\frac{\pi}{2}} x\sin x dx=\int_o^{\frac{\pi}{2}}[x(-\cos x)-(-\sin x)]_0^{\frac{\pi}{2}}=1-0=1$

(3) (i) $f'(x)=\cos x$, $g(x)=x$로 놓으면 $f(x)=\sin x$, $g'(x)=1$

$$\int_o^{\pi} x\cos x dx=[(\sin x)x]_0^{\pi}-\int_0^{\pi}\sin x dx=0-[-\cos x]_0^{\pi}=-2$$

(ii) $\int_0^{\pi} x\cos x dx=[x\sin x-1\cdot(-\cos x)]_0^{\pi}=(-1)-1=-2$

(4) (i) $f'(x)=e^x$으로 놓고 부분적분법을 연속하여 두 번 적용한다.

$$\int_0^1 x^2e^x dx=[e^x\cdot x^2]_0^1-\int_0^1 e^x\cdot 2xdx=e-2\int_0^1 e^x xdx$$

$$=e-2\left\{[e^x x]_0^1-\int_0^1 e^x dx\right\}=e-2\{e-[e^x]_0^1\}=e-2\{e-(e-1)\}=e-2$$

(ii) $\int_0^1 x^2e^x dx=[x^2e^x-2xe^x+2e^x]_0^1=e-2$

(5) (i) $f'(x)=e^{2x}$, $g(x)=x^2$으로 놓으면 $f(x)=\frac{1}{2}e^{2x}$, $g'(x)=2x$ 이므로

$$(\text{준식})=\left[\frac{1}{2}x^2e^{2x}\right]_0^1-\int_0^1 xe^{2x}dx=\frac{1}{2}e^2-\int_0^1 xe^{2x}dx$$

다시 $f'(x)=e^{2x}$, $g(x)=x$ 으로 놓으면 $f(x)=\frac{1}{2}e^{2x}$, $g'(x)=1$

$$(\text{준식})=\frac{1}{2}e^2-\int_0^1 xe^{2x}dx=\frac{1}{2}e^2-\left\{\left[\frac{1}{2}xe^{2x}\right]_0^1-\int_0^1\frac{1}{2}e^{2x}dx\right\}$$

$$=\frac{1}{2}e^2-\frac{1}{2}e^2+\left[\frac{1}{4}e^{2x}\right]_0^1=\frac{1}{4}(e^2-1)$$

(ii) $\int_0^1 x^2e^{2x}dx=\left[x^2\frac{1}{2}e^{2x}-2x\frac{1}{4}e^{2x}+2\frac{1}{8}e^{2x}\right]_0^1=\frac{1}{4}e^2-\frac{1}{4}=\frac{1}{4}(e^2-1)$

(6) (i) $f'(x)=\sin x$, $g(x)=x^2$ 으로 놓으면 $f(x)=-\cos x$, $g'(x)=2x$ 이므로

$$(\text{준식})=[-x^2\cos x]_0^\pi-\int_0^\pi(-2x\cos x)dx=\pi^2+2\int_0^\pi x\cos x dx$$

$f'(x)=\cos x$, $g(x)=x$ 으로 놓으면 $f(x)=\sin x$, $g'(x)=1$ 이므로

$$(\text{준식})=\pi^2+2\int_0^\pi x\cos x dx=\pi^2+2\left\{[x\sin x]_0^\pi-\int_0^\pi \sin x dx=\pi^2+2[\cos x]_0^\pi\right.$$

$$=\pi^2-4$$

(ii) $\int_0^\pi x^2\sin x dx=[x^2(-\cos x)-2x(-\sin x)+2\cos x]_0^\pi=(\pi^2-2)-2=\pi^2-4$

다음과 같은 로그함수가 포함된 정적분은 간단한 부분적분법이 적용되지 않는다.

예제 다음 정적분의 값을 구하여라.

(1) $\int_0^1 \log x dx$ (2) $\int_0^1 \ln(\sqrt{x^2+1}-x)dx$

풀이▶ (1) 준식 $=\int 1\cdot\log x dx=x\log x-\int x\cdot\frac{1}{x}dx=x\log x-x+C$

$$\therefore \int_0^1 \log x dx=[x\log x-x]_0^1=(1\log 1-1)-(0-0)=-1$$

(2) 준식 $=\int_0^1 1\cdot\ln(\sqrt{x^2+1}-x)dx=[x\ln(\sqrt{x^2+1})-x]_0^1-\int_0^1 x\cdot\{\ln(\sqrt{x^2+1}-x\}dx$

$$=\ln(\sqrt{2}-1)+\int_0^1\frac{x}{\sqrt{x^2+1}}dx=\ln(\sqrt{2}-1)+[\sqrt{x^2+1}]_0^1=\ln(\sqrt{2}-1)+\sqrt{2}-1$$

10.9 적분의 응용

(1) 평면도형의 면적

곡선사이의 면적

폐구간 $[a, b]$에서 $f(x)$가 연속이고 $f(x) \geq 0$일 때, 곡선 $y=f(x)$, 직선 $x=a$, $x=b$ 및 축으로 둘러싸인 부분의 면적 S는

$S = \int_a^b f(x)dx$ 이다.

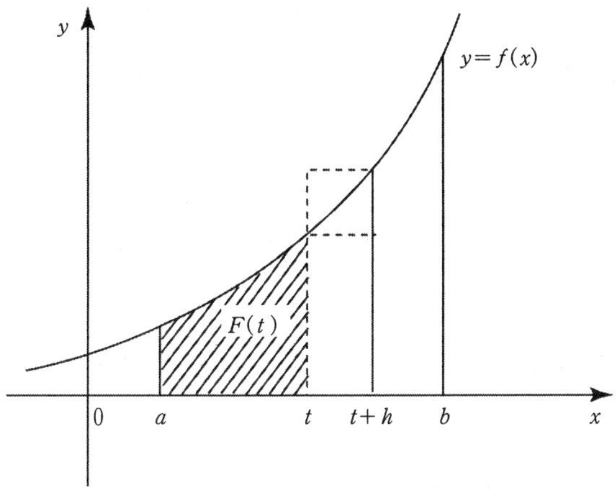

예제 곡선 $y=e^x$, x축, y축 및 직선 $x=2$로 둘러싸인 부분의 면적을 구하여라.

풀이▶ 면적 $S = \int_0^2 e^x dx = [e^x]_0^2 = e^2 - 1$

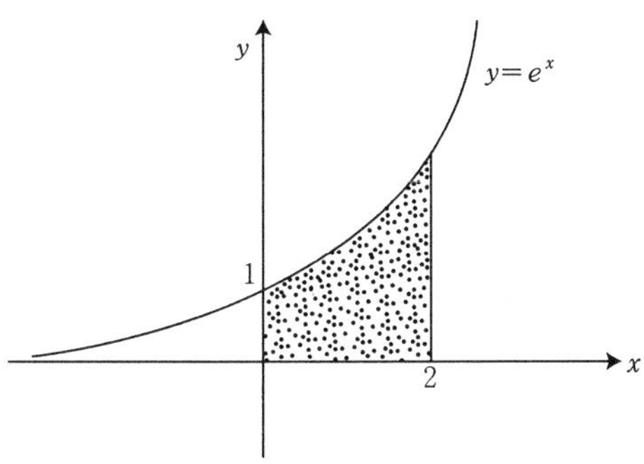

(2) 공간도형의 체적

1) 일반입체의 체적

어떤 입체를 잘랐을 때 단면의 넓이가 x의 함수 S(x)로 나타날 때 이 입체의 $x=a$와 $x=b$ $(a<b)$ 사이에 있는 부분의 체적 V는 다음과 같다.

$$V=\int_a^b S(x)dx$$

즉, 부피는 단면적을 높이에 대해서 적분한 값이다.

예제 밑면의 넓이가 A, 높이가 h인 원뿔의 체적을 구하여라.

풀이▶ 밑면과 나란하게 입체를 잘라서 자른 단면을 높이(x)의 함수 $S(x)$)라 할 때

$$S(x):A=x^2:h^2 \qquad \therefore S(x)=\frac{A}{h^2}x^2$$

체적(V)은 $\therefore V=\int_0^h S(x)dx=\int_0^h \frac{A}{h^2}x^2dx=\frac{A}{3h^2}[x^3]_0^h=\frac{Ah}{3}$

예제 넓이가 πab 인 그림과 같은 타원을 밑면으로 하고 높이가 h 인 원뿔의 체적 V를 구하여라.

풀이▶ 꼭지점을 원점, 꼭지점 밑면에 수직한 직선을 x축으로 한다. 꼭지점에서 x되는 거리에서 밑면에 평행인 평면으로 이 입체를 자를 때의 단면적을 $S(x)$)라고 하면

$$\frac{S(x)}{\pi ab}=\frac{x^2}{h^2} \qquad \therefore S(x)=\frac{\pi ab}{h^2}x^2$$

$$\therefore V=\int_0^h S(x)dx=\int_0^h \frac{\pi ab}{h^2}x^2dx=\frac{1}{3}\pi abh$$

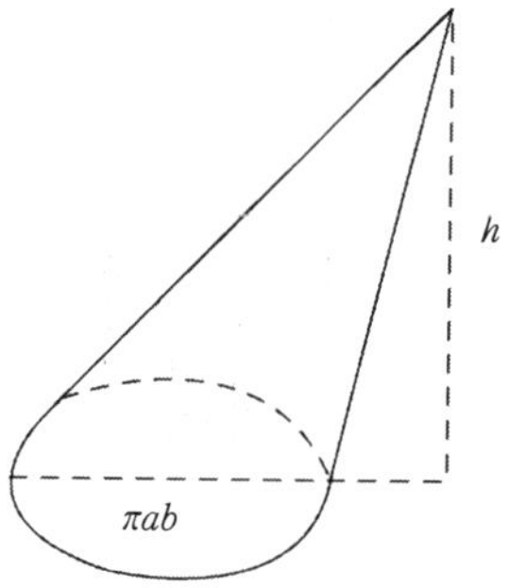

2) 회전체의 체적(회전체는 단면이 원이 된다.)

회전체의 체적

함수 $f(x)$가 구간 $[a, b]$에서 연속이고 $f(x)\geq 0$ 일 때 곡선 $y=f(x)\,(a\leq x\leq b)$를 x축 둘레로 1회전해서 생기는 회전체의 체적은

$$V_x=\pi\int_a^b y^2dx=\pi\int_a^b\{f(x)\}^2dx$$

같은 방법으로, y축이 회전축일 때는

$$V_y=\pi\int_c^d x^2dy=\pi\int_c^d\{g(y)\}^2dy$$

두 함수로 둘러싸인 부분을 x축으로 회전시킬 때의 부피

$$V=\pi\int_a^b\{f(x)\}^2-\{g(x)\}^2dx$$

예제 곡선 $y=x^2$과 x축, $x=1$, $x=2$로 둘러싸인 도형에서 이 도형의 넓이와 이 도형을 x축 둘레로 회전한 입체의 체적을 구하여라.

풀이▶ $S=\int_1^2 ydx=\int_1^2 x^2dx=\frac{1}{3}[x^3]_1^2=\frac{7}{3}$

$V=\pi\int_1^2 y^2dx=\pi\int_1^2 x^4dx=\frac{\pi}{5}[x^5]_1^2=\frac{31\pi}{5}$

예제 원 $(x-a)^2+(y-b)^2=r^2\,(b>a)$를 x축 둘레로 회전했을 때 생기는 원환체(torrus)의 체적 V를 구하여라.

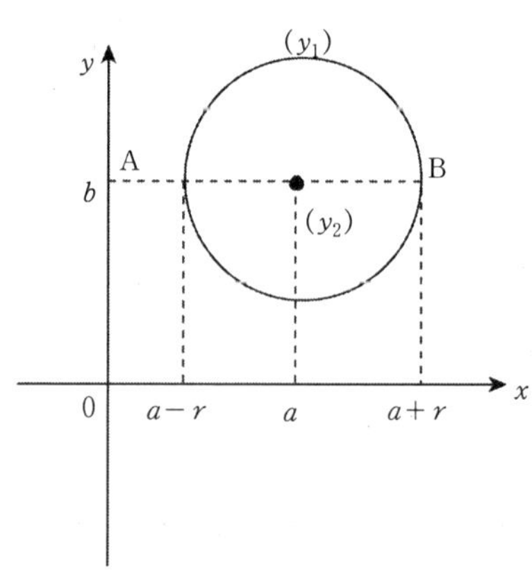

풀이▶ (i) $V=\pi\int_{a-r}^{a+r}y_1^2dx-\pi\int_{a-r}^{a+r}y_2^2dx$

$$=\int_{a-r}^{a+r}\{(b+\sqrt{r^2-(x-a)^2})^2-(b-\sqrt{r^2-(x-a)^2})^2\}dx$$

위 적분을 풀면 $2\pi^2br^2$ 이다.

(ii) 그림과 같이 원을 회전하면 원환체(torrus), 즉 튜브(tube) 또는 도우넛(donut) 모양의 회전체가 생긴다. 따라서 원의 넓이와 x축을 중심으로 회전한 회전길이(반지름이 b인 원주길이가 됨)를 곱하면 이 모양의 체적을 구할 수 있다.

$$\therefore\ V=\pi r^2\times2\pi b=2\pi^2br^2$$

예제 곡선 $y=\sqrt{1-x^2}$의 $-1\le x\le1$인 부분을 x축 둘레로 회전시켜 얻은 회전체의 부피를 구하여라.

풀이▶ (i) $V=2\pi\int_0^1y^2dx=2\pi\int_0^1(1-x^2)dx=2\pi\left[x-\frac{1}{3}x^3\right]_0^1=2\pi\left(1-\frac{1}{3}\right)=\frac{4}{3}\pi$

(ii) 곡선은 x축에 접한 반원이므로 x축을 중심으로 회전하면 반지름이 1인 구(球)가 되므로 $\frac{4}{3}\pi r^3=\frac{4}{3}\pi1^2=\frac{4}{3}\pi$ 인 구의 체적이 된다.

전공문제

파푸스의 정리를 이용하여 다음 그림과 같은 반지름 r인 1/4원의 도심의 y좌표 y_c를 구한 값은?

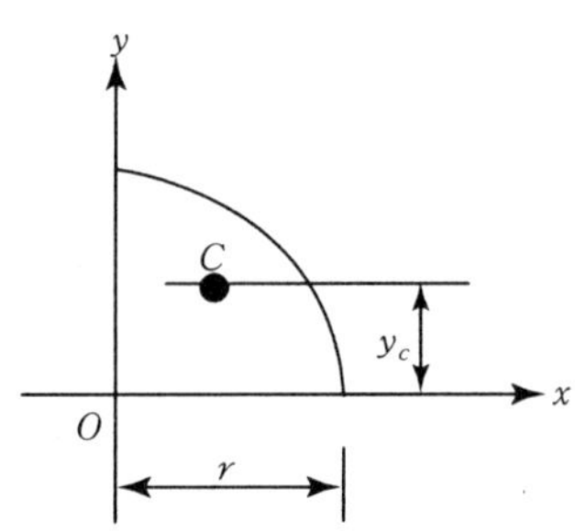

㉮ $\frac{4r}{3\pi}$　㉯ $\frac{3r}{4\pi}$

㉰ $\frac{2r}{3\pi}$　㉱ $\frac{2r}{\pi}$

해설

파푸스의 제 2정리(체적에 대한 정리)의 문제이다.

체적 = 면적 × 면적의 도심까지의 거리 × 면적이 회전한 각, 즉 $V=A\cdot y_c\cdot\theta_x$ 이므로

x축을 중심으로 360°회전시키면 반구가 되며, 반구의 체적은 $\frac{1}{2}\left(\frac{4}{3}\pi r^3\right)$, 1/4원의 면적은

$\frac{1}{4}\pi r^2$, 360°회전이므로 $\theta_x=2\pi$ 이다. 따라서, $\frac{1}{2}\cdot\frac{4}{3}\pi r^3=\frac{1}{4}\pi r^2y_c2\pi$ 에서

$\therefore\ y_c = \dfrac{4r}{3\pi}$

전공문제

그림과 같은 삼각형에서 면 a를 회전축으로 180°회전시켰을 때의 체적을 구하시오.

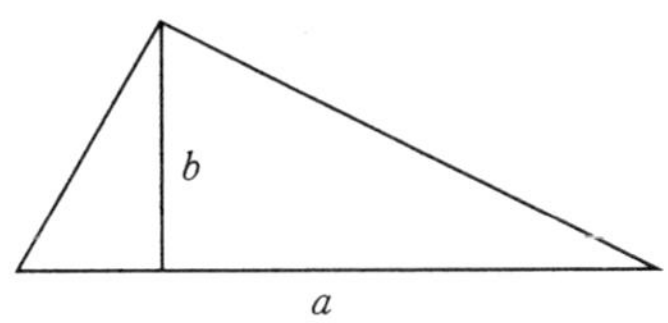

해설

$$체적(V) = \pi \cdot y_c \cdot A = \pi \times \frac{b}{3} \times \frac{ab}{2} = \frac{\pi a b^2}{6}$$

(3) 회전체의 표면적

$y=f(x)$의 구간 $[a,\ b]$에서의 호를 x축 둘레로 회전하여 생기는 입체의 표면적

$$\therefore\ S = 2\pi\int_a^b f(x)\sqrt{(1+(f'(x))^2}\,dx$$

예제 곡선 $y=\sin x$의 한 호를 x축 둘레로 회전할 때 회전체의 표면적을 구하여라.

풀이▶ $S = 4\pi\int_0^{\frac{\pi}{2}} \sin x \cdot \sqrt{1+\cos^2 x}\,dx = -4\pi\int_1^0 \sqrt{1+t^2}\,dt = 4\pi\int_0^1 \sqrt{1+t^2}\,dt$ 를 풀면

$\therefore\ S = 2\pi(\sqrt{2}+\ln(1+\sqrt{2}))$ 이다.

전공문제

그림과 같이 길이 10 cm인 선분 AB를 y축을 중심으로 한 바퀴 회전시켰을 때 생기는 표면적은?

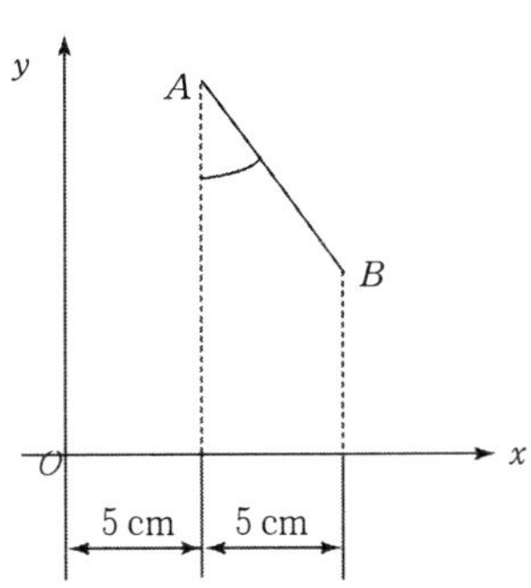

㉮ 471.24 cm^2

㉯ 481.24 cm^2

㉰ 13,500 cm^2

㉱ 27,000 cm^2

해설

파푸스의 제 1정리(표면적에 대한 정리)에 관한 문제이다.

표면적 = 선분의 길이 × 선분의 중심까지의 거리 × 중심이 회전한 각(radian으로 표시)이므로 $A = L \cdot Y_c \cdot \theta_x$ 또는 $A = L \cdot Y_c \cdot \theta_y$ 이다.

$A = 10\,\text{cm}$, $Y_c = 5 + \frac{5}{2} = 7.5\,\text{cm}$, 회전각은 한바퀴(360°)이므로 $\theta_y = 2\pi\,(\text{radian})$이다.

$\therefore\ A = 10 \times 7.5 \times 2\pi = 471.24\ \text{cm}^2$

10.10 거 리

동점 P의 시각 t에서의 속도 v가 $v = f(t)$로 주어질 때

시각 t에서의 위치(변위)의 변화량 $\Rightarrow \int_0^t f(t)dt$

시각 t까지의 움직인 운동거리 $\Rightarrow \int_0^t |f(t)|\,dt$

위치(변위)의 변화량은 정적분을 구한 것과 같고, 운동거리는 면적값을 구한 것과 같다.

예제 동점 P의 $t$sec 후의 속도 v가 $v = 3t^2 - 3$이다.

(1) 1초 후의 P의 위치와 1초 동안 움직인 운동거리는?

(2) 2초 후의 P의 위치와 2초 동안 움직인 운동거리는?

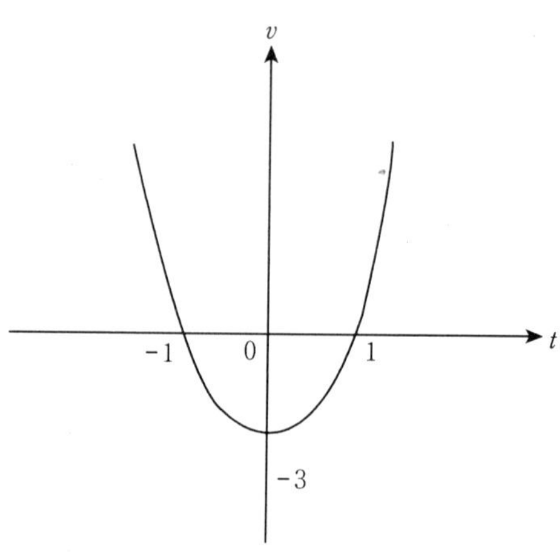

풀이▶ (1) 위치 $= \int_0^t v dt = \int_0^1 (3t^2-3)dt = [t^3-3t]_0^1 = 1-3 = -2$

운동거리 $= \int_0^t |v| dt = \int_0^1 |3t^2-3| dt = |-2| = 2$

(2) 위치 $= \int_0^t v dt = \int_0^2 (3t^2-3)dt = [t^3-3t]_0^2 = 2$

운동거리 $= \int_0^t |v| dt = \int_0^1 |3-3t^2| dt + \int_1^2 |3t^2-3| dt = 2+4 = 6$

예제 수직선 위를 운동하는 점 P의 시각 t에서 속도를 v라 하면 $v=\sin t$인 관계가 있다. $t=0$에서 $t=\frac{3}{2}\pi$ 까지의 P의 이동거리를 구하여라.

풀이▶ 이동거리 $= \int_0^{\frac{3}{2}\pi} |v| dt = \int_0^{\frac{3}{2}\pi} \sin t dt = |-\cos t|_0^{\frac{3}{2}\pi} = (-0)-(-1) = 1$

10.11 정적분의 근사 계산

정적분 $\int_a^b f(x)dx$의 값은 부정적분 $F(x)$를 구하여 $F(b)-F(a)$를 계산함으로써 얻을 수 있었다. 그러나 $F(x)$를 구하기가 곤란할 경우에는 정적분의 근사값을 계산하는 방법에 대해서 생각하기로 한다.

(1) 사다리꼴(trapezoidal) 공식

사다리꼴 공식

$$\int_a^b f(x)dx \fallingdotseq \frac{h}{2}\{y_0+2(y_1+y_2+\cdots+y_{n-1})+y_n\} \quad (\text{단, } h=\frac{b-a}{n})$$

증명

구간 $[a, b]$를 n등분하여 $a=x_0<x_1<x_2<\cdots<x_{n-1}<x_n=b$라 하고 각 소구간의 폭을 $\frac{b-a}{n}=h$라 하자.

$x=x_i(i=1, 2, \cdots, n)$에 대응되는 곡선 $y=f(x)$ 상의 점을 P_i 이라 하고 P_0, $P_1, \cdots$, P_n 을 차례로 연결하면 n 개의 사다리꼴을 얻는다. $y_i=f(x_i)$라 하고 이들 사다리꼴의 면적의 총합을 S_n이라 하면

$$S_n=\frac{1}{2}h(y_0+y_1)\frac{1}{2}h(y_1+y_2)+\cdots+\frac{1}{2}h(y_{n-1}+y_n)$$

$$\therefore \int_a^b f(x)dx \fallingdotseq \frac{h}{2}\{y_0+2(y_1+y_2+\cdots+y_{n-1})+y_n\}$$

이 식을 사다리꼴 공식이라고 한다. 이 때 구간 $[a, b]$를 세분할수록 더 정밀한 근사값을 얻을 수 있다.

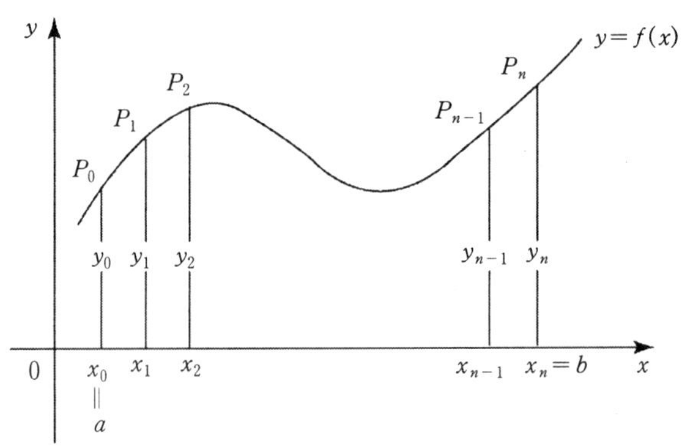

예제 $\int_0^1 \frac{1}{1+x^2}dx$ 의 근사값을 사다리꼴 공식을 이용하여 구하여라.
(단, 구간 〔0, 1〕을 4등분하여라.)

풀이▶ 적분구간 〔0, 1〕을 4등분한 것이므로 각 분점간의 간격은 $h=\frac{1-0}{4}=\frac{1}{4}$ 이다.

$y=\frac{1}{1+x^2}$ 의 x 에 $x=0$, $\frac{1}{4}$, $\frac{1}{2}$, $\frac{3}{4}$, 1을 차례로 대입했을 때의 y의 값을 y_0, y_1, y_2, y_3, y_4라 하면 $y_0=1$, $y_1=\frac{16}{17}$, $y_2=\frac{4}{5}$, $y_3=\frac{16}{25}$, $y_4=\frac{1}{2}$ 이므로

$$\therefore \int_0^1 \frac{1}{1+x^2}dx \fallingdotseq \frac{0.25}{2}\left\{1+2\left(\frac{16}{17}+\frac{4}{5}+\frac{16}{25}\right)+\frac{1}{2}\right\}=0.7828$$

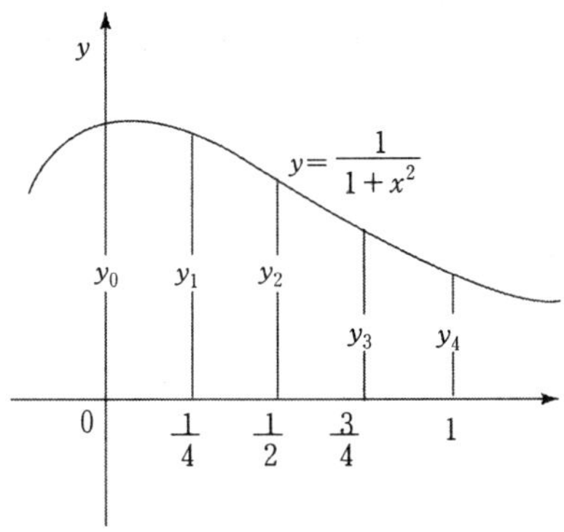

예제 사다리꼴 공식을 써서 $\int_0^2 \sqrt{1+x^3}\,dx$의 근사값을 구하여라. (단, 구간 [0, 2]를 4 등분하여라)

풀이▶ $h=\frac{2-0}{4}=\frac{1}{2}$, $x=0$, $\frac{1}{2}$, 1, $\frac{3}{2}$, 2에 대응하는 y의 값은

$y_0=1$, $y_1=1.061$, $y_2=1.414$, $y_3=2.092$, $y_4=3$

$$\therefore \int_0^2 \sqrt{1+x^3}\,dx \fallingdotseq \frac{1}{4}\{1+2(1.061+1.414+2.092)+3\}=3.284$$

(2) 심프슨(Simpson) 공식

Simpson의 공식

$$\int_a^b f(x)dx \fallingdotseq \frac{h}{3}\{y_0+4(y_1+y_3+\cdots+y_{2n-1})+2(y_2+y_4+\cdots+y_{2n-2})+y_{2n}\}$$

단, ($y_0=f(a)$, $y_{2n}=f(b)$, $y=f(a+ih)$, $h=\frac{b-a}{2n}$, $i=1, 2, \cdots, 2n$)

선형이론

심프슨 제1법칙(1/3법칙)

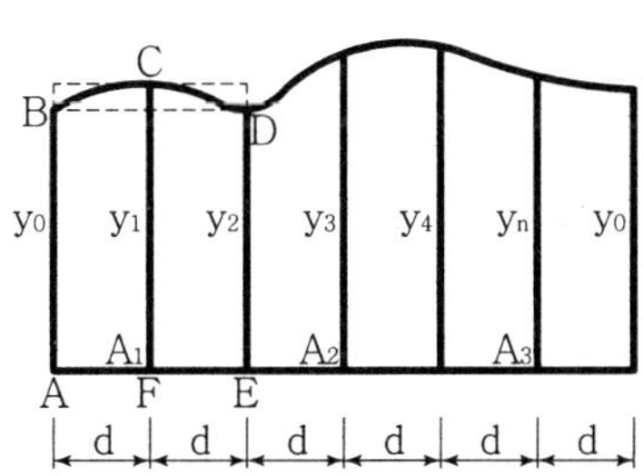

심프슨 제1법칙

① 지거간격을 2구간을 1개조로 하여 경계선을 2차 포물선으로 간주

② A = 사다리꼴(ABDE) + 포물선(BCD)

$$= \frac{d}{3}\{y_o + y_n + 4(y_1 + y_3 + \cdots + y_{n-1}) + 2(y_2 + y_4 + \cdots\ y_{n-2})\}$$

$$= \frac{d}{3}\{y_o + y_n + 4(\Sigma_y \text{홀수}) + 2(\Sigma_y \text{짝수})\}$$

$$= \frac{d}{3}\{y_1 + y_n + 4(\Sigma_y \text{짝수}) + 2(\Sigma_y \text{홀수})\}$$

③ n 지거간격은 짝수이어야 하며, 홀수인 경우 끝의 것은 사다리꼴 공식으로 계산하여 합산

전공이론

심프슨 제2법칙(3/8 법칙)

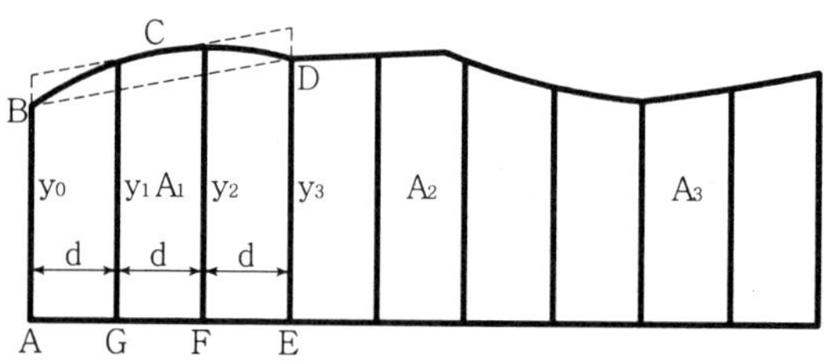

심프슨 제2법칙

① 지거간격을 3구간을 1개조로 하여 경계선을 3차 포물선으로 간주

② $A = \frac{3}{8}d\{y_o + y_n + 3(y_1 + y_2 + y_4 + y_5 + \cdots + y_{n-2} + y_{n-1}) + 2(y_3 + y_6 + \cdots + y_{n-3}\}$

③ n-1이 3배수여야 하며, 3배수를 넘을 때에는 나머지는 사다리꼴 공식으로 계산하여 합산

전공이론

일형법(사다리꼴 공식) : 경계선을 직선으로 간주

$$A = d\left\{\frac{y_o + y_n}{2} + y_1 + y_2 + y_3 + \cdots + y_{n-1}\right\}$$

전공문제

지거를 5 m의 등간격으로 택하였을 때 각 지거가 $y_1 = 2.8$m, $y_2 = 9.4$m, $y_3 = 11.6$m, $y_4 = 13.8$m, $y_5 = 6.4$m, $y_6 = 2.0$m, $y_7 = 1.5$m 일 때 Simpson 제 1 법칙을 사용하여 면적을 구한 값은?

㉮ 168.16 m^2 ㉯ 235.17 m^2 ㉰ 208.67 m^2 ㉱ 219.16 m^2

해설

심프슨 제1법칙은 지거 간격을 2구간을 1개조로 하여 경계선을 2차 포물선으로 간주한 공식이다.

$$\therefore A = \frac{d}{3}\{y_1 + 4(\Sigma y_{짝수}) + 2(\Sigma y_{홀수}) + y_n\}$$

$$= \frac{d}{3}\{y_1 + 4(y_2 + y_4 + y_6) + 2(y_3 + y_5) + y_7\}$$

$$= \frac{5}{3}\left\{2.8 + 4(9.4 + 13.8 + 2.0) + 2(11.6 + 6.4) + 1.5\right\} = 235.17\,\text{m}^2$$

전공문제

다음과 같은 단면에서의 면적을 심프슨 제1법칙을 이용하여 구하시오.

㉮ 179.66 m²
㉯ 239.55 m²
㉰ 348.92 m²
㉱ 595.58 m²

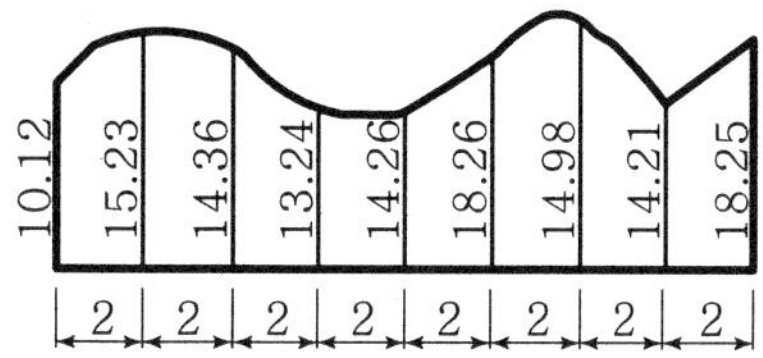

해설

심프슨 제 1법칙

$$= \frac{d}{3}\{y_o + 4(y_1 + y_3 + y_5 + y_7) + 2(y_2 + y_4 + y_6) + y_n\}$$

$$= \frac{2}{3}\{10.12 + 4(15.23 + 13.24 + 18.26 + 14.21) + 2(14.36 + 14.26 + 14.98) + 18.25)\}$$

$$= 239.55\,\text{m}^2$$

전공문제

심프슨 제 2법칙을 이용하여 다음 그림의 면적을 구한 값은?

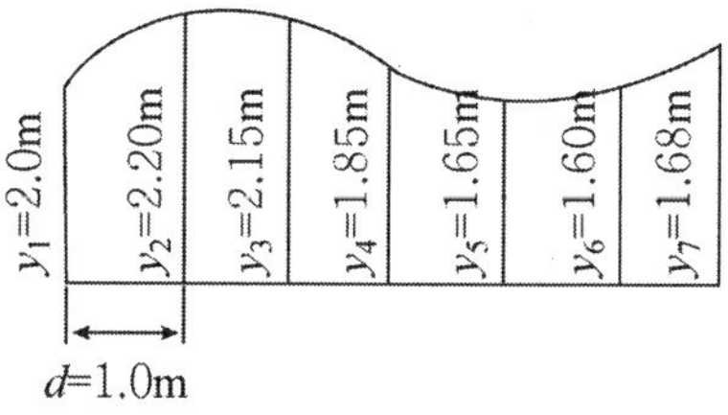

해설

심프슨 제 2법칙은 지거 간격을 3구간을 1개조로 하여 경계선을 3차 포물선으로 간주한 공식이다.

$$\therefore A = \frac{3}{8} d\{y_o + y_n + 3(y_1 + y_2 + y_4 + y_5 + \cdots + y_{n-2} + y_{n-1}) + 2(y_3 + y_6 + \cdots + y_{n-3}\}$$

$$= \frac{3}{8} \times 1 \times \{2.0 + 1.68 + 3(2.2 + 2.15 + 1.65 + 1.6) + 2 \times 1.85\}$$

$$= 11.32\,\text{m}^2$$

전공문제

그림과 같은 면적을 심프슨의 제 1 법칙과 사다리꼴 법칙에 의하여 계산하였다. 이 때 두 법칙에 의하여 구한 면적의 차이는?

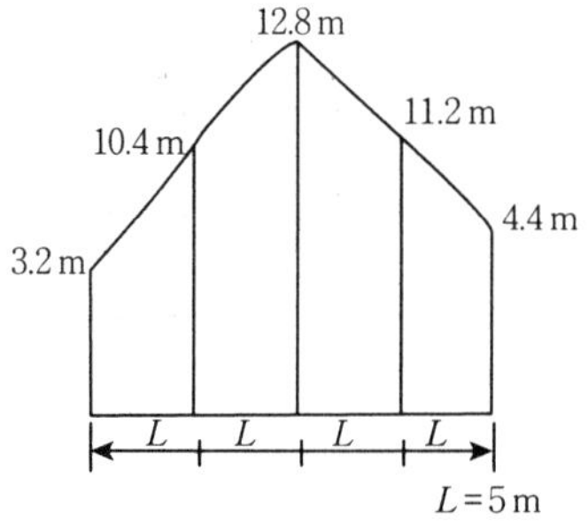

해설

심프슨의 제 1 법칙에 의한 면적

$$A = \frac{5}{3}\{3.2 + 4.4 + 4(10.4 + 11.2) + 2(12.8)\} = 199.33\,\text{m}^2$$

사다리꼴 법칙에 의한 면적은 경계선을 직선으로 간주하여 계산한다.

$$A = \frac{d}{2}\{y_0 + 2(y_1 + y_2 + \cdots\cdots + y_{n-1}) + y_n\}$$

$$A = d\left\{\frac{y_o + y_n}{2} + y_1 + y_2 + y_3 + \cdots + y_{n-1}\right\}$$

$$= 5\left\{\frac{3.2 + 4.4}{2} + 10.4 + 12.8 + 11.2\right\} = 191\,\text{m}^2$$

$$\therefore 199.33 - 191 = 8.33\,\text{m}^2$$

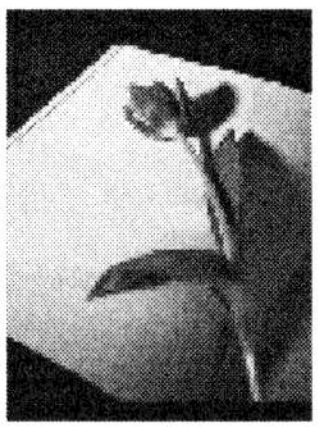

11 통 계

11.1 통계의 기본 용어

(1) 변량(x_i)

통계 조사의 대상을 수량으로 표시한 것을 변량이라고 한다.

(2) 도수분포표

변량을 적당한 구간으로 나눌 때 그 구간 하나 하나를 계급, 각 계급의 중앙값을 계급값, 각 계급에 들어 있는 변량의 개수를 도수, 계급(계급값)과 도수의 관계를 표로 정리한 것을 도수분포표라 한다.

(3) 대표값

자료 전체의 경향을 대표하는 하나의 수의 값을 대표값이라 하며, 대표값에는 평균값(mean), 중앙값(median), 최빈값(frequency) 등이 있으나, 주로 평균값(평균)이 많이 쓰인다.

전공이론

- 중앙값 : 변량을 크기 순서로 나열할 때, 중앙에 오는 변량의 값
- 최빈값 : ① 변량 중에서 도수가 가장 큰 변량의 값
  ② 도수분포표에서는 도수가 가장 큰 계급의 계급값

(4) 산포도

변량들이 평균을 중심으로 흩어져 있는 정도를 하나의 수로 나타낸 값을 산포도라 하며, 산포도에는 표준편차, 평균편차, 사분편차 등이 있으나 표준편차가 주로 쓰인다.

(5) 편차

(변량의 값) − (평균)을 편차라 한다.

(6) 분산

편차의 제곱의 평균을 분산이라 하며, σ^2으로 나타낸다.

(7) 표준편차

분산의 양의 제곱근을 표준편차라 하고, σ 로 나타낸다. 즉, $\sqrt{\text{분산}}$ 이다.

※ 어떤 자료의 분산 또는 표준편차가 작다는 것은 그 자료의 평균을 중심으로 한 흩어진 정도가 비교적 고르다고 할 수 있다. 즉, 자료가 평균 근방에 밀집되어 있음을 뜻하며 표준편차가 작은 쪽이 우수하다고 판정한다.

(8) 변동계수

표준편차를 평균으로 나눈값

(9) 범위

변량의 최대값과 최소값의 차

전공문제

다음 데이터의 통계량으로 평균치, 중앙치, 범위를 구하여라.

Data : 12, 8, 10, 11, 14

해설

평균치 : $m = \dfrac{12+8+10+11+14}{5} = 11$

중앙치 : 11(크기순으로 나열하였을 때 중앙값)

범 위 : 14−8=6

11.2 평균과 분산

(1) 평균

1) 도수가 1개 일 때

변량 x의 n개의 자료 x_1, x_2, x_3, ⋯ , x_N에 대하여

$$m = \frac{x_1 + x_2 + x_3 + \cdots + x_n}{n} = \frac{1}{n}\sum_{i=1}^{n} x_i$$

2) 도수(f_i)가 여러 개 일 때

계급값	x_1	x_2	⋯	x_n	계
도 수	f_1	f_2	⋯	f_n	N

에 대하여

$$m = \frac{1}{N}\{x_1 f_1 + x_2 f_2 + \cdots + x_n f_n\} = \frac{1}{N}\sum_{i=1}^{n} x_i f_i$$

(2) 분산

1) 변량 x의 n개의 x_1, x_2, x_3, $\cdots$, x_n의 평균을 m이라고 하면

$$\sigma^2 = \frac{1}{n}\{(x_1 - m)^2 + (x_2 - m)^2 + \cdots + (x_n - m)^2\}$$

$$= \frac{1}{n}\sum_{i=1}^{n}(x_i - m)^2 = \frac{1}{n}\sum_{i=1}^{n}x_i^2 - m^2$$

2) 도수가 f_1, f_2, $\cdots$, f_n이면

$$\sigma^2 = \frac{1}{N}\sum_{i=1}^{n}(x_i - m)^2 \cdot f_i = \frac{1}{N}\sum_{i=1}^{n}x_i^2 \cdot f_i - m^2$$

3) 표준편차

$$\sigma = \sqrt{\frac{1}{N}\sum_{i=1}^{n}(x_i - m)^2 \cdot f_i} = \sqrt{\frac{1}{N}\sum_{i=1}^{n}x_i^2 \cdot f_i - m^2}$$

∴ (x의 분산) = (x^2의 평균) − (x의 평균)

(x의 표준편차) = $\sqrt{(x^2\text{의 평균}) - (x\text{의 평균})^2}$

전공문제

하수도 계획 대상유역에서 분할된 각 구역별 유출계수가 다음 표와 같을 때 전체 유역의 유출계수는?

구역	구역면적(km^2)	토지상태	유출계수
1	0.014	콘크리트 포장	0.90
2	0.144	교외 주택지역	0.35
3	0.050	아파트 지역	0.60

㉮ 1.450 ㉯ 0.553
㉰ 0.447 ㉱ 0.350

해설

도수가 있는 경우의 평균값을 구하는 문제이므로

유출계수 $C = \dfrac{0.014\times0.9+0.144\times0.35+0.050\times0.6}{0.014+0.144+0.050} = 0.447$

전공문제

그림과 같이 유역내의 5개의 우량 관측점에 기록된 우량이 다음과 같을 때, Thiessen법으로 유역 평균우량을 계산한 값은? (단, 각 관측점의 지배 단면적은 그림에 표시한 바와 같다.)

관측점	A	B	C	D	E
우량(mm)	20	30	40	35	40

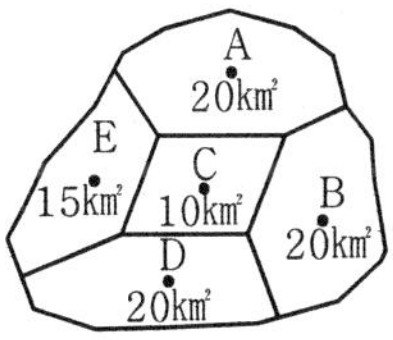

㉮ 33.0mm ㉯ 33.8mm ㉰ 32.8mm ㉱ 31.8mm

해설

평균강우량 $P_m = \dfrac{\sum_{i=1}^{N} A_i P_i}{\sum_{i=1}^{N} A_i}$

$= \dfrac{20\times20 + 20\times30 + 10\times40 + 20\times35 + 15\times40}{20+20+10+20+15} = 31.8 \text{ mm}$

전공문제

하천유량이 200,000 m^3/day, BOD=1 mg/l 인 하천에 유량이 6,250 m^3/day, BOD=100mg/l 인 하수가 혼합되었다. 혼합 후의 BOD 농도는?

㉮ 2mg/l ㉯ 4mg/l ㉰ 6mg/l ㉱ 8mg/l

해설

하천의 혼합 후 BOD농도 $= \dfrac{1\times200,000+100\times6,250}{200,000+6,250} = 4 \text{mg}/l$

전공문제

A, B, C 3수준점으로부터 수준측량을 하여 P점의 표고를 결정한 값이, A점으로부터 AP = 2 km, 216.786 m, B점으로부터 BP = 3 km, 216.732 m, C점으로부터 CP = 4 km, 216.758 m, P점의 최확치는?

㉮ 216.779 m ㉯ 216.763 m
㉰ 216.778 m ㉱ 216.763 m

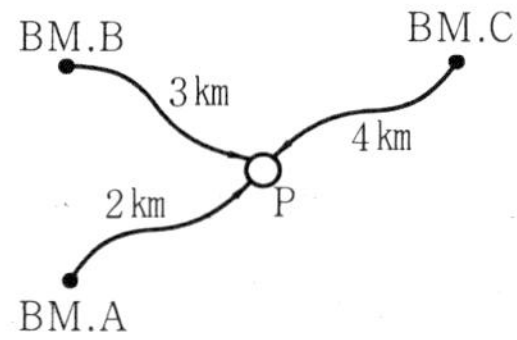

해설

① 경중률 계산(직접 수준측량에서 경중률은 노선거리(S)에 반비례 한다.)

$$P_A : P_B : P_C = \frac{1}{S_A} : \frac{1}{S_B} : \frac{1}{S_C} = \frac{1}{2} : \frac{1}{3} : \frac{1}{4} = 0.5 : 0.33 : 0.25$$

② 최확값 계산

$$L_o = \frac{P_A H_A + P_B H_B + P_C H_C}{P_A + P_B + P_C}$$

$$= \frac{(0.5 \times 216.786) + (0.33 \times 216.732) + (0.25 \times 216.758)}{0.5 + 0.33 + 0.25}$$

$$= 216.763 \text{ m}$$

11.3 정규분포와 이항분포

(1) 정규분포(Gauss 분포)

1) 연속적인 확률변수 X 의 확률밀도함수가

$$f(x) = \frac{1}{\sqrt{2\pi}\sigma} e^{-\frac{(x-m)^2}{2\sigma^2}}$$

(단, $e = 2.71828 \cdots$: 자연상수)

일 때, X 는 정규분포 $N(m, \sigma^2)$ 에 따른다고 한다.

이 때, 확률밀도함수 $f(x)$ 를 정규분포곡선 또는 정규곡선이라고 한다.

2) 성질

① $y = f(x)$ 의 그래프는 직선 $x = m$ 에 대하여 대칭

② 곡선과 X 축 사이의 넓이는 1, 즉 $\int_{-\infty}^{\infty} f(x)\,dx = 1$

③ X 가 구간 〔a, b〕에 속할 확률은 $P(a \le X \le b) = \int_a^b f(x)\,dx$

④ X 의 평균은 m, 분산은 σ^2

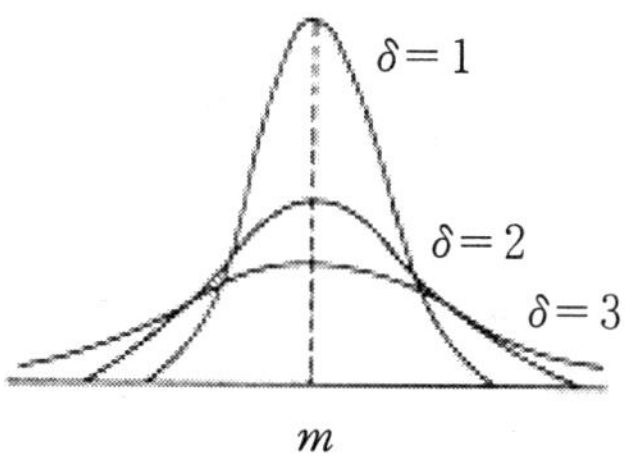

즉, $E(X) = \int_{-\infty}^{\infty} x f(x)\,dx = m$, $V(X) = \int_{-\infty}^{\infty} (x-m)^2 f(x)\,dx = \sigma^2$

5) 표준편차 σ 가 커지면 곡선의 산모양이 낮아져 옆으로 넓어지고, σ 가 작아지면 높아져 좁아진다.

전공문제

모평균 μ_x, 표준 편차 σ_x 를 가진 정규 분포에 대한 설명이다. 틀린 것은?

㉮ 분포곡선은 σ_x 에 대하여 대칭이다.

㉯ 측정값이 $\mu_x \pm \sigma_x$ 영역 내에 있을 확률은 68.3%이다.

㉰ 측정값이 $\mu_x \pm 2\sigma_x$ 영역 내에 있을 확률은 95.4% 이다.

㉱ 최확값은 μ_x 이다.

해설

정규분포는 종의 모양이며 평균값(μ_x)에 대칭한다.

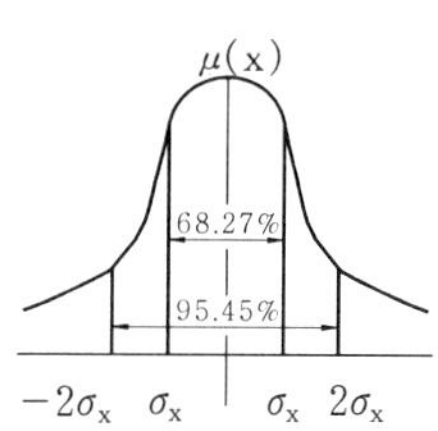

(2) 표준정규분포

정규분포 $N(m,\ \sigma^2)$을 따르는 확률변수 X에 대하여 $Z = \dfrac{X-m}{\sigma}$이라 놓고 새로운 확률변수 Z의 평균과 분산을 구하면 다음과 같다.

① $E(Z) = E\left(\dfrac{1}{\sigma}X - \dfrac{m}{\sigma}\right) = \dfrac{1}{\sigma}E(X) - \dfrac{m}{\sigma} = \dfrac{m}{\sigma} - \dfrac{m}{\sigma} = 0$

② $V(Z) = V\left(\dfrac{1}{\sigma}X - \dfrac{m}{\sigma}\right) = \dfrac{1}{\sigma^2}V(X) = \dfrac{1}{\sigma^2}\cdot\sigma^2 = 1$

정규분포 $N(m,\ \sigma^2)$에서 $m=0,\ \sigma=1$인 경우 $N(0,\ 1)$에 따르는 확률변수 Z의 확률밀도함수는

$$f(Z) = \frac{1}{\sqrt{2\pi}}e^{-\frac{Z^2}{2}} \quad \left(Z = \frac{X-m}{\sigma}\ :\ \text{표준측도}\right)$$

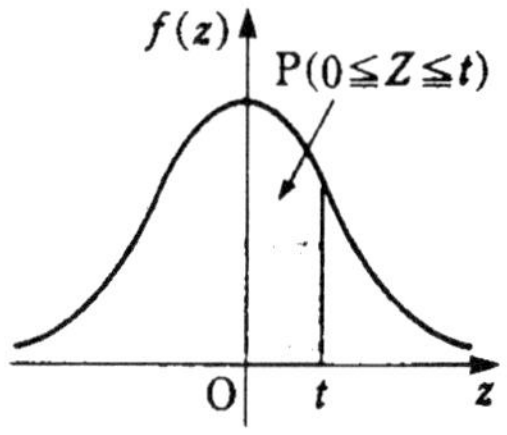

※ $a>0,\ b>0$ 일 때

① $P(a \le Z \le b) = P(0 \le Z \le b) - P(0 \le Z \le a)$

② $P(Z \ge b) = 0.5 - P(0 \le Z \le b)$

※ 정규분포에 관한 문제는 다음 단계를 거쳐서 해결한다.

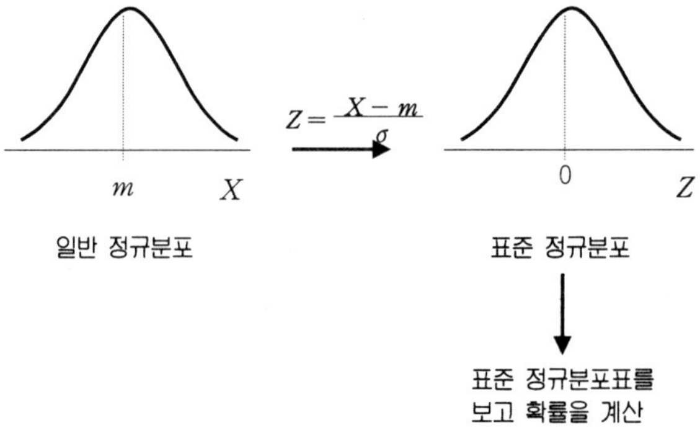

$Z = \dfrac{X-m}{\sigma}$ 을 이용하여 정규분포를 따르는 확률변수 X를 표준정규분포를 따르는 확률변수 Z로 바꾸는 것을 표준화한다고 한다.

※ 표준정규분포표를 이용하는 방법

표준정규분포표의 왼쪽에 있는 수의 열에서 수를 찾은 다음 위쪽에 있는 수의 행에서 수를 찾아 열과 행이 만나는 곳의 수를 읽는다. 예를 들어 $P(0 \le Z \le 2.58)$의 값은 열에서 2.5, 행에서 0.08을 찾아 읽으면 된다.
따라서, $P(0 \le Z \le 2.58) = 0.4951$

z	.00	.01	⋯	.08	⋯
⋮				↓	
2.5 →				.4951	
⋮					
3.0	.4987				
⋮					

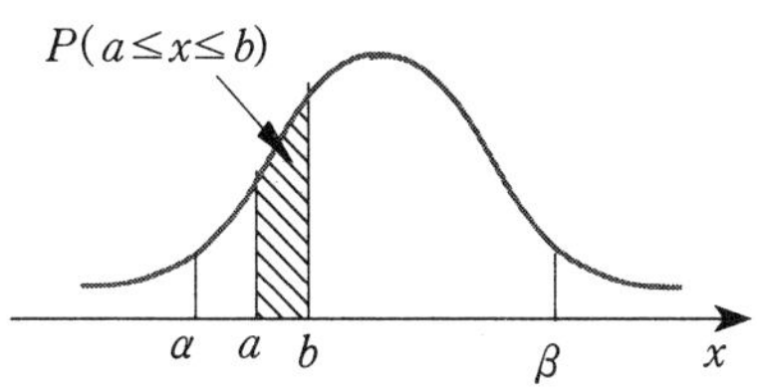

※ 표준화 공식 $Z = \dfrac{X-m}{\sigma}$ 은 분포상태가 서로 다른 정규분포끼리의 상대적인 비교를 할 때 유용하게 쓰인다. 예를 들어, 어떤 학급이 영어와 수학시험을 치른 결과, 영어는 어렵게 출제되어서 $N(50, 5^2)$인 정규분포를 이루고 수학은 쉽게 출제되어서 $N(70,\ 2^2)$인 정규분포를 이루었다고 하자.
그 학급에서 영어를 60점, 수학을 80점 얻은 학생이 있다면 이 학생은 자기 학급에서 영어실력이 좋은가 수학실력이 좋은가? 표준하시키기 전에는 영어와 수학점수 모두 학급평균보다 10점을 더 얻었으므로 쉽사리 판단하기 힘들다. 그러나 표준화시켜보면 다음 그림과 같이 바뀌어짐을 알 수 있다.

① 영어성적

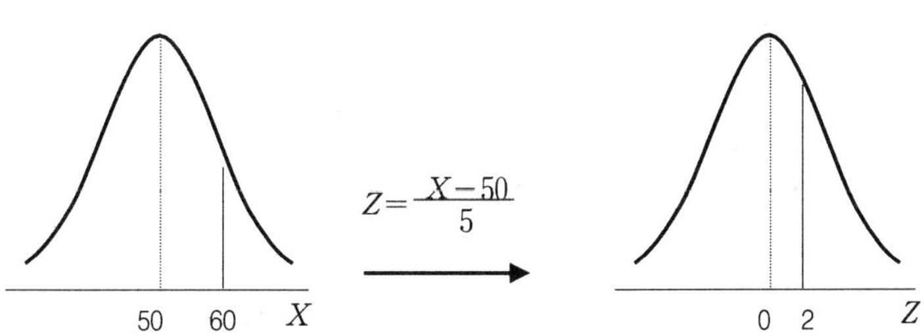

② 수학성적

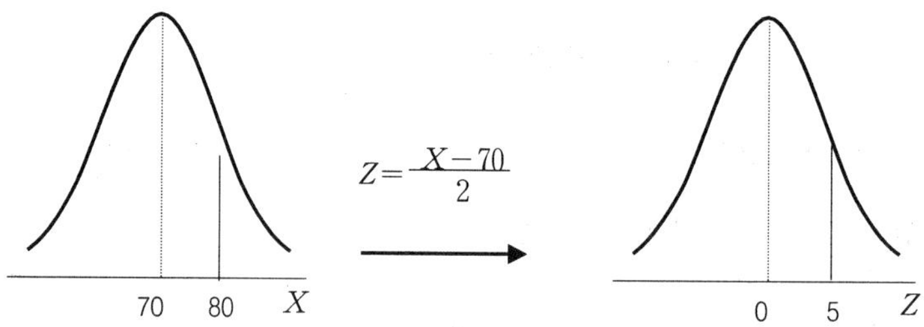

이제 평균 0이라는 같은 조건에서 보면 수학성적이 더 뛰어남을 알 수가 있다.

(3) 이항분포의 정규분포에 의한 근사

n이 충분히 클 때, 이항분포 $B(n, p)$는 정규분포 $N(np, npq)$로 근사함이 알려져 있다(라플라스 정리).

증명

한 개의 주사위를 n회 던질 때, 1의 눈이 나오는 횟수를 X라고 하면, 1의 눈이 k회 나올 확률 $P(X=k)$는 $P(X=k) = {}_nC_k\left(\frac{1}{6}\right)^k\left(\frac{5}{6}\right)^{n-k}$이고, 확률변수 X는 이항분포 $B\left(n, \frac{1}{6}\right)$을 따른다.

k \ n	10	30	50
0	0.162	0.004	0.000
1	0.323	0.025	0.001
2	0.291	0.073	0.005
3	0.155	0.137	0.017
4	0.054	0.185	0.040
5	0.013	0.192	0.075
6	0.002	0.160	0.112
7	0.000	0.110	0.140
8	⋮	0.063	0.151
9	⋮	0.031	0.141
10	⋮	0.013	0.116
11	⋮	0.005	0.084
12	⋮	0.001	0.055
13	⋮	0.000	0.032

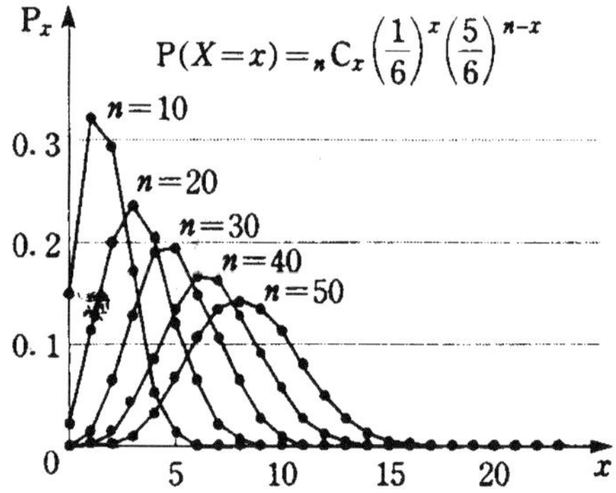

· **한상현** 서일대학교 토목과

· **김학삼** 영남이공대학교 토목과

· **노　섭** 여주대학교 토목과

· **윤영호** 강원도립대학교 건설토목과

· **이상도** 세경대학교 토목과

· **이재철** 충남도립대학교 건설정보과

현대 **토목수학** 정가 14,000원

인　쇄 2010년 1월 5일 초판 1쇄
발　행 2015년 3월 10일 초판 4쇄
저　자 한상현·김학삼·노　섭·윤영호·이상도·이재철
발행인 정우용
발행처 도서출판 **동화기술**
경기도 파주시 광인사길 201(문발동, 파주출판도시)
Tel (031)955-4211~6　donghwapub@nate.com
Fax (031)955-4217　www.donghwapub.co.kr
(등록) 1977년 12월 19일/9-16호

Printed in Korea
ISBN 978-89-425-1522-6

위의 표와 그래프는 이항분포 $B(n, p)$ 에서 $p = \frac{1}{6}$, $n = 10$, 30, 50에 대한 확률 $P(X = k)$ 의 근사값을 계산하여 만든 것이다.

위의 그림에서 알 수 있듯이, 이항분포의 그래프는 n 이 커짐에 따라 좌우가 대칭인 곡선으로 된다.

이와 같이, 일반적으로 이항분포 $B(n, p)$ 는 n 이 충분히 클 때, 근사적으로 정규분포 $N(np, npq)$ 에 따른다는 것이 알려져 있다.